民国首版学术经典

人生哲学（上卷）【下册】

李石岑　著

上海科学技术文献出版社
Shanghai Scientific and Technological Literature Press

滅。任。其。幻。化，都無。欣。厭，取。捨。不。生，更何。人。生。問。題。之。足。云？不過這種解決的方法，在科學盛行的今日，在社會組織複雜的今日，是否可以暢行無礙，似乎須經一種比較的研究方能決定。上面已經把西洋和印度對於人生問題之解答講述大略，現在再觀察中國方面的人生哲學。

第三節　中國哲學方面之觀察

概說

上面已經把西洋和印度的人生哲學講述大略；在講述之先，曾經把牠們的哲學的淵源推論一番，現在論到中國的人生哲學，也不能不先將中國哲學的淵源推論一番。關於中國哲學的淵源，論者頗不一其說；有謂中國哲學思想淵源於伏犧所畫之八卦，及文王、周公所演之周易的；有謂淵源於尙書的；有謂周秦以前，事多茫昧難稽，因溯源於孔子或老子的；議論紛紜，莫衷一是。實則嚴格而論，自以第三說爲較近理；不過第三說亦有問題。今請一一論之。謂中國哲學思想淵源於尙書，乃是一種極舊的見解。他們認尙書是儒家哲學的淵源，是人倫道德的淵源；所謂

「人心惟危，道心惟微，惟精惟一，允執厥中」，更是尚書的根本思想；後來宋明的理學，也就大半奪胎於此。不知尚書是否可作爲史料，正是古史學者一個極難解決的問題；卽信從六經皆史說，而以尚書爲史，然牠本是一種紀古代帝王政績的官書，實不容易說上哲學的思想。況且人心道心云云出於古文尚書大禹謨篇中，自經清儒閻若璩惠棟等的考證，知爲東晉時的僞託之作，已成定讞，則其無價值之可言，更爲顯然。謂中國哲學思想淵源於周易，也是一種很舊的說法。雖然這或者因經今古文學派而觀點有所不同，但認易爲中國哲學思想的源泉，卻是一致的。我以爲這個問題，在中國哲學史上有極重大的關係，不能不作一種較詳細的說明。易經是否孔子所作，進一步說，易經這部書是否後人僞造或雜湊，我以爲都有查究的必要。關於易經的可疑處，在研究易經稍有心得的人，沒有不感着困難的。其最大的可疑處：便是全書思想不統一，文字不統一；而其所表著之思想，或與儒家相合，或與道家相合，或更與所謂陰陽家之思想相合。論到易經的內容，須分作數段解釋：一，畫卦；二，重卦之人；三，卦辭爻辭誰作；四，十翼之說於古有無徵信。這些問題又須從經今古文家兩方面

去觀察，方能探得真相。畫卦始於伏犧，這是無論經今文家古文家都沒有問題的。論到重卦之人就稍稍發生問題了。論到卦辭爻辭誰作，更發生問題了。至論到十翼，那就兩方面的談判，簡直無從接觸。經古文家大抵持「易歷三聖」之說，謂伏犧制卦，文王繫辭，孔子作十翼；但他們雖云「三聖」，實際上是尊文王而抑孔子，亦可說尊周公而抑孔子；因為以父統子業，故數文王不數周公。所謂重卦之人，或主伏犧，或主神農，或主夏禹，或主文王，他們都不十分爭執，惟獨不主孔子。至論卦辭爻辭誰作，他們認卦爻辭非皆為文王作，卽係文王作卦辭，周公作爻辭，亦決不主卦爻辭為孔子作。他們認為孔子所作的只有十翼，十翼指上彖、下彖、上象、下象、上繫、下繫、文言、說卦、序卦、雜卦十種，皆謂之傳，便是羽翼聖道，以傳輔經之意。（古來數十翼有多家，茲不備舉。）故孔子僅是一個保存古代文化的歷史家。經今文家的觀點便不然。經今文家亦不廢「易歷三聖」之說，但他們特別看重孔子。所謂重卦之人，雖大抵主文王，但竟有引春秋緯「伏犧作八卦，丘合而演其文」一段，似欲將重卦亦歸到孔子者。（康有為「孔子改制考」卷十。）至論卦辭爻辭誰作，他們便明白主張卦辭爻辭皆孔子作。故謂「易之卦爻始畫於犧文，易之辭全

出於孔子。」（見皮錫瑞所著「易經通論」及康著。）若論到十翼，他們便大肆攻擊。其攻擊最力的便是說卦、序卦、雜卦三篇：或謂詞指不類孔子之言，（見皮錫瑞「易經通論」。）或謂說卦爲後出之僞書，而序卦、雜卦則爲劉歆僞作。（康有爲「孔子改制考」卷十。）至繫辭他們亦認爲非孔子作，其理由則謂卦辭爻辭卽是繫辭，乃孔子所作；而今之繫辭，乃繫辭之傳，爲孔子弟子所作，因引史遷以「今之繫辭爲易大傳」作證。他們認爲孔子所作者，在十翼中只有彖象文言；因爲彖象文言是專解卦辭爻辭的。故皮錫瑞謂「孔子作卦辭爻辭，又作彖象文言；是自作而自解；」康有爲謂「彖象與卦辭爻辭相屬，分爲上下二篇，乃孔子所作原本。」（均見前著。）至十翼之名，他們亦根本不承認，或謂出東漢後，或謂卽係劉歆僞創。總之，經今文家認孔子爲天縱大聖，豈可有述無作？故謂易經上下二篇，全出孔子手筆。合兩方面爭論觀之，知易經這部書，內容異常複雜；而他們的爭論，似乎都不免有所偏倚，或更不免近於武斷。經今文家只顧抬出孔子，一口咬定六經皆孔子作，卻不想孔子有沒有如許精力，更不顧到著作的內容是否與孔子的主張相矛盾。經古文家更是學究氣很重；他們最大的本領便是搬出許多舊古董，却不管可靠不可靠。我把全部易經的

內容審查一番，覺得這部書乃是由文王而老孔而漢代的思想之雜綴而成者，定是後人僞作之書。就中最大的疑點便是十翼，十翼中的說卦、序卦、雜卦三篇，其爲僞造，固不必說；卽就繫辭而論，豈僅不得謂爲孔子所作，抑亦何從確指爲孔子弟子所作？因爲僅憑「子曰」，不能指爲孔子弟子推稱之證。況且繫辭中所紀的思想，也就有許多和孔子平素所標榜的思想不合。譬如說：「原始反終，故知死生之說」「精氣爲物，遊魂爲變，是故知鬼神之情狀」等等，這是明明與孔子平素的主張相反的。至於彖象文言，文言非孔子作，前人辨之已詳。其最顯著的，便是論四德的一段，彖象則皆繁衍叢脞之言，顯見其說非出一人。『論語云：「曾子曰：君子思不出其位。」今象傳亦載此文。果傳文在前與？記者固當見之；曾子雖嘗述之，不得遂以爲曾子所自言而傳之名言甚多，曾子亦未必獨節此語而述之。然則是作傳者往往旁采古人之言以足成之；但取有合卦義，不必皆自己出。既采曾子之語，必曾子以後之人之所爲，非孔子所作也。』（崔東壁遺書「洙泗考信錄」卷三。）可見象傳是靠不住的。彖辭的思想更是複雜，如屯之彖象與卦之義相反，又乾坤二卦之彖辭，簡直奪胎於道家的思想。（說明見後。）可見彖辭又是靠不

住的彖象辭與繫辭思想全不一致，文體更極駁雜。總上所說，可見十翼非孔子作，已成鐵證。所以歐陽修、趙汝談、葉適、姚際恆、崔述諸人，或疑繫辭、文言、說卦而下非孔子作，或竟主張十翼與孔子完全絕緣。至論到卦辭爻辭，經古文家主文王、周公作，經今文家主孔子作，我以爲都是意氣之爭。康有爲謂「據史記周本紀、日者傳、法言問神篇、漢書藝文志、楊雄傳、論衡對作篇，皆謂文王重卦爲六十四卦，三百八十四爻，無有以爲作卦辭者。是自漢以前皆以爲孔子作，無異辭。」（同前著。）在這段話裏面，很可以看出他的武斷的本領。史記、法言、論衡諸書祇說文王重卦，並未提及卦辭，則卦辭有無與卦辭誰作，不應置議；就令不以卦辭爲文王作，試問用何種論法逕直斷定爲孔子作？謂白色之外有非白色，纔不陷於謬誤，謂白色之外祇有黑色，請問這是根據何種論法？至於「易歷三聖」之說，大抵起於易緯，如乾鑿度說：「垂皇策者犧，卦道演德者文，成命者孔。」不過緯書多怪誕，豈可據以爲推？況且他們所謂「易歷三聖」，從沒有說到孔子作卦辭。所以武斷卦辭爲孔子作，全是經今文家一偏之見。至於爻辭康氏亦藉易歷三聖之說以爲推，謂三聖無周公，則爻辭亦應爲孔子作。其武斷之伎倆與

前條正同。所以謂卦辭爻辭為孔子作，實無明文可據。然從他方面觀之，又不得謂卦辭爻辭為文王、周公作。因為推卦辭爻辭為文王、周公作者，皆據繫辭中「易之興也，其當殷之末世，周之盛德耶，當文王與紂之事耶」那種疑似之語以為推。見孔穎達「周易正義」論卦辭爻辭誰作。而繫辭本身就不可信；況且繫辭中那種模糊影響之談；更何從確指卦爻辭為文王、周公作？又或謂爻辭不得謂為文王作，宜推周公作。亦見「周易正義」論卦辭爻辭誰作。此又為經古文家牽强附會之談，皮錫瑞氏在易經通論上辨之甚明。崔述在豐鎬考信錄上辨之尤力。

近世說周易者、皆以彖辭為文王作、爻辭為周公作、朱子本義亦然。余按。傳前章云、易之興也、其於中古乎、作易者其有憂患乎。初未言中古為何時、而憂患為何事也。至此章始言其作於文王時、然未嘗言為文王所自作也。且曰其當、其有、曰耶、曰乎、皆為疑詞、而不敢決、則是作傳者但就其文推度之、尚不敢決言其時世、況能決知其為何人之事乎。至司馬氏作史記、因此文、遂附會之、以為文王羑里所演。是以周本紀云、西伯之囚羑里、蓋益易之八卦為六十四卦、自序亦云、西伯拘羑里、演周易、自是遂以易卦為文王所重。及班氏作漢書、復因史記之言、遂以辭為文王之所繫。是以藝文志云、文王重易六爻作上下篇。又云、人更三聖、世歷三古。自是遂以易彖爻之辭為文王所作矣。然其中有甚可疑者、明夷之五稱箕子之明夷、升之四稱王用享於岐山、皆文王以後事、文王不應預知而預言之、史漢之說、不復可通。於是馬融陸績之徒、不得已乃割爻辭謂為周公所作以曲全之、而鄭康成王弼復以卦為包犧神農所重、非文王之所演、然後後儒始獨以作彖辭屬之文王、而分爻辭屬之周公。而由是言之、謂文王作彖辭、周公作爻辭者、乃漢以後儒者因史記漢志之文而展轉度之、非有信而可徵者也。夫以卦為犧農所重、雖無確據、而理固或有之。若文周公之繫

易、則傳記從未有言及之者。惟春秋傳有見易象而知周公之德之語、然此自謂易象、非謂易辭也。晉文公之謀迎襄王也、筮之、遇大有之睽、曰吉、遇公用享於天子之卦、則是易辭晉固有之、不待至魯而後見、且即使起所見者果易之辭、而爻卦之辭果文王與周公所分纂、則於文當幷言文王周公之德、亦不得但美周公、而不及文王也。秦漢以後、司馬班氏最爲近古、然皆但言文王、不稱周公。乃至易緯乾鑿度通卦驗等書、最善附會者、亦但稱羲文孔三聖人、而無一言及於周公、烏得分卦爻之辭而屬之兩人也。且繫辭傳文云、其初難知、其上易知。又云、二與四同功而異位、三與五同功而異位、又云、爻有等、故曰物、物相雜、故曰文、文不當、故吉凶生焉。然後承之曰、易之興也、其當殷之末世、周之盛德邪、當文王與紂之事邪、是故其辭危、危者使平、易者使傾、前呼後應、詞意甚明。所謂其辭危者、正指諸爻之辭而言、若果辭內有文王以後事、或易非文王作、而史漢誤稱之、不得獨摘彖辭之屬之文王、而別以爻辭屬之周公也。乃朱子本義既不正其猜度之失、又不詳其展轉之因、而直曰此文王所繫、此周公所繫、若傳記確有明文可據、傳經以來即如是說者、無乃非闕疑之義、而使後之學者靡所考證乎。（後略）崔述豐鎬考信錄卷五。

所以謂卦辭爻辭爲文王、周公作，亦無明文可據。由是以談，易經這部書只剩下伏羲所畫的八卦和不知誰氏的重卦，更無其他。重卦究爲文王，抑係伏羲自重？至今尚無定論；抑且永遠無法解決。我以爲易經本是古代簡單的卜筮之書，止有占法而無文辭，更說不上學術的思想。後來因老孔並起，老子的思想專說明對待之理，如美惡、善不善、有無、難易、長短、高下、虛實、强弱、後先、得失、曲全、枉直、窪盈、敝新、多少、重輕、靜躁、雄雌、白黑、榮辱、壯老、張歙、廢興、與奪、貴賤、損益、堅柔、得亡、成缺、盈沖、辯訥、生死、禍福、大細、有餘不足之類，與八卦所示

陰陽消息奇偶對待之象相暗合；孔子的思想專闡述宗法之義，如男女、夫婦、父子、君臣、上下、尊卑、長幼、貴賤之類，亦與八卦所示陰陽消息奇偶對待之象相會通；於是好事者雜取二家的思想按配於八卦之下：以老子的思想說明自然，以孔子的思想說明人事；以老子的思想建立周易的宇宙觀，以孔子的思想建立周易的倫理觀。就中最顯明的，如繫辭「易有太極是生兩儀兩儀生四象四象生八卦」與老子下篇「道生一，一生二二生三三生萬物；萬物負陰而抱陽，沖氣以爲和，」其說明萬物發生之順序與形式正相類。尤其是從陰陽說明萬物之發生，其思想上之程序更相脗合。又繫辭說道：「易之爲書也，廣大悉備，有天道焉，有地道焉，有人道焉，兼三材而兩之；故六六者非它也，三材之道也。」由陰陽二元發生三材之道，是故爲「二生三」又繫辭說：「在天成象，在地成形，」先說象，後說形，象生而後有形；與老子上篇「道之爲物，惟恍惟惚；惚兮恍兮，其中有象；恍兮惚兮，其中有物；」先說象，後說物，象生而後有物，又是同樣的說法。總之，易經的象觀和老子的象觀不必盡同，而其間要不無密切的關係。至於易經的根本觀念所謂乾坤，那簡直是從老子裏面奪胎出來的乾卦彖辭說：

「大哉乾元，萬物資始；」坤卦彖辭說：「至哉坤元，萬物資生；」這就是老子「無名，萬物之始；有名，萬物之母」的的解。一部易經總不外講些資始資生的道理，一部老子也不外講些無名有名的道理。不過老子的本體是道，而易經的本體是太極。嚴格的說，老子的本體論比易經高明得多。我們中國知道老子本體論之玄妙的，雖然是很多，却都說不出所以然。他們雖是一輩子解老注老，實際上和老子關係極淺。我們要曉得老子說「無」說「道」說「有」說「萬物」，都有特別的用意，都不是胡亂使用的。胡適之先生沒有懂得這個道理，他因爲老子既說：「道生一，一生二，二生三，三生萬物，」又說：「天地萬物生於有，有生於無，」因此說：「可見道即是無，無即是道。」（見中國哲學史上卷。頁五十八至五十九。下同。）但何以「道即是無，無即是道，」他就說不出了。後來敘到「道之爲物，惟恍惟惚」之時，他只得說「老子既說道是無，這裏又說道不是無。」他弄到無法可想之時，乃歸咎於「哲學觀念初起的時代，名詞不完備，故說理不能周密。」并且說老子『提出了一個「道」的觀念，當此名詞不完備的時代，形容不出這個「道」究竟是怎樣一個物事，故用空空洞洞的虛空，來說那無爲而無不爲的道，却不知「無」是對於有的

名詞，所指的是那無形體的空間，如何可以代表那無爲而無不爲的「道？」關於這個道理，本非一言可了，不過說到此處，又不能不把「無」與「道」的觀念弄個明白。我講老子和旁人不同，我處處用體用的觀念去考察，我認老子是最精於體用的。先把他所講的「無」與「道」、「有」與「萬物，」用體用的觀念去分開，便成次式：

- 體
  - 體之體……無
  - 體之用……道
- 用
  - 用之體……有
  - 用之用……萬物

「無」爲體之體，「道」爲體之用，同出於體，所以「道即是無，無即是道。」但「道」與「無」畢竟有區別，因爲一個是體之體，一個是體之用，所以「道不是無。」「道」是可恍惚的東西，「無」却連恍惚都恍惚不出來了。就用的方面說，雖是「道」生「萬物，」（道爲體之用，萬物爲用之用。）若就體的方面說，却是「有」生於「無。」（無爲體之體，有爲用之體。）但說「有」生於「無，」不過表明用從體出，却不可執死「無」爲有無對待之「無，」因爲這是「無名」的境界，無名便

無對待、無言說。正猶佛法上所說體之體，只是「一真法界」連「真如」都安不上，說到真如，便成體之用了。（法相宗立種子義，種子爲用之體，現行爲用之用。）胡君如何把老子的「無」說得那樣淺薄，并且還要怪他「說理不能周密」呢？由上所述，可知易經的本體論不過只拿到老子的本體論的一部分。至講到倫理觀，却又換了一個方面了。易經中關於人事多取材於孔子。孔子是宗法社會的產物，他的根本主張是想從宗法裏面，找出一個最好的宗法，從宗法社會裏面建立一個最穩健的宗法社會。所以孔子是個好政府主義者、改良主義者，淑世主義者。他哲學上的見解，是從最低的觀念出發，也可以說是從最高的觀念出發，便是生殖崇拜的思想。本來這種思想，在古代的思想家，尤其是宗教家，都是很尊重的。譬如耶教就帶有這種色彩，所以有說十字架是生殖器的象徵的。（見幸德秋水基督抹殺論）不過都沒有像孔子看得那樣真切。孔子的重孝厚葬，祭天祀祖，重男女之別，嚴君父之義，都是從這種思想出發；都是防止他人褻瀆生殖，所以嚴格的定出許多「生殖神聖」的社會政策。中庸有一段話，描寫這種思想，可謂精義入神。就是說：「君子之道，造端乎夫婦，及其至也，察乎天地。」所以「君子之道費

而隱。夫婦之愚可以與知焉，及其至也，雖聖人亦有所不知焉；夫婦之不肖，可以能行焉，及其至也，雖聖人亦有所不能焉。」易經就拿住這種思想，敷衍了一部分「生殖哲學。」最顯明的一段，就是「天地絪縕，萬物化醇，男女構精，萬物化生。……乾坤其易之門耶？乾、陽物也，坤、陰物也，陰陽合德，而剛柔有體；以體天地之撰，以通神明之德。」繫辭下。其見於卦象的，如「柔上而剛下，二氣感應以相與」咸卦彖辭。「歸妹、天地之大義也，天地不交而萬物不興，歸妹、人之終始也」歸妹卦彖辭。等處皆是。本來八卦中乾坤二卦，原從⚊⚋二爻而出，⚊⚋即是兩種生殖器的象徵。⚊明資始，⚋明資生。儒家重男統，嚴君父，即於⚊取義。孔子得了這個暗示，遂大倡其宗法。於是在論語上的「君君，臣臣；父父，子子。」顏淵篇。在易經上就演為「父父，子子；兄兄，弟弟；夫夫，婦婦。」家人卦彖辭。可見偽造易經的人，別具匠心。我以為孔子是信術數的，說明見後。八卦當然看見過，孔子的思想不能說和⚊⚋二爻沒有極深切的關係；孔子由⚊⚋的暗示大倡其宗法，而偽造易經者更竊取孔義以擴大其宗法之範圍。如繫辭「天尊地卑乾坤定矣」以下，皆擴大宗法之義例。於是易經遂成為孔子所作。其實孔子的思想決不是易經那樣複雜；而易經的倫理觀，又不過

只是孔子的倫理觀的一部分。合上述二者觀之，可知易經的內容，是雜取老孔二家的思想而成的。易經本來是一部卜筮之書，上面已經說過；惟其因爲牠是講卜筮占驗的，而孔子又是信術數的，所以陰陽五行之說，得以縱橫無礙，託名爲孔子作，亦不至於太相刺謬。而故神其說者，或更指此爲孔子天人之學，或謂爲易之別傳。其實又是僞造易經者雜取所謂陰陽家之思想，與孔子完全不發生關係。詳審易經的內容，以採取老子的思想爲最多，孔子次之，而所謂陰陽家之思想又次之。然則易經不僅一部分或全部分非孔子作，并且簡直是後人僞造之書。崔述說：「春秋、孔子之所自作，其文謹嚴簡質，與堯典、禹貢相上下；論語後人所記，則其文稍降矣。若易傳果孔子所作，則當在春秋、論語之間，而今反繁而文，大類左傳、戴記，出論語下遠甚，何耶？……孟子之於春秋也，常屢言之，而無一言及於孔子傳易之事，孔孟相去甚近，孟子之表章孔子也，不遺餘力，不應不知，亦不應知之而不言也。」（「洙泗考信錄卷三。）我以爲不僅是孟子，從子夏至子思一羣的親切的弟子，何以都對於易經沒有研究，也不曾受到易經何種影響？孔門第一史料的論語，何以對於易經也沒有一言的質問，而所記的「加

我數年五十學易」一條，又復錯訛雜出？或謂易經既孔子作，便不得云學。或謂魯讀易爲亦，（鄭注魯讀易爲亦。）應作「五十以學，亦可以無大過矣。」或謂孔子此時年將七十，此云五十，亦有不合。可見孔子和易經的關係，任從何方面去說，都不能不發生疑問。大抵此書在當時只具卜筮簡單的形式，毫無學術思想可說，故不足爲先秦諸子之研究的對象。至於書中所畫的八卦，究竟是否畫自伏犧，這在今日都無法可以證實。近世西人拉克伯里（Laconpesie）謂八卦卽巴比倫之楔形文；或又有謂八卦卽古代文字，爲後代一切哲學思想所從出者；言之亦頗成理，但總不出於一種牽強比附之談。我則以爲八卦本爲宇宙間至大至常之法式，爲數學上之根本法式，此法式「推之四海而準，」如全量大於其一部分，等於同量之諸量必互相等，這是數之自理，八卦亦何莫不然。不過八卦爲伏犧所得，遂相傳爲伏犧所畫，其實何嘗是伏犧自畫？「文章本天成，妙手偶得之。」論衡正說說：「伏犧得八卦，非作之，」正是此意。我少時學解析幾何，初學到坐標之直線法時，卽試用正負方位推測八卦之理，不期而一一暗合。現在簡單圖說如次：

由上所談，可知八卦本爲天成之數理，不過偶爲伏犧所得，並非伏犧自畫後世附會之以談陰陽術數，更附會之以談一切學術思想，於是有現時之周易。日人渡邊秀方論周易的可疑頗詳盡，（見所著中國哲學史概論。）我上面有些地方也採用他的見解，不過他更形激烈，他以爲據史記說：「孔子傳易於商瞿，瞿傳楚人馯臂子弘，弘傳江東人矯子庸

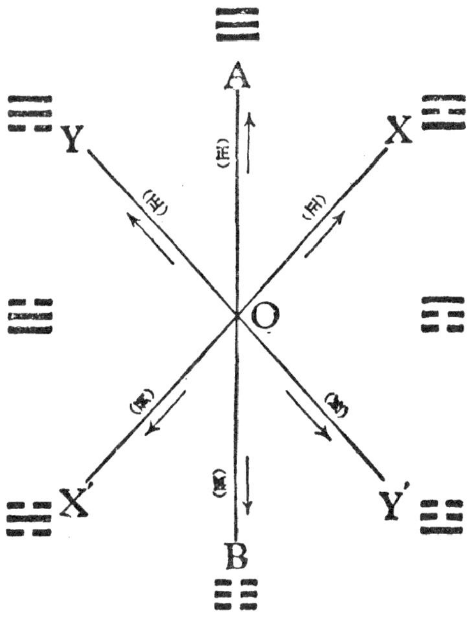

上圖 XX′ 爲橫軸，YY′ 爲縱軸，AB 爲立軸。從 O 至 X 爲正，從 O 至 X′ 爲負；從 O 至 Y 爲正，從 O 至 Y′ 爲負；從 O 至 A 爲正，從 O 至 B 爲負。

OX＋OY＋OA＝☰，　OX′＋OY′＋OB＝☷，

OX′＋OY′＋OA＝☳，　OX＋OY＋OB＝☴，

OX＋OY′＋OA＝☲，　OX′＋OY＋OB＝☵，

OX′＋OY＋OA＝☱，　OX＋OY′＋OB＝☶。

疵，……」自馯臂以下，幾皆齊楚之人，因此疑這書是當周末學術競爭之際，由齊楚之士所雜湊比附而成，尤其是老學者流出力最多。並謂由易經傳授之人觀之，其姓名皆不習見於中國；而孔子傳易於商瞿之事，在論語上既無一言之佐證，在他書亦無片段之史料。又由孔子至司馬談，已經過了四百餘年，而師稟相承僅八世，其世代未免太長，亦有使人不能相信的痕迹。所以無論從何方面觀察，都有使人不能不根本懷疑之點。由是以談，謂周易為中國哲學之淵源，實在沒有把周易的原原本本弄個明白。上面已經把周易取材於老子的話，說了許多；但或者謂周易與老子，孰先孰後，至今無從辨明，然則何嘗不可以說老子取材於周易？不知老子和周易的大不同處，便是老子為一部有系統的書，而周易却是一部零星雜湊之作。老子的思想古樸純粹，非後代所易追隨；周易的思想支離矛盾，如彖象傳與繫辭傳的思想，迥不相合，文體亦隨時隨人而異，這也是周易取材於老子的明證。古來經註最多的無過於周易，而其不得要領，亦無過於周易，假使明白周易是一部偽書，便一切無結果的工夫，也可以省掉好些。所以說中國的哲學淵源於周易，又不能不發生問題。至於第三說，

謂中國哲學淵源於孔子或老子，這當然是比較可靠的推定。不過在一般人的觀察，以「孔子爲中國文化的中心，無孔子則無中國文化，自孔子以前，數千年之文化，賴孔子而傳，自孔子以後，數千年之文化，賴孔子而開。」（柳翼謀中國文化史頁二〇〇。）這種「無孔子則無中國文化」的說法，似乎武斷太甚；因爲事實上孔子而外，尙有不少其他的人參與中國文化上的事業。至於推崇老子謂爲中國文化之源泉，這種心理又不過因爲老子是孔子的先生，以爲老子應該比孔子更屬先知先覺，而老子所以爲中國文化源泉之故，又未能了然。所以他們雖是捧着孔子老子，實際上他們一輩子找不出孔子老子的眞面目。我以爲關於此點，祇有夏曾佑說得最明白。他斷定自上古至春秋，原爲鬼神術數之世代；春秋以前，鬼神術數之外無他學，春秋以後，鬼神術數之外，才有他種學說可言。至老子遂一洗古人之面目。老子之書，大約以反復申明鬼神術數之誤爲宗旨。故老子於鬼神術數，一切不取，孔子則留術數而去鬼神，墨子則留鬼神而去術數，是爲老孔墨三家不同之點。（中國歷史第一冊頁百三十一。）我認這種觀察，很能揭出老孔墨的原來面目，而中國文化的淵源，進一步說，中國哲學的淵源，也就可以推見一

斑了。所以嚴格說來，中國哲學要不能不以老子爲開祖。因爲老子打破一切鬼神術數，在哲學上開拓無限的新領域，比孔子之留術數而去鬼神，墨子之留鬼神而去術數，自是規模大有不同，未可相提並論的了。關於此點，容在後面說明。中國哲學以周秦諸子爲最盛期，幾乎可以代表中國哲學全部。現在爲敘述之便，分爲道、儒、墨三家，其影響較小者，恕不一一論列。道、儒、墨以後則以時代劃分爲漢唐哲學、宋明哲學、清代哲學。茲分述如下。

道家之人生觀

論到先秦諸子哲學，本來有九流十家之稱，日本人編中國哲學史，且有十三家之目，實則嚴格而論，何嘗有如許家數，至多不過道、儒、墨三家而已。孟子說：「逃墨必歸於楊，逃楊必歸於儒，」便明明指出當時的家數。（孟子拿楊子代表道家。陳澧說：「距楊朱即距道家。」（見東塾讀書記孟子之部。））法家和農家是從道家的系統而出，名家是從道家及墨家的系統而出。陰陽家不過是初民的思想，也談不上哲學。至於其他所謂雜家、縱橫家、小說家，更不能獨力成一家言。所以談到先秦諸子哲學，當然以道、儒、墨三家爲代表。現在談到人生哲學，更舍道儒墨三家而外，無人生哲學可言。請先論道家的人生哲

學，道家的代表，說者不一其辭，現在我還是拿老子、楊子、莊子三人做代表。老子的根本思想是無名主義，楊子的根本思想是爲我主義，莊子的根本思想是齊物主義。但都不出自然主義的範圍。以表明之，則如次式。

道家 ┌ 老子——無名主義 ┐
　　 ├ 楊子——爲我主義 ├ 自然主義
　　 └ 莊子——齊物主義 ┘

從他們所主張的內容觀之，老子近於入世的，楊子近於任世的，莊子近於出世的。因此，他們的人生哲學，也就各人表現出各人的一種異彩。現在先述老子的人生哲學。

老子

欲闡明老子的人生哲學，不能不闡明他的本體論。關於老子本體論的思想，上面已有論及，現在請作一種補充的說明。老子本體論的思想，一個「無」字可以包括盡淨。因爲「無」是體中之體，至於他用的那些「無名」「無爲」「無狀」「無物」等等名稱，無非是下的「無」字的解釋。「無」爲體之體，「道」爲體之用，「無」與「道」雖具體用二面，實際上只是一件東西。「道」雖就用邊言，卻是「道」也不容易顯出，所以他

又用「夷」「希」「微」等等名稱作「道」字的解釋。總之，老子的思想在表明有個絕對的本體，那個本體是安不上名辭的，若勉强安上名辭，便成了相對界、現象界，不是絕對界本體界了。他因爲無法可以說出絕對界是怎樣怎樣，只好藉相對界一些有無、難易、長短、高下、音聲、前後等等名相，以顯出絕對界的本來面目，所謂即用顯體。所以老子的根本思想，用一句淺顯的話表明出來，便是「無名主義」。無名是宇宙的眞相，也便是原始的狀態。所以說：「無名萬物之始。」老子意在闡明原始狀態之可寶貴，所以說：「道常無名樸。」又說：「化而欲作，吾將鎭之以無名之樸。」他不僅對自然界是如此看法，便對人事界也是如此看法。老子往往拿小孩子做譬喻，便是他看重原始狀態的用意。譬如他說：「常德不離，復歸於嬰兒；」又說：「專氣致柔能嬰兒乎；」又說：「我獨泊兮其未兆，如嬰兒之未孩；」又說：「聖人皆孩之；」又說：「含德之厚比於赤子。」他這樣看重小孩子的地位，就因爲他們天眞未鑿，換句話說，就因爲他們是無名之樸。老子拿住這種無名主義，去應付世間一切萬事萬物，就成功一種「無爲」的思想。因爲絕對界是超越名相的境界，凡有所作爲，便不免要加上一些名相，反失掉本來的

面目，所以少作爲一分，便多顯出本體一分，這便是「無爲而無不爲」譬如小孩子多受到一點知識，反多知道一點作僞，不如那些未經世故的村童反能保存原有的真性。老子所以主張「作焉而不辭，生而不有，爲而不恃，功成而不居」以及所謂「不自見故明，不自是故彰，不自伐故有功，不自矜故長，」都是「無爲」的思想的擴大，都是「無爲而無不爲」的註脚。

老子說：「常無，欲以觀其妙；常有，欲以觀其徼。」這兩句話可以把一部老子的精理包括盡淨。無是無名，有是有名。無就本體說，有就現象說。無就一說，有就多說。無就虛說，有就實說。無就暗說，有就明說。世間的道理總不外有無二面，由有可以表明一種要求，由無可以顯出一種妙用。所以說：「有之以爲利，無之以爲用。」但又須知道，有無表雖是二，而裏實是一。無中有有的作用，有中有無的作用。所以說：「此兩者同，出而異名。」有名便有分別，若無名便甚麽也沒有了。有名就「學」言，無名就「道」言。我們總要從有名的「學」見到無名的「道」。所以說，「爲學日益，爲道日損。損之又損，以至於無爲。無爲而無不爲。」我們要在這裏才可以找到「無爲」的根據與價值。

由老子無爲的思想，可以看出老子一種藝術的生活。藝術以「自然」爲骨子，絕對排斥人爲。凡世間一切知識、道德、功利、法律等等，皆在極端排斥之列，因爲這些都是汩沒天真的利器。老子便深惡痛絕於知識、道德、功利、法律等等，（此處所謂道德，是就普通的道德說，與老子所謂道德不同。）所以他處處表現出一種反動。我們看他

排斥知識的地方，如「絕聖棄智，民利百倍；」「智慧出，有大僞；」「民之難治，以其智多；故以智治國，國之賊；不以智治國，國之福」之類。

排斥道德的地方，如「絕仁棄義，民復孝慈；」「大道廢，有仁義；……六親不和，有孝慈；國家昏亂，有忠臣；」「上德不德，是以有德；……禮者，忠信之薄而亂之首」之類。

排斥功利的地方，如「絕巧棄利，盜賊無有；」「民多利器，國家滋昏；人多伎巧，奇物滋起」之類。

排斥法律的地方，如「天下多忌諱，而民彌貧；……法令滋彰，盜賊多有；」「代大匠斲，希不傷手」之類。

可見老子如何排斥人爲，這便是「無爲」的真精神。但他表面上雖是排斥人爲，骨子裏却是提倡一種藝術的生活，便是避去那些算帳式的生活，競走式的生活，以及一切富於刺戟或偏於呆板的生活，而一切聽命於自然。惟其聽命於自然，故能「澹然獨與神明居；」「澹兮其若海，飂兮若無止。」故能「見素抱樸，少私寡欲。」故「不可得而親，不可得而疏，不可得而利，不可得而害，不可得而貴，不可得而賤；故爲天下貴。」老子說：

聖人不積，既以爲人己愈有，既以與人己愈多。

這更是他的藝術的生活一種積極的表白。因爲看重藝術生活，故能心無所住，而行「不積」之道；既心無所住，便無往而非自由自在之天地，無往而非極樂之國土，故能「既以爲人己愈有，既以與人己愈多。」譬如世界是個大海，任是何處受雨，而此處之海水必與之同時增高，這不是「既以爲人己愈有，既以與人己愈多」嗎？梁任公先生對此二語有一段最精的議論。他說：『此種生活，不以生活爲達任何目的之手段，生活便是目的。換言之，則爲生活而生活——爲學問而學問，爲勞作而勞作。再換言之，

則一切皆無所為而為。再換言之，則將生活成為藝術化。夫生活成為藝術化，則真所謂「既以為人己愈有，既以與人己愈多」矣。（見所著「先秦政治思想史」頁一八一。）這便是「無不為」的真精神。所以老子說：「為道日損，損之又損，以至於無為，無為而無不為。」

上面說到藝術以「自然」為骨子，關於自然的解釋，論者不一其辭；我因為「自然」一語，於老子的根本思想有極深的關係，故特提出討論。謝无量先生說：「自然者、究極之謂也。」（見所著「中國哲學史」頁七。）胡適之先生斥為「不成話」，另加上自己的解釋，說：「自是自己，然是如此，自然只是自己如此。」（見所著「中國哲學史」頁五十七。）梁任公先生也附和着說：「自然是自己如此。」（見所著「老子哲學」。）我想自然如果只是自己如此，恐怕誰也會得解釋，哲學上的問題恐怕不是這樣容易罷！我覺得還是章太炎先生解釋得妥當，他說：「夫所謂自然者，謂其由自性而然也。而萬有未生之初，本無自性；既無其自，何有其然，然既無依，自亦假立。……佛家之言法爾，與言自然者稍殊，要亦隨宜假說，非謂法有自性也。本無自性，所以生迷，迷故有法，法故有自。」（見所著「無神論」。）老子的自然主義，便含着這種精神，因為他的根本思想是「無名」，是「無」，則知「自」屬假立，本無自性；而自然所以

喻體，故道又法自然。總之，自然重在返本復初，所謂「莫之命而常自然。」但任公先生誤解了老子自然的本義，以爲一切由人造作者亦卽出於人性之自然，因謂「戕賊自然者莫彼宗若，」（彼宗指道家。見「先秦政治思想史」頁一七四。）是混「自然」與「人爲」而爲一，宜乎得到一個「矛盾」的結論。不知老子的自然重在「莫之命，」猶莊子的自然重在「無待，」若任公先生所詮釋的自然，乃是有所命，有所待；有所命有所待，仍强名之曰自然，那就不能不歸咎於「自然」一語之含有歧義了。

老子把「自然」看作藝術的中心，於是又把藝術看作人生哲學的中心。老子對人生完全是一種藝術的看法。他以爲生死榮辱，都不値得那樣計較。世人最怕死，最怕壽命不長，他獨以爲

死而不亡者壽。

我們知道任是何人都逃不了生死的一個階級，如果生了只求一個不死，不管牠如何鬼混了一世，這是一種何等乾燥無味的人生！這是一種何等無藝術趣味的人生！老子的見解便不然，他主張「生而不有」「死而不亡。」生爲道之發現，何得云有，死爲

道之復歸，何得云亡，（所謂「夫物芸芸、各復歸其根」。）生死不過爲道之循環，又何所用其欣戚。嚴幾道說：「苟知死而有其不亡者，則夭壽一耳。」（見所著評老子。）道家齊生死之說，都是從道上着眼，換句話說，都是從藝術上着眼，因爲從藝術看生死，則生死不惟不足以生其欣戚，而生死反足以表揚其藝術。所以老子非厭世論者，因爲他處處闡明不死之理。譬如說：「谷神不死」，譬如說：「善攝生者……以其無死地。」但老子亦非樂天論者，因爲他處處描寫無知無欲之狀。譬如說：「衆人熙熙，如享太牢，如登春臺，我獨泊兮其未兆，如嬰兒之未孩。」老子更非淑世論者，因爲他處處力闢人爲之非。譬如說：「保此道者不欲盈，夫唯不盈，故能蔽不新成。」可知老子的人生觀，一切受成於道，聽命於自然，是即所謂「人法地，地法天，天法道，道法自然」。這便是老子藝術的人生哲學。

楊子 老子的思想傳至楊子，便成功一種爲我主義。楊子的爲我主義在當時很發生一種效力。孟子說：「楊朱、墨翟之言盈天下，天下之言不歸楊，則歸墨。」（滕文公篇）又說：「逃墨必歸於楊，逃楊必歸於儒。」（盡心篇。）可見楊子的學說在當時占到二分之一或三分之一的勢力；而且楊子的地位似乎要超過墨子。不過楊子沒有著述流傳到後世，

而楊學的傳授又不明，因此引起許多人的懷疑。諸子書中紀載楊朱的事蹟的，除列子裏面有較多的材料外，還有莊子裏面也可找到一些，其餘談到的便很少。現在研究楊朱學說的，大抵根據孟子及列子裏面的楊朱篇。但關於楊朱篇的材料的真僞問題，又有三說：一主全真，一主全僞，一主真僞參半。我便是主張真僞參半的一個人。我以爲楊朱的學說既在當時占到那麼大的勢力，必定牠能獨力成一家言，而且含有一種救世思想，足以與墨子甚或孔子的救世思想勢均力敵，決不至於混有頹廢思想或悲觀主義。所以我認楊朱篇大半出於魏晉人僞造。但其中不無可徵信的材料，便是關於爲我主義的說明。我以後便用我的觀點提出一部分可信的材料，說明楊子的人生哲學。

孟子說：「楊子取爲我，拔一毛而利天下，不爲也。」（盡心篇。）孟子有心排斥楊朱，僅拿到楊子爲我主義的一面，而沒卻他最關重要的一面，就是「悉天下奉一身，不取也」。孟子極力推崇伊尹「一介不以與人，一介不以取諸人」，（困學紀聞說：「孟子學伊尹者也。當今之世，誰我其誰，亦是聖人之任。」）而於楊子則以「無君」斥之，可見孟子不是私心自用，便犯了「學詖」的毛病。（參看

關於這點，在楊朱篇所記便較爲忠實。我且把這一段抄在下面。（本書十八頁）

楊朱曰：伯成子高不以一毫利物，舍國而隱耕；大禹不以一身自利，一體偏枯。古之人損一毫利天下，不與也；悉天下奉一身，不取也。人人不損一毫，人人不利天下，天下治矣。禽子問楊朱曰：「去子體之一毛以濟一世，汝爲之乎？」楊子曰：「世固非一毛之所濟。」禽子曰：「假濟，爲之乎？」楊子弗應。禽子出語孟孫陽。孟孫陽曰：「子不達夫子之心，吾請言之。有侵若肌膚獲萬金者，若爲之乎？」曰：「爲之。」孟孫陽曰：「有斷若一節得一國，子爲之乎？」禽子默然。有閒，孟孫陽曰：「一毛微於肌膚，肌膚微於一節，省矣。然則積一毛以成肌膚，積肌膚以成一節，一毛固一體萬分中之一物，奈何輕之乎？」禽子曰：「吾不能所以答子。然則以子之言問老聃關尹，則子言當矣；以吾言問大禹墨翟，則吾言當矣。」孟孫陽因顧與其徒說他事。

由這段看來，楊子的爲我主義，完全受了老子無名主義的影響，是很顯然的事實了。爲我乃完其在我，「我」便是個單子 (monad)，「我」便是個實體 (substance)，（參看本書一頁

二八。髣髴宇宙是個大實體，而我們的「我」是由大實體裏面分出來的一個小實體，我們的身子就是爲表現這個小實體用的。所以我們的我相（指身）雖有差別，而我體（指小實體）實無差別。人人各安其差別之分，以得絕對無差別之樂，世界自然會相安於無事。這樣看來，楊子的爲我主義不完全是老子無名主義的影響嗎？而且我們從這段文章裏面可以看到楊子人格之高尙，志行之堅潔。人人尊重自己的人格，不侵犯他人的自由與幸福，亦不受他人侵犯，又何至損一毫以利天下，悉天下以奉一身。人人牢守自己的操誼，一介不取，一介不與，又何至計較到非其義與非其道。這是說楊朱比伊尹的工夫更進一層。由前之說，楊子不會有頹廢思想；由後之說，楊子不會有自利思想；而從他的根本主張所謂爲我主義之全體觀之，楊子更不會有厭世思想。來布尼玆主張「單子論」，他便是個極端的樂天論者。所以楊子的學說是不容易加批評的。現在請再提出一段文章說明楊子的思想。

楊朱曰：人肖天地之類，懷五常之性，有生之最靈者也。人者爪牙不足以供守衛，肌膚不足以自捍禦，趨走不足以逃利害，無毛羽以禦寒暑，必將資物以爲養性

任智而不恃力。故智之所貴，存我爲貴；力之所賤，侵物爲賤。然身非我有也，既生，不得不全之；物非我有也，既有，不得不去之。身固生之主，物亦養之主。雖全生身，不可有其身；雖不去物，不可有其物。有其物，有其身，是橫私天下之身，橫私天下之物。其唯聖人乎，公天下之身，公天下之物。其唯至人矣！此之謂至至者也。

這段文章裏面精義更多，待我一一說明。楊子所謂「智之所貴，存我爲貴；力之所賤，侵物爲賤，」就是說明他的爲我主義的。上句是說明「損一毫利天下不與」下句是說明「悉天下奉一身不取，」所以他的主張是前後一貫的。於是關聯到身與物的問題。身與物都和「我」發生密切的交涉，因爲身是生之主，物是養之主；卻是爲「我」決不是爲「身，」決不是爲「物」。如果爲「身」爲「物，」便是一種醜陋的肉慾主義者，便是一種淺薄的物質主義者。所以楊子把身與物和「我」分得非常清白。「我」是就實體方面說，身與物是就現象方面說，這裏面的區別是關係極大的。單就身與物的方面說，身非我有，物亦非我有，都不過是表現「我」的一種工具。「我」是一個小實體、身與物都不過是爲表現這個小實體用的，但也可以說是爲表現大實體用的。因爲實體只是一個，沒有甚麼大小、爲方便說法才分大小。然則所有的身與物、都不過是表現「我」的一種工具。但這

種工具是公共的，大家可以使用的，如果硬拉到自家屋子裏，當作私人的用品，便是「橫私天下之身，橫私天下之物。」楊子這樣的苦口婆心排斥物質主義肉慾主義，而世人反加上他一個頹廢派快樂派之名，這是一種何等寃枉的事情啊！我們從討論身與物的問題裏面，又可以看到楊子所受老子的影響。老子說：「寵辱若驚，貴大患若身。」這便是說世固不足以寵辱我，以吾驚之，故有寵辱；亦無謂貴大患，自吾有身，然後有貴大患。上句是說不可「有其物，」下句是說不可「有其身。」有其身故有貴大患。有其物故有寵辱。楊子接着申明身物不可有之義說：

生民之不得休息，爲四事故：一爲壽，二爲名，三爲位，四爲貨。（按與中庸裏面「故大德必得其位，必得其祿，必得其名，必得其壽，」四句正相針對，可見道家與儒家的根本思想不同。）有此四者，畏鬼，畏人，畏威，畏刑，此之謂遁人也。可殺可活，制命在外。不逆命，何羨壽；不矜貴，何羨名；不要勢，何羨位；不貪富，何羨貨，此之謂順民也。天下無對，制命在內。故語有之曰：「人不婚宦，情欲失半；人不衣食，君臣道息。」周諺曰：「田父可坐殺。」晨出夜入，自以性之恆；啜菽茹藿，自以味之極。肌肉麤厚，節節𨇤急，一朝處以柔毛綈幕，薦以粱肉蘭橘，心痟體煩，

內熱生病矣。商魯之君，與田父侔地，則亦不盈一時而憊矣。故野人之所安，野人之所美，謂天下無過者。

楊子以爲有其身，有其物，結果必至於羨壽、羨名、羨位、羨貨，結果祗不過是做了一個「遁人」。所以楊子力辯身物不可有，而我則不可以不存。因爲身物「制命在外」，我「制命在內」。萬物皆備於我，其又何求。楊子的我與老子的道，乃異名而同實，都是描寫一種「無名之樸」，都是描寫一種未鑿之天真。所以「野人之所安，野人之所美，天下無過。」這樣看來，楊子的思想是何等警切透闢啊！張孟劬先生有一段「闡楊」的議論，我們可以拿來作一種補充的說明。他說：「朱之學善探天命之自然，以爲我爲主義，以放逸爲宗趣，而要歸本於老氏之言，此其所長也。爲我，非長生不死之謂也，謂盡乎天而不鑿以人也；放逸，非縱情恣意之謂也，謂足乎己而無待乎外也。一人爲我，必使人人皆爲我，人人皆爲我，則無盜賊爭奪之患，而天下一視同仁矣；一人放逸，必使人人皆放逸，人人皆放逸，則無名譽矯揉之禍，而天下反璞爲朴矣。」（見所著「史微」卷三頁十五）我們從此可以知道楊朱的人生觀決不是消極的厭世的頹廢的快樂的，而楊朱之

爲人，更不是世間所罵的肉慾主義者和物質主義者。

除上面所採擇一部分的材料外，關於楊朱的學說就很少可信的了。剩下的材料我想等到談魏晉人的人生觀的時候再去討論。

莊子　老子的思想傳至莊子，便成功一種齊物主義。吾友胡樸安先生謂莊子齊物論，係明齊物齊論之理。上齊半部明齊物，下半部明齊論。錢大昕「十駕齋養新錄」說：「王伯厚謂莊子齊物論，非欲齊物也。蓋謂物論之難齊也。是非毀譽，一付於物，而我無與焉。則物論齊矣」。我覺得把齊物論解作齊「物」齊「論」，或解作齊「物論」，都不免失之纖巧。章太炎先生說：齊物屬讀，舊訓皆同。王安石、呂惠卿始以物論屬讀。不悟是篇先說喪我，終明物化。泯絕彼此，排遣是非，非專爲統一異論而作也。應作舊讀。因物付物，所以爲齊。（見齊物論釋重定本）。這話甚是。所以我認莊子的齊物論，是一種齊物主義。莊子的齊物主義比楊子的爲我主義規模更爲闊大，并且進一步把老子的無名主義充分的發揮，以完成道家的系統，而組織一種圓滿的自然主義。所以莊子在道家的地位是十分重要的。關於莊子研究的材料，我以爲在莊子三十三篇之中，只有三篇是最可靠的，就是開首的三篇；逍遙遊、齊物論、養生主；而且這三篇之中，已經把莊子的思想包括無遺。逍遙遊髣髴是發表他的自然哲學，齊物論髣髴是發表他的知識哲學，養生主髣髴是發表他的人生哲學。不過這三篇的思想都有互相發明之處。在這三篇以外，所

有的材料似乎都不十分貫串，只能算是研究莊子的一種副料。現在我還是從這三篇裏面研究莊子的人生觀。

要研究莊子的人生觀，必先研究莊子的宇宙觀；因爲他和老子一樣，人生觀是由宇宙觀體認出來的。不過老子的人生觀尙沒有十分闡明，而莊子的人生觀却發揮得異常透闢。可以說中國哲學裏面對於人生哲學貢獻最大的，莊子要算是第一個人。現在先談談他的宇宙觀。莊子是接着老子無名主義的系統的，也用老子的方法，處處從相對顯出一個絕對，從差別體認一個無差別。不過老子只說出一個當然，莊子卻指點出一個所以然。莊子每每用論證的方法，使聽者對於他所論證的問題能够心悅誠服，這是他高過老子的地方。譬如他開宗明義第一章，就指點出空間時間都不是絕對，空間拿大小作譬喻，時間拿長短作譬喻。「北冥有魚，其名爲鯤，鯤之大不知其幾千里也，化而爲鳥，其名爲鵬，鵬之背不知其幾千里也；……鵬之徙於南冥也，水擊三千里，摶扶搖而上者九萬里；」但斥鴳「騰躍而上，不過數仞；而下，翱翔蓬蒿之間。」這從相對的見地看來，一個太大，一個太小，真是比不如倫；但從絕對的見

地看來，兩種動物都是乘風而行，就能力上說，各自以爲「飛之至也」，然則又有甚麼區別呢？「朝菌不知晦朔，惠蛄不知春秋」，但「楚之南有冥靈者，以五百歲爲春，五百歲爲秋；上古有大椿者，以八千歲爲春，八千歲爲秋。」這從相對的見地看來，一個太長，一個太短，又如何好比擬咧！但從絕對的見地看來，我們人類尙且捧着彭祖，把他看作壽命最長的，其實比之大椿，又不知短了許多；可知壽命的長短，原不過相對的名稱，就時分上說，都要經過幾許剎那，實際上又有甚麼區別呢？可知空間時間都不過是現象界的差別相，換句話說，都不過是現象界的假相。若在絕對界是找不出這種差別的。把這個道理應用到人生，不知道要開悟許多迷夢。莊子因此大展其論證上的手段，先把宇宙的原理說個透澈。

今且有言於此，不知其與是類乎，其與是不類乎。類與不類，相與爲類，則與彼無以異矣。雖然，請嘗言之。有始也者，有未始有始也者，有未始有夫未始有始也者；有有也者，有無也者，有未始有無也者，有未始有夫未始有無也者；俄而有無矣，而未知有無之果孰有孰無也。今我則已有謂矣，而未知吾所謂之其果有謂乎，

其果無謂乎。天下莫大於秋毫之末，而大山爲小，莫壽乎殤子，而彭祖爲夭。天地與我並生，而萬物與我爲一。既已爲一矣，且得有言乎；既已謂之一矣，且得無言乎。一與言爲二，二與一爲三，自此以往，巧歷不能得，而況其凡乎。故自無適有以至於三，而況自有適有乎。無適焉，因是已。（齊物論。）

這段文章完全着重在「天地與我並生萬物與我爲一」。可以說這是他的齊物主義的綱領。天地與我並生，所以明無終無始，非有非無；萬物與我爲一，所以明非小非大，無夭無壽。各盡自得之妙，互參平等之化。這便是宇宙的真相。莊子以爲這個道理雖十分準確，卻是不容易使人家相信。於是從論證上下一種精刻的工夫，處處用名相遣除名相，使聽者自然會悟到此中妙諦。章太炎先生有一段文章指示莊子論證法之一斑。他說：『齊物者一往平等之談。……其文皆破名家之執，而亦兼空見相。……「言者有言，」謂於名唯見名也。「以指喻指之非指，不若以非指喻指之非指也；以馬喻馬之非馬，不若以非馬喻馬之非馬也，」卽無執則無言說也。「既已爲一矣，且得有言乎，」卽於事唯見事，亦卽性離言說也。「隨其成心而師之，誰獨且無師乎？」卽於

自性假立唯見自性假立也。「未成乎心而有是非，是以無有爲有，」即彼事自性相似顯現，而非彼體也。「有有也者，有無也者，有未始有無也者，有未始有夫未始有無也者，」即於差別假立唯見差別假立也。「俄而有無矣，而未知有無之果孰有孰無也，」即可言說性非有，離言說性非無也。』（見齊物論釋。）由上各例，可見莊子論證法之精到，更可見莊子用名相遣除名相的苦心因爲不反覆推證便不能使人家死心塌地的悅服。譬如說「既已爲一，且得有言；既已謂之一，且得無言。」結果不能不推證到「無適焉，因是已」。這是叫人家悟到宇宙的原理，只有「因是」一途。「因是」是說遣除名相，這便是他的齊物主義的根核。所以寓言篇說：「不言則齊，齊與言不齊，言與齊不齊也。」所謂「因是」，我們可以拿莊子一段話來解釋，便是：

惡乎然？然於然；惡乎不然？不然於不然。（齊物論。）

這段話一面把「因是」的道理說透，一面又把遣除名相的精理，宣洩無遺。禪家臨濟義玄立有四料簡，我們也可以借來解釋。所謂四料簡，便是四種標準，即：

奪人不奪境，奪境不奪人，人境俱奪，人境俱不奪。

宇宙都是些「差別」相，也可說只是「一」相。因爲一切法散爲一一法，一一法又攝於一切法。所以差別卽是平等，平等卽是差別。小非大，大非小；小卽大，大卽小。有非無，無非有；有卽無，無卽有。與之，則萬物皆備於我，奪之，則我育於萬物。就客觀說，只見有宇宙，不見有人；就主觀說，只見有人，不見有宇宙。這便叫奪人不奪境，奪境不奪人。只是僅就人境着眼，猶不免滯於人境，未能達觀萬物，所以又說人境俱奪。更進一步說，如果人境俱奪，猶屬有意作爲，不是本地風光，所以又說人境俱不奪。譬如撞鐘，鐘鳴而撞木不鳴，無鐘則鐘音不起，這叫奪人不奪境。但鐘鳴實起於撞木，無撞木鐘音亦不起，這叫奪境不奪人。嚴格的說，鐘音不起於鐘，亦不起於撞木，乃起於鐘與撞木之間，這叫人境俱奪。但無鐘與撞木，鐘音終究不會起來；所以鐘也要緊，撞木也要緊，鐘與撞木之間也要緊，這叫人境俱不奪。莊子所謂「因是」，便是這種「人境俱不奪」的境界。我們知道宇宙間完全是這樣似離非離，似合非合的境界，所以不能用言語文字解說出來。如果用言語文字解說出來，便要知道言語文字也就不過是一種言語文字，所謂「言者有言」；卻並不是不用言語文字解說的那種本地風光，所以說「言者

非吹。」因爲宇宙的真相，根本是「無物，」根本只是充滿宇宙的「本體，」後來由「無物」而「有物，」由「有物」而「有封，」由「有封」而「有是非。」所以莊子說：

古之人其知有所至矣！惡乎至？有以爲未始有物者，至矣盡矣，不可以加矣！其次以爲有物矣，而未始有封也。其次以爲有封矣，而未始有是非也。是非之彰也，道之所以虧也。道之所以虧，愛之所以成。（齊物論。）

可知「是非」是後起的。是非起於言說，有言說便有對待，有對待便一切爭執所由起。所以「一與言爲二，二與一爲三，自此以往，巧歷不能得。」如果不起言說，或者縱有言說而不起是非之見，那就是非彼此，都沒有甚麼害處；而且正好由是非彼此，看出是非彼此的自得之妙。所以莊子說：

是亦彼也，彼亦是也。彼亦一是非，此亦一是非。果且有彼是乎哉？果且無彼是乎哉？彼是莫得其偶，謂之道樞。樞始得其環中，以應無窮。是亦一無窮，非亦一無窮也。（齊物論。）

如果知道是非彼此是後起的，本來沒有爭執的必要，那就「無物不然，無物不可。」

「終身言，未嘗言；終身不言，未嘗不言。」「恢恑憰怪，道通爲一。……凡物無成與毀，復通爲一。」那就「天地一指也，萬物一馬也。」無論牠是「激者、謞者、叱者、吸者、叫者、譹者、宎者、咬者，」都聽牠去「前者唱于，而隨者唱喁。」毫不加以造作。這便是「人境俱不奪」的境界。這便所謂「惡乎然？然於然，惡乎不然？不然於不然。」莊子的「因是」便是這一步功夫。莊子看到世間一切的爭執，都起于言說，換句話說都起於名相，所以他就拿是非彼此的道理遣除名相，這便叫做「以名遣名。」莊子表面上用「因是」一語，骨子裏只是要人家遣除名相。他在齊物論一篇裏面用「因是」一語用過好幾次，凡論到名相無法解釋的時候，就用「因是」作個總結。譬如說：「庸也者用也，用也者通也，通也者得也，適得而幾矣因是已。」「又說：名實未虧，而喜怒爲用，亦「因是」也。又說：「是以聖人不由而照之於天，亦因是也。」可見「因是」一語，在研究莊子哲學是最關重要的。與「因是」義同而語異者尚有一個名詞，莊子也用過幾次，也是在討論名相無法解釋的時候使用，便是「以明。」譬如說：「欲是其所非而非其所是，則莫若以明。」又說：「是亦一無窮，非亦一無窮也，故曰：莫若以明。」又說：「爲是不用而寓諸庸，此之

謂以明。」莊子用這許多「因是」「以明」，就可以看到他遣除名相的苦心。這便是莊子論證法的獨到處。老曰「襲明」，莊曰「以明」，義正相類。惟盡力發揮「以明」，是莊子獨到處。

上面把莊子强過老子的地方，在於論證法之精密，已經說述一個大略了。現在還要論到一點，也是莊子强過老子的地方。關於老莊的不同，我以爲最容易看出來的，便是他們對於世間的態度的不同。老子看到世間的本體是無名的，是沒有對待的。如果談到名，談到對待，便落於現象界，便落於第二義、第三義。所以他的根本思想是「以本爲精，以物爲粗，以有積爲不足。」於是他處世的方法，便完全在負的方面用力。因爲一般人都只想搶到正面的地位，卻不知道正負原是對待的，又何必如此計較呢？所以他說「知其雄，守其雌，爲天下谿；知其白，守其辱，爲天下谷。」你看他在五千言裏面，幾乎沒有一處不是些「人皆取先，己獨取後；」「人皆取實，己獨取虛；」「人皆求福，己獨曲全」的議論。但是莊子處世的態度便不然。莊子也看到世間根本是無名的，無對待的。但他以爲既已看淸世間根本是無名，無對待，那處世的方法便不應該計較到正負方面。因爲計較到正負方面，仍舊是一種對待的心理，仍舊不是一種徹

底的看法。髣髴老子處世的態度，是說：「怎樣對付世間，」而莊子處世的態度，卻是說：「根本上用不着對付。」譬如禪宗五祖弘忍命弟子各依所解自造一偈，神秀說：「身是菩提樹，心如明鏡臺，時時勤拂拭，勿使惹塵埃。」慧能看了之後，便改成「菩提本非樹，明鏡亦非臺；本來無一物，何處惹塵埃。」老子的態度還看重「時時勤拂拭，勿使惹塵埃」莊子卻老早看到「本來無一物，何處惹塵埃」了，所以在這點莊子又要強過老子一着。莊子處世的態度既是這樣澈底，所以他的人生哲學也另是一番境界。他說：

予惡乎知說生之非惑耶？予惡乎知惡死之非弱喪而不知歸者耶？麗之姬，艾封人之子也，晉國之始得之，涕泣沾襟，及其至於王所，與王同筐床，食芻豢，而後悔其泣也。予惡乎知夫死者不悔其始之蘄生乎？夢飲酒者旦而哭泣，夢哭泣者旦而田獵。方其夢也，不知其夢也，夢之中又占其夢焉，覺而後知其夢也；且有大覺，而後知此其大夢也。而愚者自以爲覺，竊竊然知之，君乎，牧乎，固哉！(齊物論。)

昔者莊周夢爲胡蝶，栩栩然胡蝶也，自喻適志與，不知周也；俄然覺則蘧蘧然周

也。不知周之夢爲胡蝶與？胡蝶之夢爲周與？周與胡蝶，則必有分矣此之謂物化。齊物論。

莊子的人生哲學，處處闡明一個「物化」之理。大宗師裏面有許多同樣的議論，不妨拿來參照。

子輿有病……子祀曰：「女惡之乎？」曰：「亡。予何惡？浸假而化予之左臂以爲雞，予因以求時夜；浸假而化予之右臂以爲彈，予因以求鴞炙。浸假而化予之尻以爲輪，以神爲馬，予因而乘之，豈更駕哉？……且夫物不勝天，久矣，吾又何惡焉？」俄而子來有病，喘喘然將死，其妻子環而泣之。子犁往問之……子來曰：『父母於子，東西南北，唯命是從。陰陽於人，不翅於父母。彼近吾死而我不聽，我則悍矣，彼何罪焉？夫大塊載我以形，勞我以生，佚我以老，息我以死。故善吾生者乃所以善吾死也。今大冶鑄金，金踊躍曰：「我且必爲鏌鋣？」大冶必以爲不祥之金。今一犯人之形，而曰：「人耳！人耳！」夫造化者必以爲不祥之人。今一以天地爲大鑪，以造化爲大冶，惡乎往而不可哉？』

孟孫氏不知所以生，不知所以死；不知就先，不知就後；若化爲物以待其所不知之化已乎，且方將化，惡知不化哉？方將不化，惡知已化哉？……安排而去化，乃入於寥天一。

莊子既看到人間的生死夢覺，不過是一種物化，所以甚麼事情都能達觀，都能超出形骸之外。就是生成一個醜惡殘廢的人，也并一點不覺得醜惡殘廢，反以爲醜惡殘廢，也自有一種醜惡殘廢的天趣。可見莊子是最富於藝術的思想的。你看他舉的下面一個例子：

公文軒見右師而驚曰：「是何人也，惡乎介也？天與？其人與？」曰：「天也，非人也。天之生是使獨也，人之貌有與也。以是知其天也，非人也。」

人間世篇也有一個同樣的例子，便是：

支離疏者，頤隱於臍，肩高於頂，會撮指天，五管在上，兩髀爲脇。挫鍼治繲，足以糊口；鼓筴播精，足以食十人。上徵武士，則支離攘臂而遊於其間；上有大役，則支離以有常疾不受功；上與病者粟，則受三鍾與十束薪。夫支離其形者，猶足以養其

身，終其天年，又況支離其德者乎？

此外這樣的例子還多。莊子總不外拿住一種「物化」的思想，看破世間一切的形形色色，所以甚麼哀樂都沒有了。養生主說：

適來，夫子時也；適去，夫子順也。安時而處順，哀樂不能入也。

果能安時處順，還有甚麼大不了的事情呢？所以

古之真人，不知說生，不知惡死。其出不訢，其入不距。翛然而往，翛然而來而已矣。不忘其所始，不求其所終。受而喜之，忘而復之。是之謂不以心捐道，不以人助天。是之謂真人。大宗師。

莊子齊死生齊哀樂的思想，都是從他的根本思想齊是非齊人我而來。都是根據於「天地與我並生，而萬物與我為一」一般人罵莊子是個厭世主義者，是個悲觀主義者；殊不知莊子並不悲觀，並不厭世，他是個看透世間的真髓的人。與其說莊子是個厭世主義者，不如說他是個出世主義者，與其說他是個悲觀主義者，不如說他是個達觀主義者。因為他的思想很高超，很玄妙，一般人不容易懂得，所以倒像說的是反

面，不像說的正面。胡適之先生以爲「這種人生哲學的流弊，重的可以養成一種阿諛依違，苟且媚世的無恥小人；輕的也會造成一種不關社會痛癢，不問民生痛苦，樂天安命，聽其自然的廢物。」見所著「中國哲學史」頁二七七。我認爲這是觀察的錯誤，或是感情的偏激。我以爲莊子人生哲學的影響，重的可以養成一種深造有得的學問家、藝術家，輕的也會造成一種不蠅營狗苟的高潔之士。

以上關於道家的人生觀，已經講述一個大概。道家之所謂「道」，是規模極闊大的。莊子把道發揮得極其精微，可以說道家的思想，到莊子完成了一個系統。

> 東郭子問於莊子曰：「所謂道，惡乎在？」莊子曰：「无所不在。」東郭子曰：「期而後可。」莊子曰：「在螻蟻。」曰：「何其下耶？」曰：「在稊稗。」曰：「何其愈下耶？」曰：「在瓦甓。」曰：「何其愈甚耶？」曰：「在屎溺。」東郭子不應。莊子曰：「夫子之問也，固不及質。正獲之問於監市履狶也，每下愈況。汝惟莫必，无乎逃物。至道若是，大言亦然。周、徧、咸三者，異名同實，其指一也。」知北游。

莊子謂道周徧在動、植、礦三界，固、液、氣三態，螻蟻指動物、稊稗指植物、瓦甓指礦物、屎溺包括固體、液體、氣體。可見

莊子的論證法之精闢。莊子從「物」字上着眼，所以他主張的是「齊物主義；」楊子從「我」字上着眼，所以他主張的是「爲我主義」老子從「名」字上着眼，所以他主張的是「無名主義。」其實都是拿住一個「道」做骨子的。而道法自然，所以又都是一種自然主義。自然主義這個名稱，絕對不可以亂用，要使用的時候，必定要先說明界說。龔枯爾兄弟（Goncourts）的自然主義，不是左拉（Zola）、莫泊三（Maupassant）一流的自然主義，左拉、莫泊三一流的自然主義，又不是盧梭的自然主義，盧梭的自然主義又不是我們中國道家的自然主義。所以名稱雖是一個，而意義是各別的。必先詳審道家哲學的根柢，才好談道家的自然主義。

統觀老子、楊子、莊子三家的人生哲學，雖然他們的根本主張都是一貫，但發表在人生思想上，似乎也有一點區別。老子的人生觀，似近於入世的，因爲他還主張一種「小國寡民」的理想社會，以便「甘其食美其服安其居樂其俗」因爲他還主張爲學日益，主張「長生久視之道」楊子的人生觀，似近於任世的，因爲他主張「制命在內，」主張「野人之所安，野人之所美，天下無過」似乎有一種無可無不可的精神。莊子的

人生觀，似近於出世的，因爲他的思想，異常超脫，「呼我爲馬者，應之以爲馬；呼我爲牛者，應之以爲牛。」就說莊子的人生觀是一種馬生觀，牛生觀，亦無不可。不過他們三家的人生觀雖稍有區別，卻也有相同的一點，就是都不主張厭世，都不主張消極。所以不能說他們是悲觀主義者，更不能爲他們是頹廢的思想家。

儒家的人生觀

儒家的人生哲學比道家的人生哲學更難於研究，因爲從上面下面、前面後面、左面右面，都可以看到一點儒家的精神，卻找不出牠的一個正面。譬如孔子的面目，究竟是那一副面目，就很難得捉摸。董仲舒、何休一班人所看的孔子，就不是馬融、鄭玄一班人所看的孔子；馬融、鄭玄一班人所看的孔子，又不是韓愈、歐陽修一班人所看的孔子；韓愈、歐陽修一班人所看的孔子，又是不程頤、朱熹一班人所看的孔子；程頤、朱熹一班人所看的孔子，又不是陸九淵、王守仁一班人所看的孔子；陸九淵、王守仁一班人所看的孔子，又不是顧炎武、戴震一班人所看的孔子；顧炎武、戴震一班人所看的孔子，又不是廖平、康有爲一班人所看的孔子；廖平、康有爲一班人所看的孔子，又不是陳獨秀、吳虞一班人所看的孔子。所以孔子的真面

目，是很不容易捉摸出來的。現在要談到儒家的人生觀，自不能不先把孔子的面目，也依樣的捉摸一番。孔子一生最愛講仁，講孝，講詩，講禮，我以爲這裏面就可以找到孔子的根本思想。但究竟是怎樣的講法，容我在後面說明。孔子是儒家的開創者，孔子而外，還有四人也可以代表儒家，便是顏子、曾子、孟子、荀子。顏子、曾子、孟子、荀子各得到孔子的根本思想的一部分。顏子對於仁的功夫，曾子對於孝的功夫，孟子對於詩的功夫，荀子對於禮的功夫，在儒家裏面是最有成就的。顏子和曾子的功夫，是由內而外的；孟子和荀子的功夫，是由外而內的。現在列表於下，然後分節說明。

儒家——孔子——
- 顏子……仁 ┐
- 曾子……孝 ┘ 由內而外
- 孟子……詩 ┐
- 荀子……禮 ┘ 由外而內

孔子

關於孔子的根本思想，在概說裏面已有論及，現在請作一種進一步的說明。孔子雖愛講仁講孝講詩講禮，其實他的根本精神，只着重在仁，因爲孝不過是仁

的初步，詩與禮不過是仁的工作。現在要講明孔子的「仁」，必要先講明孔子的「孝」。

上面已經說過：孔子的學說是從「生殖崇拜」的思想出發；但所謂生殖崇拜，非崇拜生殖器，乃崇拜生殖本身。正是「天地之大德曰生」的意思。若崇拜生殖器，乃是一種宗教性質；而孔子的思想完全屬於哲學性質，卽倫理性質。孔子所以重孝，而孝必自親始，就因爲是直接血統的關係。由直接血統關係推到間接血統關係，遞次推擴，就達到孔子的仁，就是孔子的一貫之道。髣髴像柏格森所說的「生命乃以發育之有機體爲媒介，由一胚種移於他胚種之一潮流」 (life is like a current passing from germ to germ through the medium of a developed organism) Bergson's Creative Evolution. P. 28. 如果這個潮流截斷了，那就根本上危及生命。孔子說仁，所以要推本於孝，就是看重這個潮流。孟子說：「不孝有三，無後爲大。」無後就是把這個生命的潮流截斷了，這不要影響到仁嗎？孔子說孝，所以特重男統，也便是這個意思。所謂「父在觀其志，父沒觀其行，三年無改於父之道」所謂「孟莊子之孝也，其他可能也，其不改父之臣與父之政，是難能也；」所謂「父父、」「父不父，」那一處不是從男統着眼呢？（孝經說：「孝莫大於嚴父」可作旁證。）這

可以說是中國宗法社會裏面一件最重要的事實，也是中國家族制度發達一個最重要的原因。中國父權可與神權君權相渤。孔子雖然好說孝，但他的根本精神仍着重在仁。不過孝是仁的初步，孝的功夫沒有作，仁的功夫也談不上，所以成仁的步驟，是「入則孝，出則弟，謹而信，汎愛衆，而親仁」孝在最初，仁在最後。有子說：「君子務本，……孝弟也者其爲仁之本與？」這是一個最顯明的例證。孔子以爲「孝」這樣初步的功夫做到了，然後好談到別的工作。最後纔好談到仁。如果僅有孝的功夫，不把孝擴大到社會上去，不把孝擴大到忠，換句話說，不把修身齊家擴大到治國平天下，那仍就不是孔子的本意。所以子貢問士，孔子答道：「行己有恥，使於四方，不辱君命，可謂士矣。」子貢問：「次一等的人物呢？」孔子又答道：「宗族稱孝焉，鄉黨稱弟焉。」孔子以爲孝如果可以擴大到社會上去，如果可以擴大到忠，那就有了仁的基礎了。那就只好「無求生以害仁，有殺身以成仁，」顧不到此身是「父母之遺體」了。孝經說：「夫孝始於事親，中於事君，終於立身」。可作旁證。所以孝是原因，仁是結果。我們可以看到孝與仁的關係之大。孔子說：「君子篤於親，則民興於仁；」這就是一種很顯明的「仁孝因果論」

現在請進一步說明孔子的「仁」。關於仁的解釋，幾乎沒有一家是相同的。就現在而論：蔡子民先生說孔子的仁，是「統攝諸德完成人格之名。」見所著「中國倫理學史」頁十九。梁任公先生說是一種「同類意識」，一種「同情心」；以爲「智的方面所表現者爲同類意識，情的方面所表現者爲同情心。」見所著「先秦政治思想史」頁百三十。胡適之先生以爲仁卽是「成人」，「成人卽是盡人道」；並且舉出孔子所說的「臧武仲之知，公綽之不欲，卞莊子之勇，冉求之藝，文之以禮樂，亦可以爲成人矣」一段做例證。見所著「中國哲學史」頁百十四。梁漱冥先生以爲「仁是一個很難形容的心理狀態，」他叫做「極有活氣而穩靜平衡的一個狀態；」並且分作兩個條件說明：一個是「寂——像是頂平靜而默默生息的樣子；」一個是「感——最敏銳而易感，且很强。」見所著「東西文化及其哲學」頁百二八。我覺得他們所說的都沒有說到孔子的心坎上。因爲拿他們的意思印證孔子所說的仁，似乎在一處通得過，在另一處便通不過。還是梁漱冥先生在武昌師範大學講演孔子人生哲學大要的時候，發表了一個「生活」的意思，髣髴說仁就是生活，我覺得這個意思比「寂感」要强多了，因爲着重在「寂感」仍是宋明人的看法。不過我的說法，仍舊和他不同。我總以

爲孔子的根本思想，是從「生殖崇拜」的觀念流衍出來的。孔子的孝是從「生殖崇拜」的觀念流衍而出，上面已經說明。孔子的仁，我以爲也是出發於生殖崇拜的觀念。孔子總認定生殖是天地間最神聖最偉大的一種作用，因爲這種作用是繁殖人類維繫社會的命脈。動植物且不必去管他，至於人類，都有一種直接或間接的血統關係，差不多可以說本來是一體的。處在這種血統關係底下的人類，就有一種根本結合的要素，不比動植物和我們人類的因緣太隔遠了。正是孔子所說的「鳥獸不可與同羣，吾非斯人之徒與而誰與」的意思。人類本着這種結合的要素去組織社會，社會便應該不輕易受搖動。但事實上並不如此。人類雖然有了這種結合的要素，卻是人類自身並不覺悟，或是覺悟的又不肯努力去做這種結合的工作。孔子看到這點，便提出一種「仁」的主張。所謂仁，便是叫不覺悟的去覺悟，不努力的去努力。所謂叫不覺悟的去覺悟，就髣髴說我們大家都有直接或間接的血統關係，差不多都是一體的啊！千記不可以拿自己不願意的東西去給別個啊！這便所謂恕。所謂叫不努力的去努力，就髣髴說既知道人類是有一種根本結合的要素的，爲何不趕快去

結合起來呢？要曉得這是大家的責任啊！這便所謂忠。忠的功夫重在「盡己，」恕的功夫重在「推己及人，」這兩種功夫都可以造到仁的地步。就恕的方面說，孔子似乎更覺得急切些。譬如一個人對於一件事體，尚沒有到覺悟的地步，還能望他努力嗎？孔子切望人類趕快覺悟，所以對於恕提倡得更力。子貢問道：「有一言而可以終身行之者乎？」孔子答道：「其恕乎。己所不欲，勿施於人。」但仲弓問仁，孔子也答道：「己所不欲，勿施於人。」可見恕的功夫，差不多就是仁的功夫。就忠的方面說，孔子也以爲非常常有人鼓吹不可。所以「子以四教：文行忠信。」又特別提出一個「主忠信，」做他教學的目標。不過忠的功夫，大半要靠孝作基礎。因爲做過孝的功夫的人，才知道血統關係的重要，才肯爲人類努力。所以孔子說：「孝慈則忠。」能努力便容易造到仁的地步，所謂「力行近乎仁。」這樣看來，忠恕兩種功夫，如果都有了基礎，那不就是孔子所說的仁嗎？中庸說：「忠恕違道不遠；」孟子說：「强恕而行，求仁莫近焉，」這就可見忠恕和仁的關係的密切。然則孔子的根本思想是仁，也就是忠恕；這就是所謂「一貫之道。」所以曾子說：「夫子之道，忠恕而已矣。」

孔子一面催促人家覺悟，鼓勵人家努力，好本着血統的關係去組織社會；一面又要想出一種調劑社會的方法，使人類得到一個很圓滿的生活。所謂生活，可以說就是情意生活；因爲情意生活足以撼動生活的全體。而情意生活總含着一個要發洩的傾向，你就不讓牠發洩，牠也終久會發洩出來的。不過情意生活固然是要讓牠發洩，可是你也要提防牠，叫牠不要胡亂的發洩出來。讓情意生活儘量的發洩出來，就是「詩」的作用，時時提防牠，叫牠不要胡亂的發洩出來，就是「禮」的作用。這兩種作用如果使用得適當，就可以得到一個很圓滿的生活，這便是孔子調劑社會的方法。詩的作用是包括得很廣大的。「詩可以興，可以觀，可以羣，可以怨」但最大的作用便是興，便是發洩情意生活。其次便是觀，便是觀往知來，所以孔子說：「賜也始可與言詩已矣，告諸往而知來者。」情意生活是動的，是一往直前的，有了詩的功夫，就也不會亂動，因爲可以觀往知來。況且還有「羣」與「怨」做補助的功夫。這是就詩的方面說。禮的作用也是包括得很廣大的。禮以約爲主。就是不就範的情意生活，要約束牠使牠就範。所謂「約之以禮，」「齊之以禮。」又禮以敬爲主。就是對於情意生活，也不是

一味約束，還要保留牠的本來面目。如果「爲禮不敬，」那又何必要禮呢？所以「禮與其奢也寧儉，」就是說專鶩紛飾，不如保留一點本來面目爲好。（禮檀弓說：「祭禮與其敬不足而禮有餘也，不若禮不足而敬有餘也。」可參照。）這是就禮的方面說。總之，詩與禮都着重在情意生活。詩是一種由內而外的作用，禮是一種由外而內的作用。詩是心之聲，禮是足之履，所以「不學詩，無以言，」「不學禮無以立。」（孔子說：「不知禮無以立也，不知言無以知人也。」可參照。）但禮的作用究竟在詩的作用之後，因爲第一步就在把情意生活儘量的發洩出來，第二步才好講到情意生活的約束。子夏和孔子論詩，孔子說：「繪事後素，」子夏問道：「是禮在後麽？」孔子便極口讚揚子夏，說：「起予者商也！始可與言詩已矣。」「素」便是情意生活，「繪事」便是情意生活的約束，當然約束情意生活，要在情意生活發洩之後，所以「繪事後素，」所以禮的作用在詩的作用之後。既已把詩和禮的功夫都做到了，纔能談到仁。因爲情意生活有了圓滿的發展，自然心氣和平，可以達到快樂的境地，快樂的境地便是仁的境地了。所以孔子說：「興於詩，立於禮，成於樂。」詩是第一步的工夫，禮是第二步的工夫，樂是最後一步的工夫。樂便是快樂，並不單指鐘鼓那類樂器說，正是「樂云樂云，鐘

鼓云乎哉」的意思孔子在齊聞韶，三月不知肉味，說：「不圖爲樂之至於斯也。」三月表示很久的意思。孔子說：「回也其心三月不違仁」，這裏面可以看到樂和仁的關係。可見樂就有這種快樂的境地。而這種境地只有仁者能够享受，「所謂仁者不憂」「仁者壽」樂記說：「仁近於樂」，可作旁證。如果不仁，就有樂也不樂了，所謂「人而不仁，如樂何？」可見樂與仁是一而二二而一的。孟子有一段最精的議論，發揮樂的意思，他說：

仁之實，事親是也；義之實，從兄是也；智之實，知斯二者弗去是也；禮之實，節文斯二者是也；樂之實，樂斯二者；樂則生矣，生則惡可已也，惡可已，則不知足之蹈之，手之舞之。離婁。

孟子仁義並舉，這是他和孔子不同的地方，其實義也包括在仁裏面。事親是孝，從兄是弟，孝弟爲仁之本。所謂樂斯二者，實際上只是樂「仁」。可見樂之實是仁，至於鐘鼓節奏種種，不過是樂之華而已。樂何以會是「生」呢？因爲樂之實是仁；而仁之實是事親，即是孝；孝之實是思念父母之生我鞠我，即是生；這是人類的泉源，也是萬彙的泉源。既到了這個境地，那就不管是人類是草木，都只見生意充滿，歡樂無量，任你如何阻止也阻止不住，

就只好聽牠去「足之蹈之，手之舞之。」孟子這段文章，真是卓絕千古。我們從這段文章裏面，可以看到孔子的「樂」，可以看到孔子的「仁」，可以看到孔子的「孝」，又可以看到孔子「生殖崇拜」的思想。所以孔子說「興於詩，立於禮，成於樂；」樂的地位，是在詩與禮之上的。

以上都是說明孔子的根本思想，現在進述孔子的人生觀。孔子的人生觀，完全立足於仁之上，就是一面叫人家覺悟，一面自己努力去幹。可以說孔子的人生觀，是一種奮鬭的人生觀，是一種淑世的人生觀。孔子眼見當時「天下無道，」「邪說暴行有作，」於是救世心切，恨不得找到一個機會，把所有的懷抱儘量的施展出來，所以前途甚麼障礙都不顧，總是抱定一個「有進無退」的宗旨，那裏看得出甚麼苦處憂處呢？所以

葉公問孔子於子路，子路不對；子曰：『女奚不曰：「其爲人也，發憤忘食，樂以忘憂，不知老之將至云爾。」』（論語七。）

這是何等奮鬭的人生啊！孔子有一種特別的地方，叫我們不能不肅然起敬的，就是

好學。所以他說：

十室之邑，必有忠信如丘者焉，不如丘之好學也。論語五。

又說：

朝聞道，夕死可矣。論語四。

可見他好學的精神。孔子平日對弟子也只是勸他好學。所以說：

吾嘗終日不食，終夜不寢，以思，無益，不如學也。論語十五。

又說：

我非生而知之者，好古敏以求之者也。論語七。

又說：

敏而好學，不恥下問。論語五。

學如不及，惟恐失之。論語八。

孔子一面對弟子說明「好學」的好處，一面又對弟子說明「不好學」的壞處。譬如他說：

好仁不好學，其蔽也愚；好知不好學，其蔽也蕩；好信不好學，其蔽也賊；好直不好學，其蔽也絞；好勇不好學，其蔽也亂；好剛不好學，其蔽也狂。（論語十七。）

此段有人說是僞託的，（梁漱冥先生在「孔子的眞面目將於何求」的講演中也提及。見十二年十二月一日燕大周刊。）但我覺得是可信的因爲這段是對子路說的。子路使子羔爲費宰，孔子因爲子羔不學無術，所以罵子路是「賊夫人之子」，而子路竟答道：「何必讀書然後爲學」？可見孔子老早蓄意開導他。其證一。在孔門中受責備最多的就是子路，因爲他好勇、（子曰：由也，好勇過我，無所取材。）好剛、（子曰：由也喭。）好知、（子曰：野哉由也，君子於其所不知，蓋闕如也。）好信、（子路無宿諾。）好直、（子路聞斯行之。）好仁，（子曰：由知德者鮮矣。）所以孔子樣樣對症發藥。其證二。所以我覺得這段議論是孔子有爲而發的。孔子本是個「不爲已甚」的人，但對於不好學的人，卻破口便罵，忍耐不住。所以宰予晝寢，孔子竟比之朽木糞土。王充做了一大段文章譏議孔子，（見論衡問孔。）卻不知孔子別有一段苦衷。因爲孔子把「好學」一事看得十分重要，這和他的人生觀關係極切；他自己抱着這種人生觀，也期望弟子抱這種人生觀。如果弟子是好學的，他也極口贊揚。所以他屢屢稱道他最得意的弟子顏回好學，而曰：「不幸短命死矣，今也則亡。」並嘆息道：「吾見

其進也，未見其止也。」以上是就孔子好學的方面說。孔子還有一種特別的地方，也叫我們不能不肅然起敬的，便是「誨人不倦」所以他說

自行束修以上，吾未嘗無誨焉。論語七。

又說：

二三子以我爲隱乎？吾無隱乎爾。吾無行而不與二三子者是丘也。論語七。

又說：

有教無類。論語十五。

可見孔子諄諄不倦的精神。這是就他教人的方面說。孔子一面「學而不厭，」一面又「誨人不倦」這便是他平生兩種最重要的生活。孟子裏面有一段記孔子這兩種生活的話，可以參照。

昔者子貢問於孔子曰：「夫子聖矣乎？」孔子曰：「聖則吾不能，我學不厭，而教不倦也。」子貢曰：「學不厭，智也；教不倦，仁也，仁且智，夫子既聖矣」……公孫丑。

孔子以學不厭教不倦自勉，子貢稱他學不厭教不倦爲仁且智，稱他爲聖，孟子又在

這裏加一番表章，可見學不厭教不倦，是孔子人生思想的中心，這是談孔子人生哲學的人不可不知道的。這便是孔子奮鬭的人生觀。

孔子本是一個功利思想最富的人，這裏所說的功利，諸位不要誤會，不是孟子所說的「亦有仁義而已矣何必曰利」的利，更不是孔子所說的「放於利」「喻於利」的利，乃是邊沁、穆勒一流的功利論（utilitarianism）所謂「謀最大多數的最大幸福」。（參看本書頁百四三。）孔子說：「天下有道，丘不與易，」惟其天下無道，所以孔子的功利思想非常發達。所謂「功利思想」也可說是「用世思想」。所以孔子說：「士而懷居，不足以為士矣。」孔子自道他的志願，是「老者安之，朋友信之，少者懷之。」無論老者少者，都要叫他過很平安的日子，這不是「謀最大多數的最大幸福」嗎？論語裏面有一段記孔子功利思想的話，最為警切：

子路宿於石門，晨門曰：「奚自？」子路曰：「自孔氏。」曰：「是知其不可而為之者歟？」（論語十四。）

「知其不可而為之，」這是何等精神啊！要曉得孔子那時的政象，混亂已極，就號稱賢

者都沒有不灰心絕望的。所以「賢者辟世，其次辟地，其次辟色，其次辟言」。他們對於孔子都覺得大不識時勢，所以百端譏笑。你看接輿的歌唱道：「鳳兮！鳳兮！何德之衰！往者不可諫，來者猶可追！已而！已而！今之從政者殆而！」但是孔子的雄心毫不少挫，仍舊想找到一個機會，展布他的懷抱。所以他說：

苟有用我者，期月而已可也，三年有成。（論語十三。）

又說：

如有用我者，吾其爲東周乎。（論語十七。）

這正和孟子「當今之世，舍我其誰」抱同樣的氣概。不過後來終究沒有遇着機會，纔放聲嘆道：「歸與！歸與！」可見孔子用世思想之切。就是他後來講學，也總要提到「用之則行」「邦有道則仕」的話。這便是孔子淑世的人生觀。

總上所述，可見孔子的人生觀，一面是爲人的，一面是自爲的；一面叫人家覺悟，一面自己努力去幹。這便所謂「己立立人，己達達人」，這便所謂「忠恕」，這便所謂「仁」，這便是孔子的人生哲學。

顏子 顏子卻是孔門中第一個有成就的，可惜他的壽命不長，沒有完成他的工作，也沒有許多意見流傳後世；所以我們研究他的思想稍爲困難。現在要敘述他的人生哲學，也就只好依據論語裏面的記載；因爲旁的資料都靠不住。顏子一生對於「仁」的工夫是造就很深的。我以爲他在「仁」上的工夫，還要比孔子純些；和莊子在「道」上的工夫要比老子純些一樣。世間上的事本來是「後來居上，」所謂「青出於藍而勝於藍，」這也不足奇怪。譬如莊子一部書裏面，恭維孔子的地方很多，非議孔子的地方也很多，卻是對顏子從沒有非議過。這也可以代表一部分的輿論。況且孔子自己也老實承認比不上顏子。你看他和子貢談的一段話。『子謂子貢曰：「女與回也孰愈？」對曰：「賜也，何敢望回？回也聞一以知十，賜也聞一以知二。」子曰：「弗如也！吾與女，弗如也！」』顏子在孔門中是個天資絕頂的人。就孔子所分的等級說起來，當然是「中人以上，」當然是所謂「上智；」凡孔子所說的「性與天道，」當然是沒有不懂的。所以孔子說「吾與回言終日，不違如愚，退而省其私，亦足以發，回也不愚。」又說「語之而不惰者，其回也與！」大凡天資絕頂的人，他的思想總要超脫些，天資稍鈍的人，

他的思想總要穩實些，這是一種生理學上和心理學上的事實，不能否認的。孔子既自己承認天資不及顏子，沒有他那樣「聞一知十」的本領，當然發出來的思想也有不同。現在請看顏子所表現的一段思想！

顏淵喟然歎曰：「仰之彌高，鑽之彌堅；瞻之在前，忽焉在後。夫子循循然善誘人，博我以文，約我以禮。欲罷不能，既竭吾才。如有所立，卓爾！雖欲從之，末由也已。」論語九。

這是何等精深博大的思想！這樣的思想在論語中是絕無僅有的。老子說：「道之爲物，惟恍惟惚。惚兮恍兮，其中有象；恍兮惚兮，其中有物。」這種形容道體的話，和顏子的「仰之彌高，鑽之彌堅；瞻之在前，忽焉在後。」又有甚麼區別呢？顏子既悟到道體是「无所不在」，是「語大，天下莫能載焉；語小，天下莫能破焉。」又得到孔子的誘導，自然興趣勃發，「欲罷不能」了。要曉得道體是圓滿周遍的，髣髴在那裏立住，卻又尋不着端倪，因爲牠是巍然不動的。正是佛家所謂「法身」，所謂「如如」，所謂「月在上方諸品淨」。你又從那裏去捉摸呢？顏子這樣思想，當然一部分得到孔子的幫助，但何嘗

不是由於他的博文約禮，更由於他的「聞一知十」呢？還有一次，孔子要他述自己的志願，他說：

願無伐善，無施勞。論語五。

這裏面也有極大的文章。凡善必有善因，善因之上復有善因。拿破侖所以能夠做成一個蓋世的英雄，就靠他手下那些將領，將領又靠那些士卒，士卒又靠那些製造槍砲火藥的工人，如此遞推，可知拿破侖那種驚人的舉動，不是拿破侖一個人幹出來的。這就叫做無伐善。凡惡亦必有惡因，惡因之上復有惡因，屈拉痾瑪（Trachoma）一種傳染性的眼病，俗名沙眼。所以成為一種最厲害的眼病，就因為牠傳染很快，傳染何以很快，因為微菌的繁殖，微菌何以繁殖，因為瘴氣發生或營良不良或居處不潔，瘴氣何以發生，營良何以不良，居處何以不潔，又別有其原因，展轉推求，這個責任就不好歸在誰人身上。這就叫做無施勞。無伐善是認定我不過是成就「善」的一分子，無施勞是覺悟我也是應該「任勞任怨」的一分子。惟其無伐善，所以「不欲人之加諸我」，惟其無施勞，所以「亦欲無加諸人」，這便是一種仁的工夫。這便是一種忠恕的工夫。『子貢曰：

「我不欲人之加諸我也，吾亦欲無加諸人。」子曰：「賜也，非爾所及也。」』子貢不過是「聞一知二」那裏就能做到這步功夫，這當然不能不讓席於顏子。顏子在哲學上的造就本來很深，所以應用到人生哲學，自然另是一番境界。這樣看來，顏子的胸襟，一定很曠闊，對於世間的榮枯得喪，一定很能達觀。因爲他是從道體上體認一切，從宇宙原理應用到一切原理。但他雖然胸懷曠達，卻又和道家遺世獨立的思想不同，所以仍舊做「克己復禮」的工夫，一面留心世道，向孔子問「爲邦」的道理，這是一種內外交養的境界。所以他在「仁」上的功夫要純些。若孔子既富於功利思想，又不脫術數觀念，當然顧慮要多些，所以「仁」的功夫也就要稍遜了。孔子的術數觀念很重；最歡喜言命，所謂「不知命無以爲君子，」所謂「亡之命矣夫，」所謂「未知生焉知死，」（子夏說：「死生有命」。可參照。）處處脫不了術數觀念，不比顏子認死生可以自己作主的，所謂「子在，回何敢死。」有了術數觀念，那仁的功夫便做得不真切。所以從這點說來，孔子對於仁的功夫，比顏子要輸一着。又孔子的功利思想很重，論語上談富貴貧賤的問題，到處皆是。譬如說：「富而可求也，雖執鞭之士，吾亦爲之；」「富與貴，是人之所欲也；」「邦有

道，貧且賤焉，恥也。」雖然孔子不愛富貴，又何必總是談些富貴問題呢？這都是孔子不純的地方。若顏子。那就終日蕭然四壁，（子曰：「回也其庶乎，屢空。」）也不計較這上面，也不談到這上面。難怪孔子極口稱道他，

賢哉回也！一簞食，一瓢飲，在陋巷，人不堪其憂，回也不改其樂。賢哉回也！（論語六。）

所以從這點說來，孔子對於仁的功夫，又要輸顏子一着。不過顏子雖然强過孔子，卻是他自己一點也不覺得，總是跟隨孔子去做博文約禮的功夫。所以孔子說：「回也非助我者也，於吾言無所不說。」顏子何以是這樣呢？因爲他看透宇宙的真相，總是「生有涯而知無涯，」所以「以能問於不能，以多問於寡，有若無，實若虛，犯而不校。」（按曾子此數語確是指顏子，他人無足當之者。）把上面所述的總結起來，顏子是個天資絕頂的人，又是一個好學者，又淡於功利，所以他的思想處處表現一種超脫。孔子是個天資平樸的人，又抱着滿腹救世的熱忱，又是「學而不厭，誨人不倦，」所以他的思想處處表現一個穩實。這是我的「孔顏優劣論」。

曾子　孔子的仁的功夫，趕不上顏子；孝的功夫，又趕不上曾子。曾子的天資比孔

子又不同，他簡直是魯鈍。參也魯。但他一生的好處，就好在魯鈍。和顏子恰好成個反比例。上面已經說過，大凡天資稍鈍的人，他的思想總要穩實些。若曾子在孔門中差不多是第一個穩實的，他的穩實，有時幷強過孔子。你看他每日的生活，何等認真；他自己說：「吾日三省吾身：爲人謀而不忠乎？與朋友交而不信乎？傳不習乎？」可見他對人對己，都格外認真。這種人既忠實而又有信用，就決不致於辜負人家的委託。你看他心目中理想的人物，也就是：

可以托六尺之孤，可以寄百里之命，臨大節而不可奪也，君子人歟！君子人也。論語八。

孔子唯其看重他這種特點，所以付與他「一貫之道。」不過這還不是孔子的本意，還有比這個重要的，便是曾子的「孝」的功夫。孔子是出發於生殖崇拜之思想的，而生殖崇拜思想之結晶便是孝。這種孝的思想如果不能宣傳出去，那就甚麼仁義禮智都沒有着落；而且社會的團結，種族的强固，人類的相親相愛，都要藉這一點孝的觀念去擴充，如果沒有人去做這種宣傳的事業，那孔子數十年救世的苦心，不都是白

費。嗎？這便是孔子付託曾子的真意。孔子的「孝，」到了曾子一般人手裏，便擴大了。由孝的倫理學擴大到孝的人生哲學了。關於曾子孝的事實和學說，可惜論語裏面記載不詳，孟子裏面也只有兩三條可供參照，其餘便不能不借助於曾子門人或其私淑者之記述。禮記祭義說：「大孝尊親，其次弗辱，其次能養。」什麼叫尊親？儒家的根本思想是重男統，崇父權。孝經說：「孝莫大於嚴父。」孔子說：「三年無改於父之道。」所以尊親就是嚴父。什麼叫弗辱？便是敬重父母的遺體，所謂「子全而歸之。」什麼叫能養？便是養志。尊親和弗辱二者是間接的孝，能養是直接的孝。間接的孝比直接的孝更難能可貴，因爲不必看到父母才發生孝心。但尊親和弗辱又有分別。尊親是積極的孝，弗辱是消極的孝。積極的孝比消極的孝境界又高，因爲消極的孝尚不過保持生殖的結果；積極的孝卻在尊重生殖的原因。曾子一生的孝行，對於這三者都無愧色。

我且提出三段記事證明：

曾晳嗜羊棗，而曾子不忍食羊棗。公孫丑問曰：「膾炙與羊棗孰美？」孟子曰：「膾炙哉。」公孫丑曰：「然則曾子何爲食膾炙而不食羊棗？」曰：「膾炙所同也，羊棗

所獨也；諱名不諱姓，姓所同也，名所獨也。孟子十四。

這便是曾子的「尊親」

曾子有疾，召門弟子曰：「啓予足，啓予手。詩云『戰戰兢兢，如臨深淵，如履薄冰。』而今而後，吾知免夫，小子！」論語八。

這便是曾子的「弗辱」

曾子養曾晳，必有酒肉，將徹，必請所與，問有餘？必曰：「有」。曾晳死，曾元養曾子，必有酒肉，將徹，不請所與，問有餘？曰：「亡矣」。將以復進也。此所謂養口體者也。若曾子則可謂養志也。事親若曾子者可也。孟子七。

這便是曾子的「能養」。以上都是關於孝的事實，至關於孝的學說，我們只可以在孟子裏面找出一段，不過也是最重要的一段。

曾子曰：「生事之以禮，死葬之以禮，祭之以禮，可謂孝矣」。孟子五。

「生事之以禮，死葬之以禮，祭之以禮」這三句話，可以把孝的精義，抉發無遺。不過孔子曾經把這三句話告訴樊遲，或者曾子仍舊是「聞諸夫子」。此外要考求曾子的思

想，便不能不借助於大小戴記及孝經等書。（大小戴記及孝經所記曾子的思想、尙有一部分可採。至於韓詩外傳、說苑、新序等書所記、毫不足信。）曾子本着孔子生殖崇拜的思想，建設一種孝的一元哲學。由家族的孝論擴張到社會的孝論，由社會的孝論擴張到宇宙的孝論。家族的孝論大抵與孔子所見無甚出入。社會的孝論要算是曾子發揮得最透澈，曾子本孝說：

君子之孝也，以正致諫；士之孝也，以德從命；庶人之孝也，以力惡食；任善不敢臣三德。

不臣三德謂王者之孝，以正致諫謂卿大夫之孝，此言孝有等差。又祭義及曾子大孝說：

居處不莊，非孝也；事君不忠，非孝也；莅官不敬，非孝也；朋友不信，非孝也；戰陣無勇，非孝也；五者不遂，烖及於親，（曾子大孝作「災及乎身。」）敢不孝乎？

又曾子立孝說：

未有君而忠臣可知者，孝子之謂也；未有長而順下可知者，弟弟之謂也；未有治而能仕可知者，先修之謂也。故曰：孝子善事君，弟弟善事長，君子一孝一弟，可謂

知終矣。

這便是社會的孝論。還有宇宙的孝論，乃是曾子孝論裏面的精髓。曾子大孝及祭義說：

夫孝置之而塞乎天地，溥之而橫乎四海，（曾子大孝作「衡之而衡於四海」。）施諸後世而無朝夕。推而放諸東海而準，推而放諸西海而準，推而放諸南海而準，推而放諸北海而準。詩云：「自西自東自南自北無思不服，」此之謂也。

這便是宇宙的孝論。合上面三種孝論便成功「孝的一元哲學」曾子因本着這種孝的一元哲學，建設孝的人生觀。所謂「子全而歸之，」便算是達到這種人生觀。曾子說：「而今而後吾知免夫，」可算是他的人生觀之自白。

曾子孝論的價值如何，且不去管牠，但他的主張卻是一貫。孔子的思想出發在孝，而歸着在仁，結果仁存而孝毀。譬如「殺身成仁，」便不能「子全而歸之，」便不能做到「身體髮膚……不敢毀傷。」曾子所見就有不同。曾子的思想，出發在孝，而歸着亦在孝；所謂「仁者仁此者也，禮者履此者也，義者宜此者也，信者信此者也，强者强此者

也，樂自順此生，刑自反此作。」這就比孔子貫澈得多了。我還要借孟子一段話，說明孔子和曾子孝論的區別。『墨者夷之因徐辟而求見孟子，……孟子曰：「夫夷子信以爲人之親其兄之子，爲若親其鄰之赤子乎？彼有取爾也。赤子匍匐將入井，非赤子之罪也。且天之生物也，使之一本，而夷子二本故也。」』我覺得孔子的孝論，仍不免陷於二本，若曾子的孝論乃是眞正的一本，所以我覺得曾子的主張比孔子更澈底些。這是我的「孔曾優劣論」。

孟子　孔子死後，要算孟子是個特出的人物。孟子和孔子的關係，髣髴同柏拉圖和蘇格拉底的關係一樣。孔子的思想得了孟子的幫助，又不知在社會上增加多大的勢力。孟子是個意志極强的人，你看他的議論，總是「尙志」「持其志」這恐怕和母訓有關係。孟子的才氣也是高人一等的，況且又長於言辭，所以才氣益發凌厲無前。孟子一生瘁精力於詩，而他的根本思想也就出發於詩。他和別人辯論道理，總要拿詩經做證據，雖然也引證到書經，談到春秋、禮、樂，（孟子却從沒有說到易經）卻是他的特別表現，還在一部詩經。你看孟子七篇裏面，引證詩經達三十餘次。人家只看見他明王道，談仁

義,我卻只看見他明詩理,講詩學。他和齊宣王論政,齊宣王說:「寡人好勇,」他就拿詩經說「好勇」的好處;後來齊宣王又說「寡人好貨,」他又拿詩經說「好貨」的好處;後來齊宣王又說:「寡人好色,」他又拿詩經說「好色」的好處。公孫丑問孟子,說:『高子曰:「小弁,小人之詩也。」』孟子問是什麼道理?公孫丑答道:「怨。」孟子說:「固哉高叟之爲詩也……小弁之怨,親親也,親親仁也。」公孫丑又問道:「凱風何以不怨?」孟子說:「凱風,親之過小者也;小弁,親之過大者也。親之過大而不怨,是愈疏也;親之過小而怨,是不可磯也;愈疏,不孝也;不可磯,亦不孝也。」孔子謂詩可以怨,做「怨」字的註解的,都說不出所以然;朱熹註個「怨而不怒,」戴望註個「怨刺上政,」說來總不親切。你看孟子解釋「怨」這是何等本領!可見孟子詩學之精。咸丘蒙問孟子說:『詩曰:「普天之下,莫非王土,率土之濱,莫非王臣。」而舜既爲天子矣,敢問瞽瞍之非臣,如何?』孟子說:『是詩也,非是之謂也,勞於王事,而不得養父母也。曰:「此莫非王事,我獨賢勞也。」故說詩者,不以文害辭,不以辭害意,以意逆志,是爲得之。如以辭而已矣,雲漢之詩曰:「周餘黎民,靡有孑遺,」信斯言也,是周無遺民也。』這是教人說詩的方法。所以孟子

的特別表現，是在一部詩經。孟子應用詩的原理去談王道談仁義，自然比人家要高一着。孟子所以雄於辯論，也就由於他的詩學很精，因爲詩是訓練言辭的。所謂「不學詩無以言。」孔子說：「誦詩三百，授之以政，不達；使於四方，不能專對；雖多亦奚以爲？」可見孟子精政治，擅辭說，完全是詩的功效。孟子發揮「不動心」的妙理，公孫丑聽來，頭頭是道，便問他究有甚麼長處能夠造到這步？孟子說：

我知言，我善養吾浩然之氣。（公孫丑。）

甚麼叫做知言？所謂知言，即是知詩。孔子說：「不知禮，無以立也；不知言，無以知人也。」這裏面省掉一句，應該說：「不知禮無以立也；不知詩無以言，不知言無以知人也。」（孔子說過：「不學詩無以言」、「不學禮無以立。」）這是論理學上的前提省略法。何以說不知詩無以知人？因爲詩可以觀，可以羣，可以告往知來，全是說些「知人」的道理。所以孟子說：「頌其詩……不知其人可乎？」孔子常常勸人學詩學禮，所以這裏對舉不知禮不知言，便可以看到「不知言」即指「不知詩。」詩是訓練言辭的，我們由言辭的正不正，便可知內心的正不正。你看孟子解「知言」二字：

詖辭知其所蔽，淫辭知其所陷，邪辭知其所離，遁辭知其所窮。生於其心，害於其政，發於其政，害於其事。聖人復起，必從吾言矣。（公孫丑。）

所謂「聖人復起」，即指孔子，因爲孔子說過「不知言，無以知人」的話。在心爲志，發言爲詩，即言可以觀心，即詩可以觀志。孟子說：「志至焉，氣次焉」，孟子何以特別看重志，因爲他的根本思想是從詩出發。至講到氣，乃是第二步功夫。不過氣仍舊不可不養，因爲「氣壹則動志」，所以孟子主張「持其志，無暴其氣」，所以孟子善養其浩然之氣，我們從這段答語，可以知道「知言」是就志說，「善養浩然之氣」是就氣說。可見孟子思想的一貫。孟子好言性善，但性善之說，復本於詩。你看他在告子篇所發表的一段性善的學理，便是根據詩經上的話。

詩曰：「天生蒸民，有物有則，民之秉彝，好是懿德。」孔子曰：「爲此詩者，其知道乎！故有物必有則；民之秉彝也，故好是懿德。」（告子。）

這段詩便是性善論的起源。孟子也和孔子一樣，把人類看得重，把鳥獸草木看得輕。孔子說：「鳥獸不可與同羣，」孟子說：「犬馬與我不同類。」又說：「君子之於物也，愛之

而弗仁。」他們都拿定一個血統關係的觀念。凡在人的血統關係以內，就可用仁，否則只可用愛，所謂「仁民而愛物，」和道家一視同仁的精神，完全不同了。因此論性也大有區別。告子既聲明「生之謂性，」孟子還要駁他說：「然則犬之性猶牛之性，牛之性猶人之性與？」可見孟子先存了一個人貴物賤的成見。性就是生，那麼，犬牛的生和人類的生，又有甚麼不同呢？可見孔孟一流人的生殖崇拜的思想，還不澈底。詩曰：「天生蒸民，有物有則，」蒸民指萬彙說，並不限於人類，所以「有物必有則」那麼，人類有人類的法則，鳥獸草木也有鳥獸草木的法則，又何以見得「犬之性非牛之性，牛之性非人之性」呢？不過孟子能從有物有則，闡明性善，（從有物有則看到惻隱之心皆有之、看到心所同然等皆是。）從古詩紬出新說，這卻是他的大過人處。以上把孟子的根本思想，說明了一個大概。現在進論他的人生哲學，孟子是受過詩的陶冶的，而詩的最大的作用便是「興」，便是發洩情意生活，所以孟子的人生觀，完全是一種情意的人生觀。換句話說，完全是一種義的人生觀，因為義是以發洩情意生活為骨子的。（通常說「義者宜也」、但董仲舒謂「以仁治人、以義治我」。劉原父謂「仁字從人、義字從我」、從沒有說到「義者宜也」的話。王應麟並否認劉董的說法。他以為如果「以人我分仁義、是仁外義內、其流為兼愛為我」。可見呆解文字也有一種弊。）

處。如果說「義者宜也」、宜是審度合理不合理、那就孟子的義變成一個講理智的、還不是笑話嗎、孟子處處着重情意生活、那裏會講到理智呢。所以我認孟子的義理是以發洩情意生活爲骨子的。你看他所發的議論，那一處不是義氣凜然？所謂「待文王而後興者凡民也，若夫豪傑之士，雖無文王猶興」。所謂「說大人，則藐之，勿視其巍巍然。……在彼者皆我所不爲也，在我者皆古之制也，吾何畏彼哉？」所謂「如此則與禽獸奚擇哉？於禽獸又何難焉？」——我們從這些地方都可以看到他一種義的人生觀不過他理想中卻另外有一種人物，便是；

居天下之廣居，立天下之正位，行天下之大道。得志，與民由之，不得志，獨行其道。富貴不能淫，貧賤不能移，威武不能屈，此之謂大丈夫。（滕文公。）

他理想中的人物便是「大丈夫」。而他最痛恨的便是「小丈夫」，所以人家不見諒的時候，他就用「予豈若是小丈夫然哉」一句話自明其志。因爲「大丈夫」和「小丈夫」的修養完全不同。大丈夫養其大體，小丈夫養其小體，「養其大者爲大人，養其小者爲小人」，所以孟子主張「先立乎其大者」。卽此可以想見孟子的風格孟子另有一段文章，專講修養之法。他說：

故天將降大任於是人也，必先苦其心志，勞其筋骨，餓其體膚，空乏其身，行拂亂其所爲，所以動心忍性，增益其所不能。（告子）

我們一展讀孟子之文，便不知不覺的氣雄神王。程子曰：「仲尼天地也，顏子和風慶雲也，孟子泰山巖巖之氣象也。」拿「泰山巖巖」比孟子，可謂罕譬而喻。（王應麟說：「富貴不能淫、貧賤不能移、威武不能屈，孟子、泰山巖巖之氣象也。」見困學紀聞卷七。陸世儀說：「禽獸何難、畢竟是泰山巖巖氣象，若孔子則幷不作此言矣。」見思辨錄輯要卷九。）所以孟子這種「義的人生觀」在中國社會裏面發生影響不小。孟子遇事以義爲主，所謂「言不必信，行不必果，惟義所在。」如果遇到生死關頭，正是「生」與「義」二者不可得兼的時候，孟子便主張「舍生取義」。這便是孟子情意生活的發展之處，這便是孟子所受於詩的影響之處。

荀子　荀子在儒家也是一個特出的人物，因爲他不依傍他人的門戶。這或者和他自己的性格有關係。他的思想處處和孟子發生密切的交涉。孟子主張發展情意生活，他卻主張約束情意生活。孟子拿住孔子的詩，做由內而外的工作；他便拿住孔子的禮，做由外而內的工作。荀子一生的思想，都是由禮出發。我們在表面上看見他

談正名，談性惡，談天，談樂，其實他只是在那裏談禮。都是做禮字的註脚。荀子是最精於名理的。他以爲情意生活所以過於浪漫容易發生流弊，就由於「名守慢，奇辭起，名實亂，是非之形不明，」所以第一步主張「正名。」如果正名的功夫做到了，那麼情意生活就有了一個歸宿。荀子所以重形式的教育，重法律的效力，就緣於正名。其實「正名」不過是禮的一種作用。上面已經說明情意生活所以流於浪漫的原因，但不過是間接的原因，還有一個直接的原因，便是「欲。」「欲」如果不節制，那就情意生活永無得到歸宿之日。荀子說：「今人之性，生而有好利焉；順是，故爭奪生而辭讓亡焉。生而有疾惡焉；順是，故殘賊生而忠信亡焉。生而有耳目之欲，有好聲色焉；順是，故淫亂生而禮義文理亡焉。然則從人之性，順人之情，必出於爭奪，合於犯分亂理，而歸於暴。」這樣看來，「欲」便是萬惡的原因。而「欲」爲「性」的實體，可知人性本惡。但人性雖惡，卻不可不設法矯正。荀子說：「枸木必將待檃栝烝矯然後直；鈍金必將待礱厲然後利；今人之性惡，必將待師法然後正，得禮義然後治。」講到此處，便不能不拿出禮來，所以性惡論又是禮的註脚。其次是荀子論天。荀子以爲稱天而治，結果便要廢

棄人事。況且普通把「天然」「天性」「天資」「天才」看作是個已成品，看作是個絕美的東西，也是一種觀念的錯誤。荀子爲矯正這種流行觀念起見，特提出天論，以明天事之不如人事。所以說：「大天而思之，孰與物畜而裁之？從天而頌之，孰與制天命而用之？……故錯人而思天，則失萬物之情。」不過荀子作天論的本意，更在反對道家的天治主義；因爲天治主義不打破，人治主義便無由建立。我以爲荀子的學說，雖是反對孟子，嚴格的說來，竟是反對道家。譬如道家主張無名，他便主張正名；道家主張無爲，他便主張人爲；（人之性惡，其善者僞也。僞者人爲也。）所以道家主張「法天」，他便主張「制天」。荀子既想打破天治，建立人治，於是又不能不拿出禮來。（老子謂「禮爲忠信之薄而亂之首」，荀子便專主張禮治，顯見他的思想是爲反對道家而發的。）所以天論又是禮的註腳。至談到樂，荀子的樂不過是禮的副產物，不過是禮的作用之一種。樂論篇說：

夫樂者樂也，人情之所必不免也。故人不能無樂，樂則必發於聲音，形於動靜；而人之道，聲音動靜，性術之變盡是矣。故人不能不樂，樂則不能無形，形而不爲道，則不能無亂。先王惡其亂也，故制雅頌之聲以道之；使其聲足以樂而不流；使其

文足以辨而不諰；使其曲直繁省、廉肉節奏，足以感動人之善心；使夫邪汙之氣無由得接焉。……故樂行而志清，禮修而行成。……且樂也者，和之不可變者也，禮也者，禮之不可易者也。樂合同，禮別異，禮樂之統，管乎人心矣。

荀子雖然禮樂並舉，却是他的根本精神，仍着重在禮。樂不過是輔助禮的東西。我們細讀他的禮論，便可以知道。樂記說：「知樂則幾於禮矣」；這就很顯然的指出樂和禮的關係。不過這都是就荀子同時的「樂」說。若孔子的「樂」便不是這樣。孔子是把「樂」的地位看得極高的。談到樂便表示達到盡善盡美的境界，（子謂韶盡美矣、又盡善也。）達到成就的境界，所謂「立於禮，成於樂。」樂既達到成就的境界，如何會是禮的副產物呢？（參看上面孔子的人生觀。）所以荀子的樂和孔子的樂完全不同。何以說荀子的樂不過是禮的副產物，不過是禮的作用之一種呢？因爲禮的全部是着重在養的，而樂不過是養的一種。禮論篇說：

故禮者，養也。芻豢稻粱、五味調香，所以養口也。椒蘭芬苾，所以養鼻也。雕琢刻鏤，黼黻文章，所以養目也。鐘鼓管磬、琴瑟竽笙，所以養耳也。疏房、檖䫉、越席、牀笫、几

筵，所以養體也。故禮者養也。

樂不過是養耳的。樂記說：「樂者音之所由生也，」都是就養耳的方面說。可知樂不過是禮的作用之一種。但樂雖只是禮的作用之一種，卻是最重要的一種。樂是以「和」爲主的。荀子說：「樂合同，」又說：「樂者審一以定和者也。」樂記說：「大樂與天地同和。」可見樂的精髓是和。但禮的最大的作用也就是和。有子說：「禮之用和爲貴。」這不是明明說樂是禮的最重要的一種作用嗎？總上所述各節，可見荀子的根本思想，完全從禮出發。荀子欲以禮爲立教之本，因推原禮的本始，說：

禮有三本：天地者生之本也，先祖者類之本也，君師者治之本也。無天地惡生，無先祖惡出，無君師惡治，三者偏亡焉，無安人。故禮上事天，下事地，尊先祖而隆君師，是禮之三本也。（禮論篇。）

但禮所以化「欲」。他說：

禮起於何也？曰：人生而有欲，欲而不得，則不能無求，求而度量分界，則不能不爭，爭則亂，亂則窮。先王惡其亂也，故制禮義以分之，以養人之欲，給人之求，使欲必

不窮乎物，物必不屈於欲，兩者相持而長，是禮之所起也。（禮論篇。）

不過人生既有欲，換句話說，人性本惡，那麽，禮又何能發生呢？荀子在這裏有一段極精采而又極重要的文章。他說：

凡禮義者，是生於聖人之「僞」，非故生於人之「性」也。故陶人埏埴而爲器，然則器生於工人之僞，非故生於人之性也。故工人斲木而成器，然則器生於工人之僞，非故生於人之性也。聖人積思慮，習僞故，以生禮義而起法度，然則禮義法度者，是生於聖人之僞，非故生於人之性也。若夫目好色，耳好聲，口好味，心好利，骨體膚理好愉佚，是皆生於人之情性者也。感而自然，不待事而後生之者也。夫感而不能然，必且待事而後然者，謂之生於「僞」，是「性」「僞」之所生，其不同之徵也。故聖人化「性」而起「僞」，僞起而生禮義，禮義生而制法度。然則禮義法度者是聖人之所生也。故聖人之所以同於衆其不異於衆者「性」也，所以異而過衆者「僞」也。（性惡篇。）

由這段文章看來，可見禮發生，全靠「僞」，即是全靠人爲。所以第一着全在化「性」起

「僞」，第二着就在生禮義。我們從這段文章裏面，也就可以看到荀子的人生觀。荀子認「禮」起於僞，不起於性。積僞之極，則性與僞化，而禮義乃生。這就達到人生的頂點。所以他說：「性僞合，然後有聖人之名」，又說：「積僞而化謂之聖，聖人者僞之極也」。這樣看來，荀子的人生觀，完全是一種僞的人生觀。但達到這種「僞的人生觀」之方法，就在於學禮。荀子說：「學惡乎始？惡乎終？曰：其數則始乎誦經，終乎讀禮；其義則始乎爲士，終乎爲聖人。……學至乎禮而止矣。夫是之謂道德之極。」這樣看來，荀子的人生觀，也可說是禮的人生觀。

荀子的樂和孔子的樂不同，上面已有論及。不過荀子的禮也和孔子的禮有別。孔子的禮和孟子的禮都是一樣的看法，所謂「仁義禮智根於心」，「仁義禮智非由外鑠」，就是說禮不是發於外物的，而是發於內心的。（孔子說：「爲禮不敬，臨喪不哀，吾何以觀之哉。」這是說禮要發於內心的。）但是荀子便不然。荀子以爲我們的喜怒哀樂，都不是發於內心的，都是發於外物的。禮不過是節制這些喜怒哀樂的東西而已。所以禮也是發於外物的。荀子說：

故說豫、婉澤、憂戚、萃惡，是吉凶憂愉之情發於顏色者也。歌謠、謸笑、哭泣、諦號，是

吉凶憂愉之情發於聲音者也。芻豢、稻粱、酒醴、餰鬻、魚肉、菽藿、肉漿，是吉凶憂愉之情發於食飲者也。卑絻、黼黻、文織、資麤、衰絰、菲繐、菅屨，是吉凶憂愉之情發於衣服者也。疏房、檖頟、越席、牀第、几筵、屬茨、倚廬、席薪、枕塊，是吉凶憂愉之情發於居處者也。兩情者人生固有端焉。若夫斷之繼之，博之淺之，益之損之，類之盡之，盛之美之，使本末終始，莫不順比，足以為萬世則，則是禮也。（禮論篇）

這樣看來，荀子竟是個唯物論者。這是荀子的禮和孔子的禮不同的地方。還有一點。孔子的禮重在「因人之情而為之節文，」不是十分嚴格的。所以說：「殷因於夏禮，所損益可知也，周因於殷禮，所損益可知也。」而荀子的禮，卻是十分嚴格的。所以說：

立隆以為極，而天下莫之能損益也。（禮論篇）

這也是荀子的禮和孔子的禮不同的地方。由前之說，荀子是個唯物論者；由後之說，荀子是個機械論者。這都是詹姆斯所謂硬性派的思想。這種思想在儒家裏面是最不容易產生的。所以我說他不依傍他人的門戶。

以上把顏子、曾子、孟子、荀子四人的思想，都一一的論述了。但何以說顏子和曾子

的功夫是由內而外的，孟子和荀子的功夫是由外而內的呢？顏子和曾子都是想把內面的功夫做得十分充實，然後再圖向外發展。顏子的思想果然是很高妙，可是他仍舊想拿他的思想應用到世間，并不是一味「韞匵而藏」；不過他是「求善賈而沽」而已。所以他也向孔子問「爲邦」之道。孔子也是這樣的嘉許他：「用之則行，舍之則藏，唯我與爾有是夫！」孟子更說過這樣的一段話：「禹稷、顏回同道，禹思天下有溺者，由己溺之也；稷思天下有飢者，由己飢之也；是以如是其急也。禹、稷、顏子易地則皆然。」就是顏子自己也是這樣期許：「舜何人也，予何人也，有爲者亦若是。」這樣看來，顏子的功夫，不是由內而外的嗎？曾子雖然尊崇孝道，可是他並不是做了一個好兒子就完事，他還要講「忠君」，要講「莅官」，更要講些「戰陣」之事。他每日三省，第一省和第二省，都是對外的，第三省才是對內的。胡適之先生說：『子張是陳同甫、陸象山一流的人，瞧不上曾子一般人「戰戰兢兢」的萎縮氣象。』（中國哲學史頁一二五。）那裏曉得曾子是最講究養勇的。孟施舍養勇的功夫本來强過北宮黝，但曾子養勇的功夫，又强過孟施舍。曾子不僅是自己想打破那種「萎縮氣象」，還要勸別人打破那種「萎縮

氣象。」所以他說：「士不可以不弘毅，任重而道遠，仁以爲己任，不亦重乎？死而後已，不亦遠乎？」曾子的天資雖是魯鈍，卻是他的功夫異常牢實。所以表面上看似「萎縮，」實際上並不「萎縮」。譬如善打的人，老不願伸手獻藝，而在不善打的人，卻每喜乂拳舞掌。你能够算定不願獻藝的不會打嗎？總之，曾子的功夫，是先求內面充實，再圖向外發展。所以曾子也是由內而外的。若孟子和荀子便不然。孟子的功夫，表面上看來，也像是由內而外的，其實不然，孟子的「內的功夫」粗而不細。你看他批評楊墨，破口便罵楊墨無父無君，還要罵他們是禽獸。不僅修養上說不過去，便是論理上也通不過。何以見得「爲我」便是「無君，」「兼愛」便是「無父？」就令是無君無父，何以見得就是「禽獸？」試問這是何種論法？孟子是個敦於詩教的人，詩以忠厚爲旨，孟子未免太不忠厚罷！還有一次和告子論性，孟子總是發些「無的放矢」的議論，不管你服與不服，總要爭個勝着。論性計有四次，現在請述兩次。第一次，告子說：「性、猶杞柳也；義、猶桮棬也；以人性爲仁義，猶以杞柳爲桮棬。」孟子駁他道：「子能順杞柳之性而以爲桮棬乎？將戕賊杞柳而後以爲桮棬也？如將戕賊杞柳而以爲桮棬，則亦將戕賊人以爲

仁義與？率天下之人而禍仁義者，必子之言夫！」這裏面就有許多「無的放矢」的議論。告子意謂仁義是後起的，是由於人爲的。換句話說：桮棬是後起的，是由於人爲的。告子並不要杞柳做成一個桮棬，而孟子偏要責問他怎樣去做成一個桮棬：還是順杞柳之性去做呢？還是戕賊杞柳之性去做呢？如果戕賊杞柳之性去做，那就是「禍仁義」你看，這不是寃枉了告子嗎？第二次告子說：「性，猶湍水也，決諸東方則東流，決諸西方則西流；人性之無分於善不善也，猶水之無分於東西也。」孟子又駁他道：「水信無分於東西；無分於上下乎？人性之善也，猶水之就下也。人無有不善，水無有不下。……」這段話也可以看到孟子好逞機智。孟子不過借着告子的譬喻運用一番，並沒有說出「性無有不善」的道理。可惜告子當時沒有補說一句：「水既無分於東西，又無分於上下。」因爲水向下是一種引力，水向上是一種壓力。（其實水向上也可以說是一種引力。因爲地球不過是行星之一、各行星皆互相吸引、水向上是由於別的行星吸引、所以也是一種引力。）如果告子這樣逼進一層，恐怕孟子再沒有方法拿水來答覆罷！此外第三次，駁告子「生之謂性」說，第四次，駁告子「仁內義外」說，都是些「强詞奪理」的議論，可惜此處不便詳引。可見孟子學與養的功

夫都有不足，比之顏子的「有若無，實若虛；」曾子的「吾日三省，」那真差遠了。難怪公都子向孟子報道一個不好的消息說：「外人皆稱夫子好辯，」可見孟子的好辯，在那時候已經引起許多的物議。要曉得孟子生平瘁精力於詩，於古代各國政教得失，民風士習，體察甚精；又從詩得到言辭的訓練，自信可以遊說各國；又因他自己意志十分堅卓，才氣也很豪邁，所以常欲貢身當世，「以斯道覺斯民；」不幸遭時不遇，乃退與門人公孫丑、萬章之徒講學。一面闡明王道，一面發抒積懷。所以孟子與其說是個學者，不如說是個政論家；與其說是個仁人，不如說是個義士。因此他的「內的功夫，」也就遠不如顏曾之深純了。譬如他講知言、養氣，講存夜氣、求放心，講四端，講良知、良能，說來總覺粗而不細，才高未必思密，氣盛未必言宜。既主張「志至氣次，」便當盡力發揮「志至」之理，他卻仍崇「養氣」之功。既主張「良知良能，」便當盡力發揮「良」的究竟，他卻只能借證「親親敬長，」仍是一種極通常的說法。又譬如他講性善，總講不出一個所以然。一面主張性善，一面又勸人寡欲，善與欲完全對立，已失主張上之一貫；而於欲的起原，又不能作一種澈底的說明；結果不過說了一句「富歲子弟多賴，凶

歲子弟多暴」而已。宋明人講學，好攀援孟子，其實都不過是借孟子的招牌，撐持自己的門面。孟子說了一句「萬物皆備於我反身而誠樂莫大焉」的話，於是一般唯心論的學者，自程明道、陸象山以至王陽明，莫不奉爲至寶；其實他們骨子裏都是些佛家的思想，也雜些道家的思想。容後說明。王陽明講良知，也攀援到孟子，其實王陽明的良知論比孟子的良知論，要細密多了。總之，宋明人的思想，大半是從本體論體認出來的，所以根柢總覺厚些。孟子對於本體論是向來不大理會的，如何能說得那樣周密呢？所以我常說宋明時代的孟子比孟子時代的孟子要强多了，因爲孟子到了宋明時代，比原型要放大幾倍了。宋明人也喜歡攀附到顏子，所謂「尋孔顏樂地」其實他們又够不上顏子。漢人稱黃叔度爲顏子，宋人亦以程伯淳擬顏子，其實何嘗能及顏子萬一呢？宋以後的儒者，每每把周程張朱比作顏曾思孟，瞎拉瞎湊，更覺好笑。宋明人又喜歡攀附到曾子，因爲曾子是承孔子「一貫之道」的。曾子明明說了「夫子之道，忠恕而已矣」他們偏把忠恕解作非忠恕。朱晦庵註忠恕，故意把忠恕撇開說：「夫子之一理渾然，而泛應曲當，譬則天地之至誠無息，而萬物各得其所也。自此之外，固

無餘法，而亦無待於推矣。……蓋至誠無息者，道之體也，萬殊之所以一本也；萬物各得其所者，道之用也，一本之所以萬殊也。」你看朱晦庵這段話，真不知說到那裏去了。曾子的忠恕是很切實的功夫，朱晦庵的註解是很玄妙的哲理，那裏是一件東西呢？宋明人最喜歡講「至誠無息」「一理渾然」的話，都是拿住中庸的思想。其實中庸的思想，又奪胎於孟子；崔述說：「中庸之文、采之孟子。家語之文、采之中庸。少究心於文義、顯然而易見也。乃世之學者、反以爲孟子襲中庸、中庸襲家語、顚之倒之、豈不以其名哉。（見「洙泗考信錄」）中庸的「至誠無息」，就從孟子的「反身而誠」而來。胡適之先生說「中庸」在「孟子」前、（中國哲學史頁二八一）我殊未敢贊成。因爲「中庸」是講本體論最精的、「孟子」講本體論極粗又極少。孔子說了一句「性相近也」、孟子便接着闡明「性善」的道理、都是就人性說。中庸便擴大到「天命之謂性」。孟子說了一句「誠者天之道也」、中庸便拿住這句話做成一部「誠的哲學」。總之、「孟子」不過開「中庸」的端緒而已。後有說明。曾子。承孔子的教旨，一味從切實平坦處用力，那裏會講到「至誠無息」呢？朱晦庵已經在那裏講「至誠無息」「一理渾然」的話，而陸象山王陽明更變本加厲，弄到結局，都走入「狂禪」一道；你看這類「狂禪」的思想，和曾子的「忠恕之道」要相隔多少萬里啊？和孔子的「一貫之道」又要相隔多少萬里啊！不把這些關鍵講明白，決不能了解孟子一般人也被宋明人推崇的緣故。所以孟子雖然也講內的功夫，其實比宋明人粗

多了。這就因爲孟子的功夫，是由外而內的。至於荀子那更不必說是由外而內的。荀子是個硬性派，是個唯物論者機械論者，也不喜歡研究本體的問題，簡直可以說有外無內。不過荀子又是個精於心理學的。他把心理狀態分析得異常緻密，就不能說他有外無內。他講性惡，處處講到「積僞」的功夫，處處講到「化性起僞，僞起而生禮義，」這就是「內的功夫」的表現。人性本惡，如何會生禮義？他說性惡之外，還有一種願生禮義的素質。譬如「薄願厚，惡願美，狹願廣，貧願富賤願貴」這種素質也是起於利己的觀念，所以仍不背性惡之旨。這便是他所謂「內的功夫」。荀子從外界求善而使性與之合，從外界的「欲」說到內界的「生禮義，」這不又是由外而內的嗎？可惜荀子的說法太不圓滿，而於願生禮義的素質何以發生，亦未能闡明，并且有幾分夾入性善的旨趣。宜乎王安石以「禮者始於天而成於人，天無是而人欲爲之，吾蓋未之見」數語譏之。就令照他的見解，所謂「積僞而化謂之聖，」那就他所謂聖，也與通常所謂聖有別。所以處處露出一種不透澈的地方。

孟子言性善；荀子言性惡，都立於極端相反的地位。這是因爲一個主張發展情意

生活，一個主張約束情意生活。一個是出發於詩，一個是出發於禮。所以一切思想都有不同。孟子的性善說近似獨斷派的議論，偏於演繹法；荀子的性惡說近似懷疑派的議論，偏於歸納法。（參看本書三〇頁。）孟子和荀子的功夫，本都是由外而內的；不過再就兩人的主張細加區別，又可以說孟子是由內而外的，荀子是由外而內的。因為孟子的學說立足於軟性派（tender-mindedness）之上，荀子的學說，立足於硬性派（tough-mindedness）之上。但派別雖有不同，而造就原無大異。如果對孟荀二人要勉強加一種軒輊，那末，荀子的見解，也許比孟子要卓越一點；荀子的學問，也比孟子淵博一點。與韓退之大醇小疵的說法正相反。孟子和荀子的出發點雖有不同，卻是他們用力的地方有一點是相同的，就是小學的功夫。荀子小學的功夫固不必說，因為他用字異常纖巧緻密，處處可以看到他小學的本領。但是孟子小學的功夫，也不在荀子之下。他還不僅是小學，又精於考據；（譬如引雨我公田，以證周用助法。）并且「多識於鳥獸草木之名，」顯見他有一種詩學的根柢。你看他在墨者夷之一章裏面所用的字便可知道。又他解字也極精審。所謂「泄泄猶沓沓也，」「蓄君者好君也。」所謂「庠

者養也，校者教也，序者射也。」處處顯出他一種小學的本領。所以講到小學的功夫，孟荀是相同的。一般人只看到荀子的小學功夫有造於「漢學」，不知孟子小學的功夫更有造於漢學。所以我認為孟子、荀子足以促進「漢學」的發展，而顏子、曾子則足以促進「宋學」的發展。（戴東原也不認孟子是宋學的淵源、他反認荀子是宋學的淵源。所以他說「宋儒立說似同於孟子而實異、似異於荀子而實同」。見孟子字義疏證卷中。）這是我的「漢宋學淵源記」。

墨家的人生觀

儒家的人生哲學既已講明，請進述墨家的人生哲學。關於墨家的人生哲學，僅述墨子一人的人生哲學而止。其他關係較淺，恕不一一論列。

欲闡述墨子的人生哲學，不能不最初揭出他的根本思想。最近關於墨子的根本思想之說明，計有四家：一，夏曾佑的明鬼論。夏曾佑認墨子的根本思想是「留鬼神而去術數」，故主「明鬼」。他說：「墨子既欲節葬，必先明鬼。（有鬼神則身死猶有其不死者存，故喪可從殺。天下有鬼神之教，如佛教、耶教、回教，其喪禮無不簡略者。）既設鬼神，則宗教為之大異。有鬼神則生死輕，而游俠犯難之風起，異乎儒者之尊生。有鬼神則生之時暫，不生之時長，肉體不足計，五倫非所重，而平等兼愛之義伸，異乎儒者之

明倫。其他種種異義，皆由此起。」（見所著「中國歷史」上卷頁百三〇。）二，梁任公先生的兼愛論。梁任公先生認墨子的根本思想就是兼愛，他說：『孟子說：「墨子兼愛，摩頂放踵，利天下爲之。」這兩句話實可以包括全部墨子。「非攻」是從「兼愛」衍出來，最易明白，不用多說了。「節用」「節葬」「非樂」，也出於兼愛。因爲墨子所謂愛，是以實利爲標準；他以爲有一部分人奢侈快樂，便損了別部分人的利了；所以反對他。「天志」「明鬼」，是借宗教迷信來推行兼愛主義。「非命」，因爲人人信有命便不肯做事不肯愛人了；所以反對他。』（見所著「墨子學案」頁十六。）三，胡適之先生的應用主義。胡適之先生認墨子的根本思想便是墨子的哲學方法。他說：『墨子在哲學史上的重要，只在於他的「應用主義」。他處處把人生行爲上的應用，作爲一切是非善惡的標準。兼愛、非攻、節用、非樂、節葬、非命，都不過是幾種特別的應用。』（見所著「中國哲學史」頁百七四。）四，胡樸安先生的非攻論。胡樸安先生認墨子的根本思想是非攻。他說：「墨子志在救世。他看見各國互相爭鬬，互相殺伐，毋有寧日，故主非攻。非攻裏面又分兩方面：一，精神的方面；二，物質的方面。精神的方面：兼愛、尙同、法天等屬之；物質的方面：節用、節葬、非樂等屬之。」（見所著「墨子學說」此僅述其大意。）總觀

上述四家的主張，我覺得夏曾佑的明鬼論最有價值，次之便是胡適之先生的應用主義；不過都不是我的看法。我們讀完一部墨子，必定覺得墨子的精神很廣大，因爲從種種方面看墨子，都不會發見大相刺謬的地方。你說墨子的根本思想是天志，由天志而尙同，由尙同而兼愛，由兼愛而非儒，由非儒而非樂，由非樂而節用；這樣的說下去，也說得通。你說他的根本思想是尙賢，由尙賢而尙同，由尙同而兼愛，由兼愛而非攻，由非攻而節用，由節用而節葬，由節葬而明鬼，由明鬼而非命；這樣的說下去，也說得通。所以想找出墨子的根本思想，結果，不知不覺的找出自己的根本思想，因爲都是拿自己的意見去講墨子，不是拿墨子的意見去講墨子。我且舉一個例來說明。孟子說：「墨氏兼愛是無父也。」孟子是以排斥楊墨昌明孔道自任的，所以說：「楊墨之道不息，孔子之道不著。」又說：「能言距楊墨者聖人之徒也。」在孟子一部書裏面，我們就發見他罵楊墨罵過三次，不過有一次罵得最厲害就是因爲一般人說他「好辯，」他就藉此大發牢騷。現在單講墨子。孟子何以罵墨子無父？因爲墨子說：「必爲其友之親若爲其親，」這樣，豈不是「愛無差等」麼？孟子聽了墨者夷之「愛無差等，

施由親始」的話，已經是老不高興，斥夷子爲「二本」而非「一本」。（滕文公上。）況且這種話和孟子的根本思想就相衝突。因爲孟子分「親」「仁」「愛」分得最嚴格。他說：「君子之於物也，愛之而弗仁；於民也，仁之而弗親。親親而仁民，仁民而愛物。」對物用「愛」，如何對父母也用愛，況且還是「愛無差等」呢？孟子覺得這種「兼愛之說」既和孔子「一本」之道不合，又和「親親……愛物」之義大背。所以拿住墨子「兼愛」的一點去攻墨子，拿住墨子「兼愛」的一點去講墨子。這樣看來，墨子的根本思想不是變成功孟子的根本思想麼？這就因爲孟子拿自己的意見講墨子，不是拿墨子的意見講墨子。不過墨子的兼愛說得了孟子這麼一講，於是兼愛說倒變成墨子學說的中心了。其實孟子講墨子，要拿住「兼愛」一點，乃是爲了怕搖動他自己的立足點起見，我們又何必也跟着孟子講兼愛呢？以上所說，不過借孟子講兼愛作例，可見研究一個人的學說要找出他的根本思想是很不容易的。關於墨子的根本思想，我以爲要從兩方面去觀察：一，從墨子死後不久的一般批評家的言論去觀察。莊子天下篇說：

不侈於後世，不靡於萬物，不暉於數度，以繩墨自矯，而備世之急，古之道術有在

於是者。墨翟禽滑釐聞其風而悅之，爲之大過，已之大循，作爲非樂，命之曰節用，生不歌，死無服。

我們看這段議論裏面，所謂「不侈於後世，不靡於萬物，不暉於數度，以繩墨自矯，而備世之急」完全拿住墨子反對藝術，崇尙功利一點去說。主旨在「非樂」「節用」繩墨自矯，備世之急。墨子以樂爲奢侈品，故「非樂」與「節用」相連。所以莊子說「作爲非樂，命之曰節用」這都是就消極方面說。積極的方面便是「繩墨自矯，備世之急」

我們再看荀子的議論。解蔽篇說：

墨子蔽於用而不知文。

這是很顯明的說墨子了解功利而不了解藝術。又非十二子篇說：

不知壹天下建國家之權稱。上功用，大儉約而僈差等，曾不足以容辨異，縣君臣。然而其持之有故，其言之成理，足以欺惑愚衆。是墨翟、宋鈃也。

這裏面也是拿住「上功用，大儉約而僈差等」幾項，第一項也說墨子崇尙功利。我們再看淮南子的議論。要略篇說：

墨子學儒者之業，受孔子之術，以為其禮煩擾而不侻，厚葬靡財而貧民，久服傷生而害事，故背周道而用夏政。

這裏面單就反對儒家的「禮」說。儒家的禮和儒家的樂，是有極密切的關係的。孔子的禮就包括在樂裏面，樂就是禮的擴大。（參看上述孔子的人生觀。）所以反對儒家的禮也可以說是反對儒家的樂，也可以說是一種「非樂」的精神的表現。所以接上一句「背周道而用夏政」何以說「背周道而用夏政」呢？周尚文而夏尚質。周末文敝，墨子欲變周之文，從夏之忠，換句話說，墨子欲變周朝趨重藝術的思想，而從夏朝趨重功利的思想。我們把上面各家的評論總結起來，知道墨子是個反對藝術崇尚功利的人。我想這些話很有幾分可信，因為批評的人不是儒家便是道家，如果帶有別種色彩，就決不會彼此所見如此吻合。從墨子本身的言行去觀察，上面已經提到「非樂」「節用」一層，並且已經說明二者之連帶關係及同屬於消極方面。但所謂「非樂」，墨子的「樂」較孔子的「樂」荀子的「樂」範圍要放大好幾倍。差不多凡是飲食起居稍為帶點奢侈性質稍為含點藝術意味的，他都叫樂。非樂上篇說：

仁之事者，必務求興天下之利，除天下之害，將以爲法乎天下。利人乎？卽爲；不利人乎？卽止。且夫仁者之爲天下度也，非爲其目之所美，耳之所樂，口之所甘，身體之所安。以此虧奪民衣食之財，仁者弗爲也。是故子墨子之所以非樂者，非以大鐘鳴鼓琴瑟竽笙之聲以爲不樂也，非以刻鏤文章之色以爲不美也，非以芻豢煎炙之味以爲不甘也，非以高臺厚榭邃野之居以爲不安也。雖身知其安也，口知其甘也，目知其美也，耳知其樂也；然上考之，不中聖王之事；下度之，不中萬民之利。是故子墨子曰：爲樂非也。

由這段文章看來，可知墨子所說的樂，是範圍極大的。本來藝術(art)這個字含義也是很廣的。大約可分作三種：一，最廣義的。這差不多與「自然」同義。莊周所謂「自喻適志與！不知周也」，就含着這種藝術的精神。宇宙就是一個大藝術品，我們都在藝術裏面活動，但不許「繩墨自矯」，這是最廣義的藝術。二，稍狹義的。這差不多與「美術」同義。是指含有一種審美的價值的，或指一種美的活動。包括崇高美、滑稽美等等。這是稍狹義的藝術。三，最狹義的。這不過是美術的一部分，如彫刻，繪畫等。這是最

狹義的藝術。墨子的「樂，」是指最廣義的藝術說，所以他要「繩墨自矯，」不許「自喻適志」如果「自喻適志，」那就不僅「虧奪民衣食之財，仁者弗爲，」并且「上考之，不中聖王之事；下度之，不中萬民之利。」講到此處，我們又可以看到墨子積極方面的思想。墨子積極方面的思想，便是功利。關於功利 (utility) 的意義，上面已經說過一個大概，現在也請作一種較詳細的說明。功利大抵就「動作所生之幸福」說，計分三種：一，爲我的功利說，乃視增進動作者自身之幸福如何而定其動作之價值。伊壁鳩魯派和霍布士 (Hobbes) 等屬之。二，爲他的功利說，乃視增進他人之幸福如何而定其動作之價值。孔德 (Comte) 等屬之。三，普汎的功利說，乃以增進一般的幸福爲標幟，無分人我。邊沁、穆勒、薛知微 (Sidgwick)、霍夫丁 (Höffding) 等屬之。普通所講的功利，都是指第三種說。所謂「謀最大多數的最大幸福。」墨子的功利思想，不僅包括第二第三兩種，并且還要進一層；惟獨不取第一種，因爲他是「以自苦爲極」的。他更看重「動作，」因爲他注重「繩墨自矯。」他又看重「幸福，」因爲他力謀「備世之急，」力謀「中萬民之利。」你看他稱道大禹，

昔者禹之湮洪水，決江河，而通四夷九洲也，名山三百，支川三千，小者無數，禹親自操橐耜而九雜天下之川；腓無胈，脛無毛，沐甚雨，櫛疾風，置萬國。禹，大聖也，而形勞天下也如此！（莊子天下篇。）

歷寫禹之「形勞天下」；以喚起世間「繩墨自矯」的精神，并說：「不能如此，非禹之道也，不足謂『墨』。」可見墨之為墨，是要具備這樣一種特別的精神的。但這種精神之唯一的妨害物，便是樂。譬如久處溫柔，便乏遠志；既富裘馬，豈甘藜蕨？所以墨子不能不首倡「非樂」。非樂篇說：

王公大人說樂而聽之，即必不能蚤朝晏退，聽獄治政；是故國家亂而社稷危矣。……士君子悅樂而聽之，即必不能竭股肱之力，亶其思慮之智，內治官府，外收斂關市山林澤梁之利，以實倉廩府庫；是故倉廩府庫不實。……農夫說樂而聽之，即必不能蚤出暮入，耕稼樹藝，多聚叔粟，是故叔粟不足。……婦人說樂而聽之，即必不能夙興夜寐，織紝紡績，多治麻絲葛緒綑布縿；是故布縿不興。曰：孰為而廢大人之聽治，賤人之從事？曰樂也。是故子墨子曰：為樂非也。

墨子不僅從當時大勢觀察，覺得應該提倡「非樂，」并從歷史觀察，也覺得非力倡「非樂」不可。你看他和程繁一段談話。

程繁問於子墨子曰：夫子曰「聖王不爲樂。」昔諸侯倦於聽治，息於鐘鼓之樂；士大夫倦於聽治，息於竽瑟之樂；農夫春耕夏耘，秋歛冬藏，息於瓴缶之樂。今夫子曰「聖王不爲樂」此譬猶馬駕而不稅，弓張而不弛，無乃非有血氣者之所不能至耶？子墨子曰：「昔者堯舜有茅茨者，且以爲禮，且以爲樂。湯放桀於大水，環天下自立以爲王事成切，立無大後患；因先王之樂又自作樂，命曰護，又修九招。武王勝殷殺紂，環天下自立，以爲王事成功，立無大後患，因先王之樂又自作樂，命曰象。周成王因先王之樂，又自作樂，命曰騶虞。周成王之治天下也，不若武王；武王之治天下也，不若成湯，成湯之治天下也，不若堯舜。故其樂逾繁者，其治逾寡。自此觀之，樂非所以治天下也。（三辯篇。）

這都是就狹義的「樂」說。這都是說「樂」不僅關於日用飲食之細，并且關於國計民生之大。所以結果是「其樂逾繁，其治逾寡」換句話說：藝術思想愈進步，功利思想便

愈不發達。所以甘願「馬駕而不稅，弓張而不弛。」因爲要具「馬駕而不稅，弓張而不弛」的精神，才有眞正挽救世間之一日。譬如身臨絕澗，只有奮呼前躍，否則愈打算而勇氣愈消失，反自陷於死境。又譬如大火臨頭，只有踰牆而過，否則轉不免葬身火窟。所以「馬駕而不稅，弓張而不弛，」正自有「馬駕而不稅弓張而不弛」的好處。墨子旣抱定這種「不稅不弛」的思想，所以「生不歌，死無服，」生前「裘褐爲衣，」死後「桐棺三寸，」都沒甚麼要緊。墨子不但自己如此，並且還要「使後世之墨者必自苦以腓無胈，脛無毛，相進。」所以他最得意的弟子禽滑釐也是「手足胼胝，面目黧黑」這樣講來，墨子的根本思想那裏是照普通一般人所看的呢？

墨子的最大不可及處，便是擺脫一切享樂思想，親自去做那種「中萬民之利」的工作，而且從「腓無胈，脛無毛」做起，這是何等可驚可泣的精神！如果不認識墨子這種精神，那就講「兼愛」講「非攻」都只是蹧踏墨子。因爲「兼愛」尙不過一種理想，墨子卻是要「摩頂放踵」去達到這個理想；「非攻」也不過一種方法，墨子卻是要「枯槁不舍」去厲行這種方法。旣是人人本着這種血誠做去，對父母無愧，對自己無愧，

又何必要「久喪」呢？還要對人類無愧，又那有餘暇「久喪」呢？生既「以自苦爲極，」死又何須「厚葬，」以邀死後之福，轉自陷於矛盾。只是馬駕有時而稅，弓張有時而弛，不得不藉「明鬼」以資鞭策；但「馬駕而不稅，弓張而不弛，」又須恃「非命」以資振奮。莊子說：「其生也勤，其死也薄，其道大觳。使人憂，使人悲，其行難爲也。」誠哉！其道大觳；誠哉！其行難爲。但是這種大觳之道，難爲之行，非有墨子那種精神，又那個配幹呢？墨子不僅自己這樣幹去，并且要人人也這樣幹去，所以又想出一種甄別的方法。凡苦行的程度之深淺，都取決於「尙賢；」凡苦行的報酬之厚薄，則歸本於「天志。」夫然後謂之「尙同。」墨子說：「不能如此，非禹之道也，不足謂墨。」我們要在這裏，才可以找到墨子的根本思想，才可以找到墨子的人生觀。

憑墨子自身的言行看來，又憑墨子死後不久的批評家的言論看來，可以知道墨子出發於「非樂，」而歸結於「繩墨自矯，備世之急；」出發於「反對藝術，」而歸結於「崇尙功利。」這便是我所看的墨子。

以上道家的人生觀、儒家的人生觀、墨家的人生觀，都一一摘要敘述了。現在要把老、孔、墨三家的哲學作一種比較的研究。夏曾佑說道：「老、孔、墨三大宗教，皆起於春秋之季，可謂奇矣。抑亦世運有以促成之也。其後孔子之道，成爲國教；道家之眞不傳；（今之道家，皆神仙家。）墨家遂亡。興亡之故，固非常智所能窺，然亦有可淺測之者。老子於鬼神術數，一切不取者也；其宗旨過高，非神洲多數之人所解，故其教不能大。孔子留術數而去鬼神，較老子爲近人矣；然仍與下流社會不合，故其教祇行於上等人，而下等人不及焉。墨子留鬼神而去術數，似較孔子更近；然有天志而無天堂之福，有明鬼而無地獄之罪；是人之從墨子者，苦身焦思而無報，違墨子者放辟邪侈而無罰也。故上下之人均不樂之，而其教遂亡。至佛教西來，兼老墨之長，而去其短，遂大行於中國。至今西人皆以中國爲佛教國也。」（見所著「中國歷史」上卷頁百三一。）我們細讀他這段結論，當然不能不承認有幾分合理。老子於鬼神術數一切不取，孔子留術數而去鬼神，墨子留鬼神而去術數，這是一種無可非難的事實。惟推論老、孔、墨三大宗教之亡之不能大，似乎不免失之武斷。幷且以「三大宗教」概老孔墨，老、孔是否宗教，尙待細論；既云

「老子於鬼神術數一切不取，」又加他一個「宗教」的頭銜，這不是「無魚下網」麼？孔是否國教已有問題；孔既「較老子爲近人，」而孔子之道又是要人從孝弟做起，何以「與下流社會不合」而「下等人不及？」墨雖屬宗教，然謂墨教之亡，由於「有天志而無天堂之福，有明鬼而無地獄之罪，」難道上等人也爲着沒有「天堂」「地獄」而生「不樂」之念嗎？況且墨子明明說到順天意者得賞，反天意者得罰，何以說墨教無賞罰呢？從宗教的出發點論老孔墨的不同，已是離題很遠；況且還要論到他們的宗教推行之久暫呢？至於說：「佛教西來兼老墨之長而去其短，遂大行於中國，」幷引「西人皆以中國爲佛教國」作證，那更不知說到那裏去了。所以我對於他這種結論，也就只能表示部分的贊成。現在要略述我個人的愚見。我以爲老、孔、墨都是救世的思想家，不過救世的方法各有不同。老子看見那時候紛更太多了，名目也太繁了，功利思想也太發達了，結果弄到「天下多忌諱而民彌貧，民多利器國家滋昏，人多伎巧，奇物滋起，法令滋彰，盜賊多有；」所以他主張「無名，」主張「無欲，」主張「處無爲之事，行不言之教，」這是老子救世的方法。孔子看見那個時候紛更固然是多，名目固然

是繁，功利思想固然是發達；可是救世的方法，也不可太激烈，也不宜太高遠。所以他仍舊主張保留那些名目，保留那種功利思想，不過要叫人家使用得適當，叫人家「毋意，毋必，毋固，毋我。」一面也不把老子的方法完全廢掉，所以他也說：「予欲無言，」也贊美「無爲而治。」這是孔子救世的方法。墨子所看到的時局，雖然和老子孔子差不太遠，可是救世的方法，便覺得老子太消極，孔子太不澈底；他便另外找一種積極的方法，澈底的方法。所以他主張「日夜不休以自苦爲極」這便是墨子救世的方法。

總結起來說，老子偏重藝術思想，墨子偏重功利思想，孔子卻有一種「無可無不可」的神氣。老子以後，到了楊子，又到了莊子，那種藝術思想，可謂達到極端。簡直是人生之藝術化，宇宙之藝術化；宇宙與人生，簡直看不出一個大不了的分別。孔子對於藝術的思想，雖也覺得重要，可是他仍舊拋不開功利的思想。所以「夫子之文章可得而聞也；夫子之言性與天道，不可得而聞也。」他的功利思想雖然沒有墨子那樣澈底，可是他也不弱，所以「三月無君則皇皇如也；」「君命召不俟駕而行；」所以他「有見行可之仕，有際可之仕，有公養之仕。」孔子的藝術思想在論語上也表示好幾次。

最顯著的便是聽了曾點「浴乎沂，風乎舞雩，詠而歸」的話，表示一種熱烈的贊嘆。（崔述疑這段記載不實，謂此章乃學老莊者之所僞託，而後儒誤采之者。見洙泗考信錄。）其次便是他在一條小河上看水，不覺嘆了一口氣說道：「逝者如斯夫！不舍晝夜。」這都可以看到他的藝術的思想。不過孔子總是把藝術思想放在功利思想後面，所以他說：「吾不試，故藝。」又說：「志於道，據於德，依於仁，游於藝。」可見他對於藝術並不是十分看重的。若是拿他的藝術思想和老子的藝術思想比較起來，可以說他是「爲人生而談藝術」(art for life's sake)，老子是爲藝術而談藝術。(art for art's sake) 若墨子乃是專拿「反對藝術」做出發點的。他只希望人人做到「腓無胈，脛無毛，」可以說他只有一種破天荒的功利主義。把上面的話歸納起來，可知老子是專重藝術思想的，孔子是注重功利思想，兼重藝術思想的，墨子是專重功利思想的。這是我的「老孔墨比較論」之一。

論到三家的不同點，內容極爲複雜，現在還可以拿住最重要的幾點來說。老子的根本思想是人物一體的。老子說：「夫物芸芸，各復歸其根；」又說：「有名萬物之母」都是包括人物說。他的同派像楊子莊子，都是這樣的看法。莊子的思想更爲澈底，簡直

不知道有人我，有人物。所以他說：「不知周之夢爲蝴蝶與？蝴蝶之夢爲周與？」又說：「萬物與我爲一。」又說：「萬物皆種也，」「萬物皆出於幾，皆入於幾。」可見他們都認定人物一體。因此他們的思想都偏於宇宙觀。孔子的根本思想是人貴物賤的。因爲他是從「生殖崇拜」的觀念出發；物類的生殖，當然也不能看輕，不過總比不上人類的生殖。所以孔子「釣而不綱，弋不射宿。」又有一次馬廐被火焚，孔子退朝之後便忙問道：「傷人乎不？問馬。」先問人，後問馬，這也是貴人賤物的一個好例。孟子的態度更顯明，他說：「君子之於禽獸也，見其生不忍見其死，聞其聲不忍食其肉，」這完全是「生殖崇拜」思想的擴充。至於他主張「親親」「仁民」「愛物」，把親、愛、仁分得十分緻密，更可表示他「人貴物賤」的態度。可見孔子一派的人都認定「人貴物賤，」因此他們的思想都偏於倫理觀。所謂親親仁民愛物，便是他們的倫理觀之表示。墨子的根本思想是人物各別的。他認定人類和禽獸完全不同，人類要個個「胼無胈、脛無毛」的去工作，才可得食，才可得衣，不像禽獸有天然的衣食。墨子非樂上篇說：「今人固與禽獸麋鹿蜚鳥貞蟲異者也。今之禽獸麋鹿蜚鳥貞蟲因其羽毛以爲衣裘，因其蹄蚤

以為跨屨，因其水草以為飲食，故雖使雄不耕稼樹藝，雌亦不紡績織紝，衣食之財固已具矣。今人與此異者也，賴其力者生，不賴其力者不生。」可見墨家認定人物各別。因此牠的思想特別注重人事，而偏於宗教觀。把上面所述的歸納起來，可知老孔墨三家思想不同，就由於他們的人物觀不同。這是我的「老孔墨比較論」之二。

還有一點，也可以看到老、孔、墨三家思想不同的，便是對於「天」的觀念。老子的「天，」是沒有意志的。老子說：「天地不仁，以萬物為芻狗，」這是最顯明的一個例。孔子的「天」便不然。孔子的天是灰色的。你說牠沒有意志，牠卻會作威作福，所以孔子說：「予所否者，天厭之！天厭之！」又說：「天生德於予，」你說牠有意志，牠卻又是自然的，所以孔子說：「天何言哉！四時行焉，百物生焉，天何言哉！」可見孔子的天是灰色的。墨子的「天，」是很顯明的承認天有意志，所謂「天志」就是說天操一切賞罰好惡之權。天志篇說：「順天意者，兼相愛，交相利，必得賞；反天意者，別相愛，交相賊，必得罰，」把上面所述的歸納起來，可知老孔墨三家的思想不同，都由於他們的「天」的觀念不同。（孔墨二家皆以天為極則、主張以人法天。老子便不然、老子不以天為極則、故主張以天法道。這也可以看到三家對於天的觀念之不同。）這是我的「老孔

墨比較論」之三。

更有一點，也可以看到老孔墨三家思想不同的，便是對於「命」的看法。老子的「命」是與自然同意義的。所以說：「歸根曰靜，是謂復命。」莊子也是同樣的看法，所以說：「知其不可奈何而安之若命，德之至也。」（人間世。）老莊的「命」，可以借列子力命篇的話來說明。『力謂命曰：「若之功，奚若我哉？」命曰：「汝奚功於我，而欲比朕？」力曰：「壽夭窮達，貴賤貧富，我力之所能也。」命曰：「彭祖之智，不出堯舜之上，而壽八百；顏淵之才，不出衆人之下，而壽四八；仲尼之德，不出諸侯之下，而困於陳蔡；殷紂之行，不出三仁之上，而居君位。季札無爵於吳，田恆專有齊國，夷齊餓於首陽，季氏富於展禽，若是汝力之所能，奈何壽彼而夭此，窮聖而達逆，賤賢而貴愚，貧善而富惡耶？」力曰：若如若言，我固無功於物，而物若此邪？此則若之所制邪？」命曰：「既謂之命，奈何有制之者邪？朕直而推之，曲而任之。自壽自夭，自窮自達，自貴自賤，自富自貧。朕豈能識之哉？」』所謂直而推之，曲而任之，便是老莊的「命」。若孔子的「命」便講得複雜了。孔子的「命」，至少要包括兩種重要的意義。一，以命爲秉於生初，非人力所能移。大致與老莊的看

法相同，譬如他說：「道之將行也與？命也；道之將廢也與？命也；公伯寮其如命何？」又說：「亡之，命矣夫！」孟子說：「孔子進以禮，退以義，得之不得，曰有命。」可見孔子對於命的看法是和老莊大致相同的。孟子言命也有許多同樣的議論，譬如他說：「莫之致而至者命也。」又說：「求之有道，得之有命。」又說：「口之於味也，目之於色也，耳之於聲也，鼻之於臭也，四肢之於安佚也，性也，有命焉，君子不謂性也。仁之於父子也，義之於君臣也，禮之於賓主也，智之於賢者也，聖人之於天道也，命也，有性焉，君子不謂命也。」這是一種解釋。二，視命猶令，君命猶君令，天命猶天令。就是把「命」看作有意志的。大抵出於古代陰陽家的思想。譬如說：「五十而知天命。」又說：「君子有三畏，畏天命，……小人不知天命而不畏也。」又說：「不知命，無以爲君子也。」可見都是把「命」看作有意志的。這又是一種解釋。孔子特別看重第二種解釋的命，可以說這是他向羣衆說法的重要工具。總之，孔子的「命」，大抵不出陰陽家和老子的思想之範圍。孟子的「命」比孔子就稍稍不同了。孟子說：「莫非命也，順受其正。是故知命者不立乎巖牆之下。盡其道而死者，正命也；桎梏死者，非正命也。」所謂「知命者不立乎巖牆之下，」

所謂「桎梏死者非正命」便不似孔子偏於術數觀念因爲如果聽命數之自然，則巖牆不必避，而桎梏亦不足恥。孟子必主張「盡其道而死者爲正命」，是孟子已伏「人定勝天」之說，和孔子的思想已微有不同。後來到了荀子，而術數觀念更減少，荀子主張「制天命而用之」完全不是孔子所看的天命了。後來一直到了宋儒，簡直把命看作理，看作性，性命天理四者，根本上沒有區別，更完全不是孔子的思想了。所以儒家的命比道家的命講得複雜些。墨子看到老子孔子所講的命，都於人事沒有甚麽補益，他便老老實實的主張「非命」而於君主與人民之信命，更分別加以排斥。所以說：「命者暴王所作，窮人所術，非仁者之言也」所以他在非命篇中便排斥君主之信命，在非命篇下便排斥人民之信命。把上面所述老孔墨三家的思想歸納起來。可見老子主「復命」，孔子主「知命」，墨子主「非命」見解固各有不同。這是我的「老孔墨比較論」之四。

現在請就上述老孔墨三大思想家的重要不同點，表說如次：

	我的看法					夏曾佑的看法
老子	專重藝術	人物一體	天無意志的	主「復命」	宇宙觀	於鬼神術數一切不取
孔子	注重功利 兼重藝術	人貴物賤	天的意志有無不明的	主「知命」	倫理觀	留術數而去鬼神
墨子	專重功利	人物各別	天有意志的	主「非命」	宗教觀	留鬼神而去術數

老子是一個大革命家。反對從前的天道觀念及陰陽家的思想，反對同時一切的矯揉造作，而專從藝術着眼，建立一個「人物一體」的宇宙觀。孔子便對老子發生反動，覺得老子的主張大激烈；因取和平的手段，從功利藝術兩方面着眼，建立一個「人貴物賤」的倫理觀。墨子又對孔子發生反動，同時更對老子發生大反動，因此主張「非樂」又恢復從前的天道觀念；而專從功利着眼，建立一個「人物各別」的宗教觀。這是老、孔、墨三家思想發生的順序。老子的見解很高，規模很大，所以他的思想由漢而魏晉六朝而唐而宋而明，都發生不小的影響。孔子的見解亦高，又特重人事，又得到許多表彰他的人，所以他的影響，由漢至今，綿延不絕。墨子比孔子更重人事，不過

表彰他的人太少，而他懸格又太嚴，所以他的影響也就遠不如老孔二家了。

漢唐諸哲之人生觀

上面已經把道、儒、墨三家的人生哲學講述一個大略了。牠們三家的影響雖有大小不同，或是影響所及，有在中人以上的、有在中人以下的、有在中人的這幾種差別，但總不能說沒有影響。譬如墨子講尊天明鬼，這種影響在中國就很發生一種勢力。董仲舒的天人感應說，就不能說沒有受到墨子的影響。至於墨子的明鬼說，在中國社會裏面所發生的勢力更大，這是無論何人不能否認的。若講到老子、孔子，那就比墨子更不知擴大多少地盤。大概老莊的影響，多半是在中人以上的，孔子的影響，多半是在中人或中人以下的。漢唐兩代的哲學思想家，本少有可紀述之價值，因爲都沒有多大的發明。如果要勉強的舉述數人，那末在漢代只有一個王充，在唐代只有一個李翱。但是他們兩人所受的影響都有幾分是老莊的影響。在漢唐二代之間，亦復有幾個思想家，如阮籍、鮑敬言、陶淵明諸人；但他們所受到的更完全是老莊的影響。所以老莊的影響，多半是在中人以上的。兩漢的儒家雖不少通經致用之士，但他們實際上有表無裏，更說不上哲學思想。唐代所表現的更

不過是些抱殘守缺的儒家。所以孔子的影響多半是在中人或中人以下的。在老孔二種勢力互相激盪之時，佛教乃乘機而進。由漢而魏晉而唐，佛教的影響乃有日不可遏之勢，結果成爲中國學術界一種新勢力。其影響遂遠及於宋明。本章因爲篇幅太長，關於佛教方面擬不復細加論列，僅隨時爲說明之便略一道及之。現在先述漢唐諸哲的人生哲學。

王充 論到漢代的思想家，有許多人拿楊雄和王充並舉，其實楊雄那裏比得上王充。楊雄不過是個模仿家而已。他的太玄是模仿周易作的，他的法言是模仿論語作的。都找不出甚麼精采來。他所說的「玄」又是模仿老子的「道」（老子的「道」是一生二，二生三。楊雄的「玄」是一生三，三生九，九生二十七。）但又不敢越出孔子的範圍，所以他說：「老子之言道德也，吾有取焉；其槌提仁義，絕滅禮樂，吾無取焉。」這樣看來，楊雄畢竟不過是個老孔稗販者而已，那裏說得上思想。若王充的造就便不是這樣。王充是個絕大的懷疑論者。一面在橫的方面破除一切迷信，（如變虛、異虛、感虛、福虛、禍虛、龍虛、雷虛、道虛等篇皆是。）一面在縱的方面打破一切崇古觀念。（如問孔、非韓、刺孟等篇皆是。）在漢代迷信最重，孔學最尊的時候，居然有這種膽識，實在不

能不令人敬佩。王充的根本思想，大半從老莊得來，也有幾分出於自己的見解。他把宇宙的本體看作是個渾然的元氣。天地萬物，都出於這種元氣之活動。由一「元氣」分而為陰陽二氣，二氣相交，便生萬物。所以他說：「天地合氣，萬物自生；猶夫婦合氣，子自生矣。」這段話的裏面最重要的便是「自生」一語。因為自生便是自然，便是無為。所以他說：「天動不欲以生物而物自生，此則自然也。施氣不欲為物而物自為，此則無為也。」他在物勢篇裏面特別指出儒者的議論不合。他說：『儒者論曰：「天地故生人，」此言妄也。』他的意思是說「天地不故生人，人偶自生耳」他所以要這樣翻來覆去的說明「天地不故生人」的道理，就是他想拿人事證明天事。他覺得道家的道理儘管玄妙，但如果不證以人事，倒反不容易叫人家相信。所以他說：

> 道家論自然，不知引物事以驗其言行，故自然之說未見信也。（自然篇）

這便是王充一種最大的貢獻。王充處處拿事實證明「自然」的道理，一面叫人家尊重「自然」，一面仍叫人家尊重「有為」。他說：

> 然雖自然，亦須有為。輔助耒耜耕耘，因春播種者，人為之也。及穀入地，日夜長大，

人不能爲也。或爲之者，敗之道也。同上。

道家的自然說，得了王充的解釋，既增加一層保障，更促進一層了解。可以知道道家的「無爲」實在含着一種「有爲」的精神。本來世間具體的事實比抽象的哲理更可寶貴。因爲抽象的哲理可以儘管高妙，而具體的事實却是全憑佐證。王充一生的用力處，便是處處拿事實去談哲理。他反對一般人的迷信和崇古觀念，都是用這種手段。他本是一個極端打破舊說的人，但何以也主張有命呢？這又是他拿事實談哲理之一種。因爲他認「氣」「形」「命」三者是有密切的關係的。天地萬物由元氣而生，上面已經說明。要知世間各種現象都稟有一定之「氣」，有一定之「氣」斯有維持此氣的一定之「形」，而物之「命」即定於「形」成之始。故氣、形、命表雖是三，而裏實是一。命由形生，形由氣成。有形斯氣與命二者并具。人類之形有人類之氣與命；牛馬之形有牛馬之氣與命。一定之氣，必有與之相應之形，一定之形，又必有與之相應之命。王充本着這種原理，斷定人生之幸不幸，遇不遇，與夫一切死生、夭壽、貧富、貴賤等等，莫不與命有關。換句話說：即莫不與所稟之氣有關。王充更本着這種原理，建立一種關於

「骨相」的新說。上面已經說過，一定之「氣」必有與之相應之「形」而「骨相」屬「形」。王充所謂骨相，範圍較廣，乃包括身體各部分而言，并不單指顏面。此「骨相」與「命」之間，有極密切的關係。命之夭壽貧富，都表現於骨相；故卽骨相可以知命。所以他說：「人稟命於天，則有表候於體。察表候以知命，猶察斗斛以知容矣，表候者骨法之謂也。」王充又講命，又講骨相，表面上看來，好像和他平日的議論相矛盾，其實并不矛盾。因爲他的根本主張是從「氣」出發，由氣講到形，由形講到命；又由命回到形，由形回到氣。這正是他一貫的說法，而且正是他拿事實談哲理的地方。何能與一般講迷信者併爲一談呢？他所談的命，完全是接着道家的「命」的系統，絕對不帶有迷信意味。蔡子民先生并稱「其所言人之命運及性質與骨相相關，頗與近世唯物論以精神界之現象悉推本於生理者相類」（「中國倫理學史」頁二十四。）可想見他講命，他講骨相，都是有哲學做背景的。我們從這裏又可以看到他一種宿命的人生觀。他雖然講命，卻並不講鬼，這也和他的根本思想有關係。他以爲人與萬物皆由元氣而生，物類死後不聞有鬼，何以與物類同氣之人獨有死後成鬼之說，這不要根本上發生矛盾麼？要知人

死與物類之死原無異致，死後卽同火化，幷無所謂鬼神。王充認鬼神非人類之靈魂，乃人類之思念。思念所在，往往於無物中見物，此鬼神之所以發生。（王充所說的思念，和現在科學家所說的神經作用的相類。）這樣看來，王充對於人生的看法，不僅處處有哲學的根據，而且處處有科學的根據，王充也講到人生的修養，這由他講「性」裏面便可以看出。他以爲性有善惡，就由於禀氣有厚薄多寡。禀氣最厚的，就和元氣相肖，就像老子那樣恬淡無爲。而禀氣最薄的，就處處露出一種不肖的地方，所謂不肖，就是說不肖元氣。因此他主張用教育的力量去變化氣禀。這種說法，雖不免和他的命運說發生衝突，但這也是他的氣禀說必至之結論。他這種氣禀說，遂開宋儒理氣說之先河。（宋儒專好講些氣形命的問題，其實都有幾分王充的影響。不過他們表面上並不談到王充。正猶他們襲取老佛思想，表面上却排斥老佛。）

清談家 王充盡力拿事實去證明道家自然的哲理，於是會合種種機緣，遂醞釀成功一種清談家之思想。思想加以道家自然的哲理，大部分和佛法相接近，於是清談家的思想，又夾着少許佛法的成分。這便是道家的思想由漢而魏晉六朝相遞嬗相蛻化的痕跡。關於魏晉六朝的思想，可以從兩方面觀察：一，消極方面；二，積極方面。消極

方面成爲一種頹廢的思想，積極方面成爲一種放達的思想。頹廢的思想可以拿僞列子楊朱篇當中一部分的議論做代表；放達的思想可以拿阮籍的大人先生傳及陶淵明的歸去來辭、桃花源記等篇做代表。現在先就頹廢的思想方面討論。所謂頹廢思想，決非墮落思想，此處要最先辨明。墮落思想是沒有理想做背景的，完全爲一種淺薄的肉慾的衝動所支配。頹廢思想便不然。頹廢思想是有理想做背景的。或是因爲一種烏托邦(Utopia)不能實現；或是因爲一種痛苦不能解除。而這種痛苦乃屬於人類之悲哀；又或因爲神經過敏，近於諾爾導(Nordau)所謂高等變質者，（參看本書頁七十六。）把世間看得太透澈，太不値得玩味，於是出於頹廢一途。總之，頹廢思想是求一種消遣的方法。正和魯迅先生所說的「因爲這於我太痛苦，我於是用了種種方法，來麻醉自己的靈魂，使我沉入於國民中，使我回到古代去」（見所著「吶喊」自序。）一樣的意味。

西洋有所謂頹廢派(Decadent)，在文學上佔有最高的地位，尤其是在近代的文學。關於頹廢派的解釋，也很不一致。不過大體上也是就消遣說。或是藉官能的刺戟，或是藉剎那的情調，以發抒胸中的塊壘，以和緩心中的苦悶。譬如許多詩人，好作情調

的詩，情熱的詩，都帶有頹廢派的傾向。正是李太白「抽刀斷水水更流，舉杯銷愁愁更愁」那種詩風。由上所述，可見頹廢思想完全和墮落思想不同。魏晉以後頹廢思想之所以發達，固自有其原因。一，由於經學之反動。二，由於禍亂之相尋。三，由於老學之發展。四，由於佛教之輸入。有此數因，而頹廢思想遂一發而不可遏。這派思想都是從人生出發，根本認定人生是無常的。楊朱篇說：

百年，壽之大齊，得百年者，千無一焉。設有一者，孩提以逮昏老，幾居其半矣。夜眠之所弭，晝覺之所遺，又幾居其半矣。痛疾、哀苦、亡失、憂懼，又幾居其半矣。量十數年之中，逌然而自得，亡介焉之慮者，亦亡一時之中爾。則人之生也奚為哉？奚樂哉？為美厚爾，為聲色爾。而美厚復不可常厭足，聲色不可常翫聞。乃復為刑賞之所禁勸，名法之所進退。遑遑爾競一時之虛譽，規死後之餘榮；偊偊爾慎耳目之觀聽，惜身意之是非。徒失當年之至樂，不能自肆於一時，重囚累梏，何以異哉？

又說：

萬物，所異者生也，所同者死也。生則賢愚貴賤，是所異也；死則臭腐消滅，是所同。

也。……十年亦死，百年亦死；仁聖亦死，凶愚亦死。生則堯舜，死則腐骨；生則桀紂，死則腐骨。腐骨一矣，孰知其異？且趣當生，奚遑死後？

既認定人生是無常的，請問用何種方法對待這種人生。楊朱篇說：

太古之人，知生之暫來，知死之暫往。故從心而動，不違自然；所好當身之娛，非所去也，故不為名所勸。從性而游，不逆萬物；所好死後之名，非所取也，故不為刑所及。名譽先後，年命多少，非所量也。

恣耳之所欲聽，恣目之所欲視，恣鼻之所欲向，恣口之所欲言，恣體之所欲安，恣意之所欲行。夫耳之所欲聞者音聲，而不得聽，謂之閼聰；目之所欲見者美色，而不得視，謂之閼明；鼻之所欲向者椒蘭，而不得嗅，謂之閼顫；口之所欲道者是非，而不得言，謂之閼智；體之所欲安者美厚，而不得從，謂之閼適；意之所欲為者放逸，而不得行，謂之閼往。凡此諸閼，廢虐之主。去廢虐之主，熙熙然以俟死；一日一月，一年十年，吾所謂養。拘此廢虐之主，錄而不舍，戚戚然以至久生；百年千年萬年，非吾所謂養。

這兩段文章裏面，專注重從心而動從性而游；不求久生，亦不求速死。如果有意求久生、求速死，那就是「違自然」「逆萬物，」那就不是「從心而動」「從性而游」了。所以又有一種補充的說明。

生非貴之所能存，身非愛之所能厚。且久生奚爲？五情好惡，古猶今也；四體安危，古猶今也；世之苦樂，古猶今也；變易治亂，古猶今也。既聞之矣，既見之矣，既更之矣，百年猶厭其多，况久生之苦也乎？

以上是說不求久生。

既生則廢而任之，究其所欲以俟於死；將死則廢而任之，究其所之以放於盡。無不廢，無不任，何遽遲速於其間乎？

以上是說不求速死。這幾段文章很可以代表清談家的頹廢思想。這派思想是拿人生做背景的，所以和墮落思想不同。這是就消極方面說。至於積極方面所謂放達的思想者，那更與墮落思想有別。放達思想和頹廢思想本來都是從自然的思想出發，不過態度微有不同。一個是「樂自然」的態度，一個是「任自然」的態度。所以一個是

積極的，一個是消極的。放達的思想既偏於積極方面，那裏能夠說牠是墮落思想呢？

魏晉間以放達見稱於時者無過於阮籍。籍本任性不羈，而他那種忽視禮法的態度，更足以表示他和頹廢派不同之處。頹廢派有時為生前死後打算，故「不為名所勸」「不為刑所及」阮籍却根本上想不到那些「刑」「名」，他只覺得自然的情感可寶貴，他只去「樂自然」就是了。所以態度是積極的。譬如某「兵家女有才色，未嫁而死。籍不識其父兄，徑往哭之，盡哀而還。」（見晉書阮籍傳。）阮籍只覺得有才色的女兒未嫁而死，是極可悲慟的。這種悲慟，是出於人類共有的一種自然的情感，阮籍看重這種情感，不由得不哭。我們看見他哭，其實他只是在那裏「樂自然」，更不暇計較到「名所勸」而「刑所及」了。阮籍的放達的思想，是隨處都可以看到的。不過正式發表這種思想的，更在他自撰的一篇大人先生傳。他說：

世所謂君子，惟法是修，惟禮是克。手執圭璧，足履繩墨，行欲為目前檢，言欲為無窮則。少稱鄉黨，長聞鄰國。上欲圖三公，下不失九州牧。獨不見羣蝨之處褌中，逃乎深縫，匿乎壞絮，自以為吉宅也。行不敢離縫際，動不敢出褌襠，自以為得繩墨

也。然炎丘火流，焦邑滅都，羣蝨處於褌中而不能出也。君子之處域內，何異夫蝨之處褌中乎？

我們從這段文章裏面，就可以看到他尊重自然的精神，與超越庸俗的襟度。要曉得社會上庸俗的勢力最大，而所以使社會不進化，或使社會伴着平凡俗惡的勢力去進化，都是由於一種庸俗的勢力在裏面把持。可以說庸俗的勢力是人類社會裏面一種最大的蟊賊。也可以說是藝術社會裏面一種最猛的毒菌。這是就社會方面說。若更就人生方面言之，如果「逃乎深縫，匿乎壞絮，」便「自以爲吉宅；」「行不敢離縫際，動不敢出褌襠，」便「自以爲得繩墨；」這是何等平凡俗惡的人生！這是何等廉價的人生！我們中國所以老大不進步，就是這種人生觀在那裏作祟。所以這種人生觀不打破，在個人方面，便不容易造就獨創的天才；在社會方面，便不容易掀起發明的事業。這是就人生方面說。阮籍這篇大人先生傳，一面對於中國人的人生觀下一種絕大的針砭，一面暗示一種崇尙藝術的人生，即「樂自然」的人生。所以他這篇文字很可以代表淸談家的放達思想。還有一種文字，雖不出於淸談家，卻也和放達的思

想相接近。也是注重「樂自然」的，便是陶淵明的歸去來辭。阮籍的「樂自然」是從反面着力；陶淵明的「樂自然」是從正面着力他處處從正面描寫自然的絕境。譬如他的桃花源記，就是從正面描寫一種烏托邦。他描寫得更顯著的，便是他的歸去來辭和五柳先生傳。因爲這是他的人生觀之表白。他說：

歸去來兮！田園將蕪胡不歸？既自以心爲形役，奚惆悵而獨悲？……實迷途其未遠，覺今是而昨非。……木欣欣以向榮，泉涓涓而始流，羨萬物之得時，感吾生之行休。已矣乎！寓形宇內復幾時，曷不委心任去留，胡爲遑遑欲何之？富貴非吾願，帝鄉不可期。懷良辰以孤往，或植杖而耘耔。登東皋以舒嘯，臨清流而賦詩。聊乘化以歸盡，樂夫天命復奚疑？（歸去來辭。）

這是何等「樂自然」的人生！這種「樂自然」的人生觀，在我們中國社會裏面，很發生不小的影響。尤其影響到一般詩人，如李太白，白居易之流亞。由那些詩人，又影響到一般羣衆。這種影響，是互爲因果的。把這派的人生觀和頹廢派的人生觀相比較，便表現出兩種不同的色彩。一種是厭世的，一種是樂天的。一種含着象徵派詩人魏爾

冷。(Verlaine)的精神，一種便含着自然派詩人沃綏韋士(Wordsworth)的精神。

李翺　魏晉六朝人的人生思想都受了老莊很大的影響；到了唐代，情形便稍稍變化了。不過老莊的影響，仍舊沒有衰減。韓退之極力排斥老莊，一則曰：『今其言曰：「聖人不死，大盜不止。剖斗折衡，而民不爭。」』再則曰：『今其言曰：「曷不爲太古之無事？」』可見老莊在當時很佔有一番勢力。韓退之的原道，雖盡了排老佛的能事，不過他是一個陋儒，而且人格又低，那裏有人相信？倒是他的弟子李翺在唐代要算一個特出的人物。而李翺便是服膺老莊的一個人。李翺的思想，包含着三種精神：一，中庸的精神；二，禪家的精神；三，老莊的精神。他的復性書上便趨重中庸的精神；復性書中便趨重禪家的精神；復性書下便趨重老莊的精神。而他的思想的結論，仍不出老莊的範圍。不過他的主張幷不十分鮮明，這是因爲他表面談儒，裏面談佛老的關係。韓退之原性篇說：「今之言性者……雜佛老而言也」，所謂「雜佛老而言」，恐怕就是指李翺。本來中庸、佛法、老莊這三種思想最容易混淆，而且都可以牽强附會；所以到了李翺的手裏，也就不能不感受一種困難了。現在要先把這三種思想弄個明白，然後

再談到李翺的思想。

先論中庸的思想。中庸這部書，我認爲是在孟子之後的；而且中庸的思想大半採之孟子。上面已有論及。（參看本書三一五頁）崔述論中庸非一人所作，其義又極參差。這話甚是。（見洙泗考信錄卷三。）現在我只好就中庸最重要的地方推論一番。中庸全書的綱領是：

天命之謂性，率性之謂道，修道之謂教。

誠者，天之道也；誠之者，人之道也。

自誠明，謂之性；自明誠，謂之教。誠則明矣，明則誠矣，

這些妙理，完全從孟子一段議論推衍而出。孟子說：

誠者，天之道也；思誠者，人之道也。至誠而不動者，未之有也。不誠未有能動者也。（離婁上。）

這段文章的精髓就在一個「誠」字。孟子反覆說明「誠」的妙處，中庸便拿住這個「誠」字，當作全書的骨子。（崔述云：「孟子此章、原言誠能動人、故由獲上信友悅親遞近而歸本於誠身、然後以至誠未有不動總結之、又以不誠之不動反結之、首尾呼應、章法甚明。中庸采此章文、但欲歸本於誠身、以開下文不思不勉擇善固執之意。意不在於動人、故刪其後兩句。然則是中庸襲孟子、非孟子襲中庸、

明矣。」（見孟子事實錄。）孟子不過拿「誠身」「明善」的道理說明倫理學，中庸卻把牠擴充到哲學。孟子說：「不明乎善，不誠其身矣，」是教人用「明善」的手段達「誠身」的目的。中庸便把牠歸納到「性」「教」二項。所謂「自誠明謂之性，自明誠謂之教。」中庸拿「性」「教」當作體用看。而誠又看作性之體，明又看作教之用。凡體不離用，用不離體。所以又說：「誠則明矣，明則誠矣。」誠何以關係到天人呢？因爲宇宙與人生，有一種極密切的關係。誠是充滿在宇宙的，卻全靠人生去表現出來，表現得最圓滿的，就要和「誠」合而爲一了，這是一種最高的境界。所以說：「誠者不勉而中，不思而得，從容中道，聖人也。」如果誠的功夫做得十分充實，那就可以聯宇宙與人生而爲一，更分不出那個是宇宙，那個是人生了。所以說：

唯天下至誠，爲能盡其性；能盡其性，則能盡人之性；能盡人之性，則能盡物之性；能盡物之性，則可以贊天地之化育；可以贊天地之化育，則可以與天地參矣。

這種贊化育參天地的思想，孔子未嘗沒有，不過幷沒有發揮這樣透澈。由孔子而孟子，由孟子而中庸，便把孔子的思想，一步一步的放大了。不過裏面有一點我們可以

看準是儒家的思想，不會鬧到老莊的地步的，就是盡性要由己及人，由人及物；正接着孟子由誠身而悅親，由悅親而信於友，由信於友而獲於上的系統，純是一種倫理的看法，絕對不是老莊「人物一體」的思想。（參看本書頁三三三。）這是我對於中庸一點臆見。

次論佛法的思想。佛法的思想在本章第二節已經解釋過，現在只拿和李翺復性書有關係的佛法略加論列。李翺所受到的佛法便是禪宗，現在單論禪宗。李翺師事藥山惟儼，初見面時便說：「見面不似聞名。」藥山笑道：「你又何必貴耳賤目呢？」（耳目都不過是「我」之一體，「我執」尚宜去，何況執有耳目。又何況貴耳賤目。）可見藥山禪悟的功夫。藥山惟儼出於石頭希遷之門。石頭希遷之師即青原行思，青原行思即六祖慧能之高弟。可見藥山隔慧能尚不遠。石頭最器重藥山，藥山亦事石頭惟謹。石頭超悟絕倫，在禪宗的地位是極高的。所著有參同契，（方士魏伯陽著有參同契，石頭即借用其名。）是他思想的結晶品。藥山便深受到這裏面的影響。現在單取參同契重要的地方講述大略，便可以看到禪家思想之一斑。參同契說：

竺土大仙心，東西密相付。人根有利鈍，道無南北祖。靈源明皎潔，支派暗流注。執事元是迷，契理亦非悟。門門一切境，回互不回互；回而更相涉，不爾依位住。

色本殊質象，聲元異樂苦。暗合上中言，明明淸濁句。四大性自復，如子得其母。火熱風動搖，水濕地堅固。眼色耳音聲，鼻香舌鹹醋。然於一一法，依根葉分布。本末須歸宗，尊卑用其語。當明中有暗，勿以暗相遇；當暗中有明，勿以明相覩。明暗各相對，比如前後步。萬物自有功，當言用與處。事存函蓋合，理應箭鋒拄。承言須會宗，勿自立規矩。觸目不會道，運足焉知路。進步非近遠，迷隔山河固。謹白參玄人，光陰莫虛度。（續藏經第一輯第二編。）

禪宗本不立文字，以心傳心，而爲傳法起見，又不得不假文字以助理解。石頭首闡「靈源」之義，謂心體靈昭，湛然圓滿，一本攝萬殊，萬殊歸一本。所以事中有理，理中有事；明中有暗，暗中有明。稍涉偏私，便墮謬解。現在請拿參同契重要的一二段來解釋。

門門一切境，回互不回互；回而更相涉，不爾依位住。

攝取世間一切萬象的入口，便是眼、耳、鼻、舌、身、意六門，由六門受取色、聲、香、味、觸、法六境，此六境便是和靈源發生關係的總樞紐。要知門門一切境即所以構成一切客觀主觀，而有天地間之森羅萬象。此天地間之森羅萬象，結果不出兩途：便是回互不回

互。（回互即相關意。）回互的結果，便一塵可以攝法界，法界盡散爲一塵。譬如研究一滴的水的性質，非舉全海的水的性質研究盡淨，不能斷定一滴的水的性質。又譬如桌上飛來一點紙片，此紙片何由構成，構成於植物；植物何由生長？生長於地球；地球何由成立？成立於瓦斯體。但此紙片何由而飛來？由於風吹；風吹何由而發生？由於空氣流動？空氣何以流動？由於空氣所受冷熱不均。又風吹的結果，至於發屋拔木；發屋拔木的結果，至於傷人，又影響到都市村落，森林道路。可見桌上飛來一點紙片，就有了這麼一些關係。不回互的結果，便萬法各住本位，法法不相到，法法不相知。譬如耳司聞，目司見，手司動作，脚司行走。耳不能代目，目不能助耳，手忙時脚不能分手之勞，脚亂時手不能辨脚之方。所以世界的眞相，只是回互不回互兩種狀態。回互便成一本，不回互便生萬殊；回互便是理，不回互便是事；回互便是暗，不回互便是明。總之，回互是同，不回互便是參。知道法界有這兩種眞相，纔好談到參同契。

本末須歸宗，尊卑用其語。

同便是本，參便是末，窮本末的究竟，都不能不歸到一個總根源，甚麼是總根源？便是

佛心。所謂四大六根，都只是佛心的顯現。口之於味，目之於色，耳之於聲，鼻之於臭，四肢之於安佚，都只是一種佛心。惟其天地間一切森羅萬象，都只是佛心的顯現，所以用不着拿文字去繙譯，用不着拿言語去說明，鶯便用牠的嚶嚶的鶯聲，燕便用牠的喣喣的燕語。少女便用她的宛轉清脆的嬌啼，老嫗便用牠的氣逆哽咽的敗嗄，日本人便用他的阿伊烏愛啊，英國人便用他的ABCDE。這就是所謂人籟地籟天籟。又不僅言語文字，無論是一動一靜，一飲一啄，一聞一見，一思一慮，都莫不如此。結果都歸結到佛心。這便所謂不回互之中有回互，回互之中有不回互。萬殊之所以一本，一本之所以萬殊；參之所以同，同之所以參。更看不出甚麼參同。這便是參同契。

這不過單就參同契裏面重要的一二點略爲解釋，其實此中妙理，何可言說？藥山受到參同契的影響，便分惠於李翺，這便是李翺所以作復性書的真因。

再次論老莊的思想。老莊的思想，上面已有說明，茲不贅述。李翺看重老莊「萬物一體」的說法，便拿牠做復性書的結論。其實老莊的思想和佛法的思想和中庸的思想，完全不是一件東西。李翺把這三種思想打成一團，又辨不出那個是那個，如何

能夠表現出一種鮮明的主張呢？現在請略論這三種思想的不同處。我以爲老莊的思想，完全從自然出發，中庸的思想，完全從人事出發，佛法的思想，完全從心出發，所謂三界唯心，萬法唯識。中庸的思想雖是從人事出發，卻是牠的來勢很大，要慢慢的侵入到佛法的範圍，也有一部分侵入到老莊的範圍。所以有許多人拿佛老去講中庸的，其實中庸的思想完全歸本人事，特重倫理，和佛老的思想根本不同。佛法的思想和老莊的思想更有些處所是惟妙惟肖，簡直分不出那個是哥哥是弟弟，所以有老子化胡之說，（謂佛教由老子出。這在六朝隋唐以來、道釋之爭、論之已晰。（見宏明集）又謂姚秦而後、鳩摩羅什門徒譯文求潤澤、每多雜老莊之言、宋代陋儒遂謂佛典純由老莊化出。可笑之極。）又有老屬印度系思想之談。（謂老子之學係受印度思想之影響、並非自發。法人多倡是說、日本人亦附和之、所舉理由甚多。但都不值一笑。）其實那裏是這麼一回事。佛言心外無境，境由「心」造；老言心外有境，境自「無」生。（有生於無。有物混成、先天地生。）佛言無生法忍，戡破生滅；老言久視長生，本無死地。又何能拿佛老併爲一談？所以佛法的思想和老莊的思想又根本不同。這樣看來，中庸、佛法、老莊根本上本非同物，又何能在復性書裏相提並論呢？現在請進論李翺復性書上中下三篇的思想。

何以說復性書上趨重中庸的精神呢？復性書上完全拿住中庸「喜怒哀樂之未發，謂之中；發而皆中節，謂之和」兩句話做骨子。這兩句話把「性」「情」二字的道理，說得最爲透澈。中是說性，和是說情。性是未發的，無有不善；情是已發的，有善有不善。不過這兩句話，又是奪胎於孟子。孟子說：「人無有不善。」又說：「乃若其情，則可以爲善矣，乃所謂善也。若夫爲不善，非才之罪也。」這幾句話已經把性情不同的道理抉發無遺。李翱便拿住中庸的話做骨子，旁採孟子的話做陪襯。所以他說：

> 人之所以爲聖人者性也，人之所以惑其性者情也。喜怒哀懼愛惡欲七者，皆情之所爲也。情既昏，性斯匿矣，非性之過也。……雖然，無性則情無所生矣。是情由性而生，情不自情，因性而情；性不自性，由情以明。聖人者豈其無情耶？聖人者寂然不動。……雖有情也，未嘗有情也。然則百姓者豈其無性者耶？百姓之性，與聖人之性弗差也。雖然，情之所發，交相攻伐，未始有窮，故雖終身而不自覩其性焉。

這段話完全是「喜怒哀樂之未發，謂之中；發而皆中節，謂之和」的註脚，另外加上一點孟子的意思。「情不自情，因性而情」因爲喜怒哀樂含於未發之中；「性不自性，由

情以明，」因爲喜怒哀樂見諸已發之和。何以聖人有情而未嘗有情？因爲他能保持「未發之中」的狀態，何以百姓情之所發而不自覩其性？因爲他不能保持「中節之和」的狀態。又他這段論「性」的文字，骨子裏是就「誠」字上發揮；是就「誠」「明」上發揮。所以我說李翶的復性書上，完全趨重中庸的精神。不過這裏面也雜些禪家的思想譬如他說：「明與昏謂之不同。明與昏性本無有則同與不同，二者離矣。夫明者所以對昏，昏既滅，則明亦不立矣。」所謂「明與昏，性本無有。……昏既滅則明亦不立，」不是「參同契」的思想嗎？這便是復性書上夾七夾八的地方。

何以說復性書中趨重禪家的精神呢？復性書中的精華，就在次列一段：

或問曰：「人之昏也久矣，將復其性者必有漸也，敢問其方？」曰：「弗慮弗思，情則不生；情既不生，乃爲正思。正思者，無慮無思也。」……曰：「已矣乎？」曰：「未也此齋戒其心者也，猶未離於靜焉。有靜必有動，有動必有靜，動靜不息，是乃情也。……方靜之時，知心無思者，是齋戒也。知本無有思，動靜皆離，寂然不動者，是至誠也。……問曰：「本無有思，動靜皆離；然則聲之來也，其不聞乎？物之形也，其不見乎？」

曰：「不覩不聞，是非人也，視聽昭昭，而不起於見聞者斯可矣。無不知也，無不爲也。其心寂然，光昭天地，是誠之明也。」

這段話完全是些禪談。所謂「弗慮弗思」，所謂「正思」，便與禪家的「無念者正念也」完全吻合。禪以無念爲宗，恐滯兩邊，恐生執着，故主無念。譬如「齋戒其心」，是猶不免執着「靜」的一邊，有靜斯有動，那就仍舊是些「參」「同」，而不是「參同契」。所以要動靜皆離，就是要把動靜的執着都去了，才能達到佛心，才是所謂「至誠」。不過又要知道，所謂動靜皆離，並不是不聞不見，而且是「視聽昭昭」，就是當視聽的時候毫不起見聞之執着。這便是禪家的功夫，禪家談到佛，每說「將來打死與狗子喫」，這便是說執着的佛，應該打死，即打破執着。學禪的人，遊遍天下名山大川，問遍世間高僧法師，卻一點學不到甚麼，但一觸禪機，便能恍然大悟。凡屬禪悟，都是如此。禪家表面不立文字，其實亦從文字上來，因真正佛教離開文字便無從說。所以在先仍要積了許多的多聞熏習的功夫，然後能因事見理，隨事作觀，隨事有省，隨時悟得，這便是禪的境界。總之，以教解禪，則處處可通，以禪解禪，則陷入迷陣不知所云。自來談禪的人，大都

不明此理。李翺的禪學功夫卻要超過他的儒學，但他總不肯拋棄他的儒表佛裏的伎倆，所以弄成一個支離破碎，其實他的見解卻是超人一等的。他知道提出中庸來談哲理，已是不可及，況且他於佛老之學都有相當的造就，所以在唐代文弊的時候，他當然要首屈一指。他解中庸比人家不同，他說：「彼以事解，我以心通。」非有禪學的功夫，那能夠做到「心通」的一步。不過拿禪學去解中庸，弄到後來宋明一般的理學家都作儒表佛裏的事業，那就不能不怪李翺的始作俑了。

何以說復性書下趨重老莊的思想呢？他在復性書上中二篇已經夾了一些老莊的思想，不過尙不十分顯著，而最顯著的便是下篇，可以說下篇除了一些不相干的文字外，幾乎僅僅只有一點老莊思想。他說：

> 晝而作，夕而休者，凡人也。作乎作者，與萬物皆作；休乎休者，與萬物皆休。吾則不類於凡人，晝無所作，夕無所休。作非吾作也，作有物；休非吾休也，休有物。作耶休耶，二者離而不存。予之所存者，終不亡且離也。人之不力於道者，昏不思也。天地之間，萬物生焉。人之於萬物，一物也。其所以異於禽獸蟲魚者，豈非道德之性乎

哉？

老子說：「聖人處無爲之事，行不言之教，萬物作焉而不辭。」陸農師註說：「萬物之息，與之入而不逆，萬物之作，與之出而不辭。」這就是「作乎作者，與萬物皆作；休乎休者，與萬物皆休」之意。聖人處無爲之事，行不言之教，所以「晝無所作，夕無所休，作非吾作也，作有物；休非吾休也，休有物。」一任自然，無爲而無不爲，不過「作」與「休」二者離而不存；所以老子說：「化而欲作，吾將鎭之以無名之樸。」如果以「無名之樸」鎭之，那就「化而欲作」者，其作也不作，其休也不休，自然「終不亡且離」了。莊子說：「天地與我並生，萬物與我爲一，」可見「人之於萬物，一物也；」既是人物一體，自然休作與共，又那會「亡且離」呢？這是李翺的老莊哲學之發表。不過李翺又是個「儒表道裏」的人，所以仍就要回到儒家「人貴物賤」的說法，（參觀本書頁三三四。）而提出所以異於禽獸蟲魚之「道德之性。」這又是他的夾七夾八的地方了。

總觀李翺復性書上中下三篇，都着重在復性，不過說法不同。因爲中庸提出一個「率性」「盡性」的道理，禪家又提出一個「明心見性」的道理，道家又提出一個「致

虛極守靜篤」的道理，李翱想把三種思想糅而爲一，所以結果弄出許多破綻。他想把「復性」的範圍放大些，要叫人人知道宇宙萬物都是走的「復性」的一條路，所以第三篇提出「作非吾作，休非吾休」的道理。老子說：「萬物並作，吾以觀復。夫物芸芸，各復歸其根。歸根曰靜，是曰復命」；莊子繕性篇說：「繕性於俗學以求復其初」。又說：「危然處其所而反其性」。所謂歸根復命，所謂復初反性，便是他復性書裏面的神髓。所以我說他的思想的結論，仍不出老莊的範圍。

總之，李翱的工作，不是儒表佛裏，便是儒表道裏。宋明人的理學，完全是由他開端。最好笑的，他自己是宋明理學家的作俑者；他的先生石頭希遷，藥山惟儼的禪學，又是宋明理學家的先生洞山良价的禪學的作俑者。（關於洞山良价的禪學，容後說明。）所以我對於李翱的復性書不得不看重些；不過李翱那種態度，我卻是不取的。這也恐怕是受了他的先生韓退之的影響。韓退之隱然以傳道者自命，想繼續孟子的系統，所以盡力表章孟子的道德仁義之說；他便想繼續子思的系統，所以盡力表章中庸率性盡性之說。這種以傳道自命的態度，便是唐代不能出真學者的大原因。

宋明諸哲之人生觀

王充、李翱的哲學，已經開了宋明哲學的端緒；尤其是李翱的復性書所與宋明人的影響更大。宋明人的儒表佛裏、儒表道裏的伎倆，比李翱更進步，因此他們對於理學的觀念，對於心性的說法，益發儱侗淆亂不可究詰。我們現在要找出宋明人的思想，非先把三宗事預先講明白不可，否則愈講宋明哲學愈鬧不清。因爲宋明哲學比周秦哲學更難研究，更需要充分的準備。所謂應講明的三宗事，便是：一，宋明理學家與禪學家的關係；二，宋明理學所根據的禪學之重要部分；三，理學字義的解釋。現在依次講述。

一，宋明理學家與禪學家的關係　禪宗自唐代慧能另創宗旨以後，遂一變印度禪法，而爲中國獨有之禪。其云禪，亦非禪那（梵文意云靜慮，卽止觀也。）之禪，而成般若之禪，更不立語言文字，專事機悟。這種思想和中國人一貫的思想，多不期而暗合；所以到了宋明人手裏，就發生許多密切的關係。宋儒周濂溪、張橫渠、二程、朱陸以至明儒王陽明，幾乎沒有不是拿禪學做背景而別標榜所謂儒學；幾乎沒有不是先研究禪學許多年然後再求合於儒學。他們暗地裏都結識許多禪師禪友。周濂溪的師友更多，有說他

曾就學於潤州鶴林寺壽涯的，有說他曾問道於黃龍山慧南及晦堂祖心的；（晦堂祖心係慧南弟子。）又有說他曾請業於廬山歸宗寺佛印及東林寺常聰的。大抵與佛印及常聰的關係最深。濂溪悟到窗前草與自家生意一般，全是佛印的影響。（見釋氏資鑑卷十及佛法金湯編卷十二。）至與東林的關係更是密切。他的太極圖說，恐怕也和東林有關。（見歸元直指集卷下。又空谷景隆所著「尙直編」說。「穆修又以所傳太極圖、授於濂溪周子。已而周子扣問東林總禪師太極圖之深旨、東林爲之委曲剖論。周子廣東林之語、而爲太極圖說。」又說。「濂溪太極圖說、無極之眞、妙合而凝、無極而太極等語、全是東林口訣。」可參看。）他主靜的工夫，大半從東林得來。（宋元學案卷十二。）居士分燈錄說：『敦頤嘗嘆曰：「吾此妙心，實啓迪於黃龍，發明於佛印；然易理廓達，自非東林開遮拂拭，無繇表裏洞然。」』他這樣尊重禪學，毋怪游定夫竟要罵他是個「窮禪客」。（宋元學案卷十二。）據東林門人弘益所紀，張橫渠曾與周濂溪同出東林門下，受性理之學；（弘益紀聞說。「濂一日與張子厚等同詣東林論性。聰曰。吾教中多言性、故曰性宗。所謂眞如性、法性、性郎理也。有理法界、事法界、理事交徹、理外無事、事必有理。諸子沉吟未決。濂溪毅然出曰。性體冲漠、惟理而已。何疑耶。橫渠曰。東林性理之論、惟我茂叔能之。」）如果這話可信，那就周張之學原出於同一的系統。張橫渠與程明道終日講論於興國寺，那時的興國寺是常有禪師主教的，可見張程之學又有一種禪學上的關係。程明道禪學的師授雖不易考見，但他「出入於老釋

者幾十年，」（宋史程顥傳。）也許他禪學上的朋友很不少。高景逸說：「先儒惟明道先生看得禪書透，識得禪弊真。」這樣看來，明道的禪學功夫，也許是從自己看書入手的。程伊川之學係從黃龍之靈源得來。歸元直指集說：『嘉泰普燈錄云：「程伊川……問道於靈源禪師，故伊川之作文註書，多取佛祖辭意。……或全用其語。如易傳序「體用一源，顯微無間。」（此二語出唐清涼國師華嚴經疏。）』可見伊川和靈源的關係是很深的。我們從靈源筆語中又可以看到伊川和靈源之師晦堂祖心有對見之事。晦堂在元符三年以七十六歲入寂，伊川在紹聖四年以六十五歲被竄於涪州，則與晦堂對見，當是紹聖四年以前之事。這些關係，在禪林寶訓中也有說到。朱晦庵之學則從大慧宗杲、道謙得來。『熹嘗致書道謙（大慧宗杲之嗣）曰：「向蒙妙喜（大慧）開示……但以狗子話時時提撕，願投一語，警所不逮。」謙答曰：「某二十年不能到無疑之地，後忽知非勇猛直前，便是一刀兩段。把這一念提撕狗子話頭，不要商量，不要穿鑿，不要去知見，不要強承當。」熹於言下有省。幷撰有齋居誦經詩。』（居士分燈錄卷下。）後來道謙死時，朱晦庵祭以文略曰：「……下從長者問所當務，皆告之言，要須契悟，開悟之語，不出於禪。我於是

時，則願學焉。……始知平生，淚自苦辛，去道日遠，無所問津。……師亦喜我，為說禪病，我亦感師，恨不速證。……」佛法金湯編卷十五。可見朱晦庵之學是受了大慧、道謙最大的影響的。大慧普覺禪師語錄序說。「朱文公少年不樂讀時文、因聽一尊宿說禪、直指本心、遂悟昭昭靈靈一著。十八歲請舉時、從劉屏山、屏山意其必留心舉業、暨披其篋、只大慧語錄一帙爾。」這裏面也可以看到朱晦庵所受大慧的影響。至陸象山禪學的功夫，恐怕比朱晦庵還要深。所以「宗朱者詆陸為狂禪」。宋元學案卷五十八。陸象山之學，是遠宗李翺，近繼周程的。李翺復性書說：「東方如有聖人焉，不出乎此也；南方如有聖人焉，亦不出乎此也。」陸象山就拿住這段話做他學說的出發點。陸曾有一段自白，他說：「某雖不曾看釋藏經教，然於楞嚴、圓覺、維摩等經則嘗見之。」象山全集卷二。宋代的禪學大抵憑依楞嚴、圓覺、維摩等經，無怪「天下皆說先生(陸九淵)是禪學」。象山全集卷三十四。由陸象山而王陽明，禪學的造詣可謂達到百尺竿頭。王陽明也有一段自白，他說：「因求諸老、釋，欣然有會於心，以為聖人之學在此矣。」王陽明全書卷三。可見他於老釋之學不僅有根柢而且是看得極重的。他的講友湛甘泉是禪門造就最高的，王陽明也許有幾分受到湛甘泉的影響。總之，宋明理學家，表面上都是講儒學，而骨子裏卻是講禪學。表面上搬出一些孔子、子思、孟

子，而骨子裏卻捧着一些達磨、慧能、洞山、臨濟，所以不明白理學家和禪學家的關係，是不容易尋出宋明人的思想的。

二，宋明理學所根據的禪學之重要部分　上面所述宋明理學家和禪學家的關係，有一部分是根據禪家子弟的記錄，也許不盡可信。所以又不能不從宋明理學家所談的理學去觀察，看他是否根據禪學，與所根據之禪學屬於何種。關於禪學的說明，須作一種比較有系統的紀述，否則不容易考見各方面的關係。禪有古禪今禪之別，又有五家七宗之不同。古禪教乘兼行，今禪單傳心印。古禪習禪恃教，今禪離教說禪。古禪傳自達磨以至神秀，今禪則創自慧能。（參看「內學」中所載中國禪學以考。中有一段云：「禪源詮謂傳法諸祖初學三藏教乘兼行、後之祖師觀機乃特顯宗破執、益更單傳其心印。則西土之所謂付授、其果與東州教外別傳異也。海東義天跋別傳議曰：「古禪之與今禪名實相遼也。古之所謂禪者、藉教習禪者也。今之所謂禪者、離致說禪者也。說禪者執其名而遺其實、習禪者因其詮而得其旨。近者遼國詔有司令義學沙門詮曉等再定經錄、世所謂六祖壇經寶林傳等、皆與禁焚。（除其僞妄條例則重修、貞元續錄三卷中載之。）而比世中國所行禪宗章句多涉異端、此所以海東人師疑華夏無人云云。（據佛祖統記）其剖析古禪今禪盡之矣、而遼國又嘗燎其書、則先後之禪殊趣、宋時既已論定也。」）至論到五家七宗，則皆是慧能以後之禪。慧能以下，分為青原、南嶽二大系。其傳授略如次表。

曹溪慧能
- 青原行思—石頭希遷
  - 藥山惟儼—雲巖曇晟—洞山良价——曹洞宗
  - 天皇道悟—龍潭崇信—德山宣鑒—雪峯義存
    - 雲門文偃—雲門宗
    - 玄沙師備—羅漢桂琛—法眼文益—法眼宗
- 南嶽懷讓—馬祖道一—百丈懷海
  - 黃檗希運—臨濟義玄——臨濟宗
    - 興化存獎—南院慧顒—風穴延沼—首山省念—汾陽善昭—慈明楚圓
      - 楊岐方圓—楊岐派
      - 黃龍慧南—黃龍派
  - 潙山靈祐—仰山慧寂——潙仰宗

以上爲五家七宗。關於各宗的內容因太專門，且不具論。就中以曹洞宗與臨濟宗在中國所生的影響爲最大。曹洞宗宗主爲洞山良价，（按曹洞乃曹溪洞山之謂、係就洞山紹述曹溪法統言。或云曹洞指洞山及洞山之嗣曹山而言、非是。）臨濟宗宗主爲臨濟義玄，皆產生於唐末。因兩宗所尙各有不同，遂養成禪學上二大宗風。流衍及於宋代，遂由洞山與臨濟相對立之禪，一變而爲大慧宗杲與宏智正覺相對立之禪。大慧宗杲與宏智正覺號稱宋代禪門之二大明星，大慧主臨濟，宏智主洞山，一似各不相涉，但其實不然。師臨濟者或竊取洞山之宗義，宗

洞山者或效法臨濟之禪風。所以在主臨濟之大慧而有看話禪，在主洞山之宏智而有默照禪。要知所謂五宗在宋代實只臨濟一宗，餘宗或歸絕滅，或就衰微。雲門宗雖在宋初頗盛，但至北宋之末亦就衰弱。潙仰、法眼則早衰亡。惟曹洞宗雖亦宗風不振，但綿綿延延至於宋末忽臻隆盛，終至與臨濟宗對立。由是以觀，臨濟一宗，在宋代實佔最大優勢。周、張、程、朱以下，幾莫不出於臨濟之門。所謂曹洞、臨濟，各自有其宗風。曹洞主知見穩實，臨濟尚機鋒峻烈；曹洞貴宛轉，臨濟尚直截。曹洞似慈母，臨濟似嚴父。後世評此二宗，有「臨濟將軍、曹洞士民」之說，很可以看出牠們的不同。不過牠們表面上雖有差別，實際上并無差別，因爲都是把宣揚正法眼藏做主旨的。但到了後世，流弊漸多，各走極端。到了宋代，流弊更大。在主臨濟之大慧宗杲門下便罵宏智正覺爲默照禪，在主洞山之宏智正覺門下，便罵大慧宗杲爲看話禪。所謂默照禪，謂只顧默照枯坐，既無發展，又失機用，與真禪相去甚遠。所謂看話禪，謂只看古人之話頭以提撕學人，結果不過爲一種揣摩「公案」的功夫，（「公案」乃示學人修行之標準者。公案係譬語，指聖賢理法之總匯，及先代佛祖言行之記錄。）也未必能達到真禪。但默照、看話兩種禪風，在宋代極有勢力。所謂默照看

話，雖出於對手方之譏評，但其中正自有不可企及之點。所以宏智正覺便借用「默照」一語以大揚其宗風而撰有默照銘，盡力發揮默照之妙用。大慧宗杲亦借用「看話」一語，以標示由看話而精進不懈之美德。於是「宏智正覺的用力處，乃先定而後慧；大慧宗杲的用力處，乃先慧而後定。」此係大慧自評語。宏智正覺注全力於目的，大慧宗杲則注全力於手段。這便是兩家的不同點。大慧宗杲本出發於臨濟之門，而歸着乃在先慧而後定，是又和洞山貴宛轉之旨趣相合。宏智正覺本出發於曹洞之門，而歸着乃在先定而後慧，是又與臨濟尙直截之旨趣相合。可見宋代禪門的內容是很不一致的。朱晦庵是親承大慧宗杲的教旨的，所以他的功夫，是先慧而後定，是由萬殊而到一本。陸象山恐怕是本着宏智正覺的教旨的，所以他的功夫，是先定而後慧，是由一本而到萬殊。南宋默照看話之二禪風，所以影響於朱陸者尤大。朱晦庵的道問學，完全是一種看話的功夫；陸象山的尊德性，完全是一種默照的功夫。由是以論，可知朱陸的不同，骨子裏便由於他們所根據的禪學之不同。總之，宋代理學家周張二程以下，幾乎沒有不拿禪學做根據的。只是他們所根據的禪學之重要部分，有細究

之必要以余所見他們所根據的禪學有兩種來源：一，洞山良价的五位頌；二，臨濟義玄的四料簡。五位頌應用最廣，在曹洞宗不必說，即在臨濟宗亦相互採用。宋儒的理氣說，大半是受了五位頌的暗示。四料簡也在宋明理學裏面發生不小的影響。關於四料簡上面已有說明。（參看本書二五九頁。）現在請略述五位頌。五位頌專發揮正、偏、兼的道理。所謂五位，便是：

正中偏，偏中正，正中來，偏中至，兼中到。

「正」就理體說，「偏」就現象說，「兼」屬體相一如的境界。正是平等，偏是差別；兼便表示一種中道。何謂正中偏？正中偏便是說平等即差別，理體即現象。蘇東坡有首詩說：「素紈不畫意高哉！倘着丹青墮二來。無一物處無盡藏，有花有月有樓臺。」所謂「無一物處無盡藏，」便是正中偏的意思。何謂偏中正？偏中正便是說差別即平等，現象即理體。和正中偏是說的同樣的道理，不過立脚點各有不同。一個從理體方面看宇宙，一個從現象方面看宇宙。何謂正中來？正中來是就理體的妙用說。理體不是現象，可是現象的發生不能不靠理體；平等不是差別，可是差別的表顯不能不依平等。因

爲現象界差別界都是從理體界平等界出來的。這就是正中來的妙處。何謂偏中至？偏中至是就現象的功能說，現象不是理體，但能盡表現理體之能事；差別不是平等，但能參平等之化育。因爲理體界平等界非藉現象界差別界無由顯現，這就是偏中至的妙處。總上所述四者，如果用心經的話來解釋，第一，空卽是色；第二，色卽是空；第三，空卽是空；第四，色卽是色，便顯出四種不同的境界。何謂兼中到？兼中到是說非正非偏，亦正亦偏；非空非色，亦空亦色；乃超越一切對待的境界。到此時旣無煩惱，亦失菩提，對於涅槃也不起欣求，對於死生也不生厭惡。真是一種圓融無礙的妙境。禪家的功夫所以不可企及的就在這一步。我們讀洞山的五位頌，不能不佩服他的逈識。偏正的說法雖未免說着迹象，但指示我們對於事理之五種觀法，固自具有一種價值。（臨濟宗之白隱禪師研究五位頌達三十年之久、曹洞宗之桃水和尚亦研究達四十年之久、可見五位頌固自具有一種價值。）宋儒的理氣說，內容雖頗複雜，但所受洞山五位說之影響實甚大。周濂溪之「無極而太極。……一動一靜，互爲其根。」（正中偏。）張橫渠之「理一分殊，」「兩不立則一不可見，其究一而已。」（偏中正。）程明道之「性卽氣，氣卽性；」「道外無物，物外無道。」（偏中至。）程伊川之「性卽是理，」

「有理則有氣」「公則一，私則萬殊；至當歸一，精義無二」（正中來）都和五位說發生很密切的關係。朱晦庵之學，糅合各方面的見解，與五位說的關係更大。所謂「未有天地之先，畢竟是先有此理；」（正中偏）所謂「以爲在無物之前，而未嘗不立於有物之後，以爲在陰陽之外，而未嘗不行乎陰陽之中；」（偏中正）所謂「有此理，後方有此氣，」（正中來）「既有此氣，然後此理有安頓處」（偏中至）都是五位說的影響。不過朱晦庵仍舊是接着程伊川的系統，偏重「正中來」的。（後當說明）到了陸象山王陽明的手裏，五位說更運用得極圓熟。陸象山所謂「此心同，此理同；」王陽明所謂「心卽性，心卽理；」完全是一種「兼中到」的功夫。宋明理學家所受到禪家的影響，以表說明，略如次式：

正中偏	周濂溪	
偏中正	張橫渠	
正中來	程伊川	朱晦庵
偏中至	程明道	
兼中到	陸象山	王陽明

可見洞山的五位說在宋明理學裏面，是發生極重大的影響的。臨濟義玄的四料簡，也未可忽視。周、張、程、朱以下，都於四料簡有所揣摩，不過運用得最純熟的，仍就是陸王一派。王陽明的心學，完全是四料簡裏面「人境俱不奪」的境界。以上所述的五位頌和四料簡，加上李翺的復性書，便是我所見的宋明理學的淵源。

三，理學字義的解釋　研究宋明理學，尚有一種難關，就是理學字義的混淆。宋明人一面喜歡談禪學，一面又喜歡談老莊，一面又總想不失掉儒家的面目。因此所談的理、氣、心、性、情、欲等等字義，就很不一致。任是一個字都含着許多來歷，而宋明人又喜歡自作聰明，好與師說立異，因此字義益發混淆。這種風氣恐怕都是由李翺開端。現在我想先拿緊要的字義略為解釋。

理氣　佛家談理事分別，理屬本體界、平等界，事屬現象界、差別界。事以存理，理以應事，故理事為對待之名辭，執事是迷，契理非悟，故事理屬一偏之境界。而宋儒言理，每視同渾全之物，或予以絕對之稱。是與佛家之理完全不同。朱晦庵所云「一理渾然，」「太極只是一個理字；」程伊川所云「心也、性也、天也、一理也。」（伊川主張理一元論。）這不都

是渾全的「理」嗎？又宋儒以理爲實物，更與佛家之理相反。朱晦庵說：「人之所以生，理與氣合而已。天理固浩浩不窮，然非是氣，則雖有是理而無所湊泊。故必二氣交感，凝結生聚，然後是理有所附著。」又說：「止此氣凝聚處理便在其中」又說「理與氣決是二物；但在物上看，則二物渾淪，不可分開各在一處，然不害二物之各爲一物也。」可見他是把理當作實物的。又宋儒以勢言理，更完全是一種臆說。朱晦庵說：「凡物有心而其中必虛，人心亦然。止這些虛處便包藏許多道理，推廣得來，蓋天蓋地，莫不由此。此所以爲人心之好歟。理在人心，是謂之性。心是神明之舍，爲一身之主宰。性便是許多道理得之天而具於心者。」這是完全把理當作一種勢，當作一種意見，如尊者以理責卑，長者以理責幼，貴者以理責賤。戴東原說：「苟舍情求理，其所謂理無非意見也，未有任其意見而不禍斯民者。」（孟子字義疏證卷上。）可謂洞察宋儒言理的害處。又宋明儒者創爲天卽理，性卽理，心卽理之說，言各不同，更令人陷入迷陣。程朱好言天卽理，性卽理；陸王好言心卽理，都夾入許多老莊禪家的思想，你又從那裏去找出他們的面目呢？程朱言天卽理、性卽理，是拿老莊禪家的思想裝入儒家的思想；陸、王言心

卽理，是拿儒家的思想裝入老莊禪家的思想。程朱的天卽理、性卽理，是一種由外而內的境界；陸王的心卽理，是一種由內而外的境界。(詳細說明見後。)但都與孔孟的思想不同。理本來是條理緦理的意思。戴東原說：「理也者情之不爽失也；未有情不得而理得者也。……情得其平，是爲好惡之節，是爲依乎天理。」又說：「心之所同然始謂之理，謂之義；則未至於同然，存乎其人之意見，非理也，非義也。」(俱見孟子字義疏證。)這才是「理」的正當解釋。這和宋明理學家所說的理要相差多少遠啊！孔孟的思想注重人事，注重倫理，何能與老莊禪家的思想倂爲一談。所以孔孟的理，旣不是禪家理法界事法界的理。也不是老莊「眞君」「眞宰」的理，又不是宋明儒者所解釋的渾全的理、實物的理、意見的理，以及一切心性的理。以上是就理說。至論到氣，也是個很複雜的問題。王充好講氣、形、命，已經開了宋儒講氣、形、命的端緒。(論衡齊世篇說。「一天一地、並生萬物。萬物之生、俱得一氣。」又訂鬼篇說。「夫人所以生者、陰陽氣也。陰氣生爲骨肉、陽氣生爲精神。」又自然篇說。「稟氣不一、安能皆賢。」這些說法、影響於宋儒的氣稟說及氣一元論不小。)不過王充是屬於道家的系統，所以講氣形命而不講鬼神。由王充推而上之，則爲西漢經今文學家，好講陰陽五行。又推而上之，則爲洪範言「五行」，周易言「陰陽」，中庸言「鬼神」。除氣

形命之外，還要講到鬼神；這都是孔孟以後的儒家的思想，這都不是孔孟的思想。至於宋儒好講氣形命和鬼神，那更與孔孟的思想隔遠了。宋儒言陰陽必推本太極。周濂溪說：「太極動而生陽，靜而生陰。」朱晦庵解釋道：「太極生陰陽，理生氣也陰陽既生則太極在其中理復在氣之內也。」又說：「太極，形而上之道也。陰陽，形而下之器也。」又說：「天地之間有理有氣。理也者形而上之道也、生物之本也。氣也者形而下之器也、生物之具也。是以人物之生必稟此理、然後有性。稟此氣、然後有形。」周濂溪的說法，尙是一元論；若朱晦庵的說法，便傾向二元論了。張橫渠言虛與氣，表面上似二元，實際上仍是一元。他不是由無而有的思想，他是由有而無的思想。張橫渠說：「氣之聚散於太虛，猶冰凝釋於水。」又說：「氣之爲物，散入無形，適得吾體；聚爲有象，不失吾常。太虛不能無氣，氣不能不聚而爲萬物，萬物不能不散而爲太虛。」這完全是一種「氣一元論」。張橫渠由氣說到虛，是由有而無；周濂溪由無極而太極，是由無而有。所以周濂溪是「正中偏」的思想，張橫渠是「偏中正」的思想。程明道主張「性卽氣，氣卽性」，也是「氣一元論」的說法，不過和張橫渠又有不同。張橫渠是「偏中正」的思想，他卻是「偏中至」的思想。程明道說：「自家元是天然完全自足之物；若無

所汚壞，卽當直而行之；若小有汚壞，卽敬以治之，使復如舊。所以能使如舊者，蓋爲自家本質元是完足之物。」程明道拿住「自家本質元是完足」的思想去看宇宙，所以看重差別相，所以看重氣這和來布尼疵的單子論有些相髣髴之處。一個單子就是一個宇宙的縮圖，表現自己就是表現宇宙。所以說「自家本質元是完足」程明道惟其看重差別相，看重小的本體，所以說「地亦天也」又說：「今所謂地者，特於天中一物爾」可見他對於「地」的看法是和人家不同的。尼采的思想也是看重「地」的，所以都是「偏中至」的系統。程明道把一切萬物都看做氣，不過有偏正的不同，所以說：「人與物，但氣有偏正耳。獨陰不成，獨陽不生。得陰陽之偏者爲鳥獸草木夷狄；受正氣者人也。」可見他說的都是「氣一元論」宋儒凡愛講氣的，總要講到鬼神。張橫渠說：「鬼神，二氣之良能也。」程明道說：「天地萬物鬼神本無二。」程伊川說：「鬼神，天地之功用，而造化之迹也。」朱晦庵說：「以二氣言，則鬼者陰之靈也，神者陽之靈也。以一氣言，則至而伸者爲神，反而歸者爲鬼。」可見宋儒說氣，總是要說到鬼神的。朱晦庵「一氣」的說法，是從張橫渠得來。張橫渠說：「物之初生，氣日至而滋息；物生旣盈，氣

日反而游散。至之謂神，以其申也；反之爲鬼，以其歸也。」又可見朱晦庵的思想是糅合各方面的思想而成功的。總之，宋儒好言氣，好言鬼神，根本與孔孟的思想相左。孟子所謂氣，是「配義與道」是「集義所生者」，純就人事上說，那裏是宋儒那種虛無漂渺的說法呢？孔孟的思想並沒有談到理氣的區別，宋儒因受了禪家（禪家談偏正、談理事分別、皆是。）和道家（道家談有無相對。）的暗示，遂創爲理氣之說。（樂記天理人欲之說，也有關係。）學者更轉相傳授。於是理氣之辨，遂一發而不可遏，而孔孟的真精神，也就湮沒不彰了。

心性情欲 宋明人論心性情欲的不同，也是很細密的。各家有各家的說法，而言之皆能成理，你又如何分得清楚呢？現在我還是用五位法觀察他們的不同點。周濂溪好講無極太極，關於心性的議論很少。他是看重一個誠字，專從靜止一方面着眼的。所以說：「誠者聖人之本。大哉乾元，萬物資始，誠之源也。乾道變化，各正性命，純粹至善者也。」他是把性當作誠，把性看作「純粹至善」的。就是說誠超越善惡。然則善惡怎樣起來的呢？曰：起於幾。所以說：「誠無爲，幾善惡。」（幾是幾微的意思。幾者，動之微。誠無爲、動有爲、幾便是有無之際。所謂「誠無爲、幾善惡、」便是「正中偏」的思想、便是「無一物處無盡藏」之意。）這是他性論的根核。可見他完全是從「正中偏」

的思想來的。他也講到欲，不過他不主張寡欲，他主張「無欲。」聖學篇說：「聖可學乎？曰：可。有要乎？曰：有。請聞焉。曰：一爲要。一者無欲也。無欲則靜虛動直。靜虛則明，明則通；動直則公，公則溥。明通公溥，庶矣乎！」這種議論，不完全是「正中偏」的思想嗎？張橫渠的看法便不同了。他是着重在氣的。他說：「由太虛有天之名，由氣化有道之名，合虛與氣有性之名，合性與知覺有心之名。」可見他的心性說都和氣有關係。他要由氣說到虛，由「太虛演爲陰陽」說到「由陰陽復歸太虛，」因此建立一個「天地之性與氣質之性。」他總要人家由氣質之性反到天地之性，所以他說：「形而後有氣質之性，善反之，則天地之性存焉。故氣質之性，君子有弗性者焉。」又說：「性於人無不善，繫其善反與不善反而已。」他所以別立一個氣質之性，因爲他的思想是從氣出發；便是從「偏」出發，所以又要反到天地之性，便是「偏中正」的思想。他的天地之性與氣質之性的說法，也許是本之楞嚴經。楞嚴經第四說：「世間諸相雜和。成一體者，名和合性；非和合者，稱本然性。本然非然，和合非合；合然俱離，離合俱非。」張橫渠便借着這段思想，大發其議論。他說：「知太虛卽氣則無無。故聖人語性與天道之極，盡於參

伍之神、變易而已，諸子淺妄有有無之分，非窮理之學也。」他由氣質之性說到「變化氣質」，以爲變化氣質，則與虛心相表裏；不至爲氣所使，不至走入於「氣之偏」。所以說：「人之剛柔緩急有才有不才，氣之偏也。天本參和不偏，養其氣，反之本而不偏，則盡性而天矣。」他這種變化氣質說，影響於程朱不小。程明道也看重氣，可是他的思想，比張橫渠更進一步。因爲他是主張「偏中至」的。他說：「生之謂性，性卽氣，氣卽性，生之謂也。」張橫渠尙痛罵「以生爲性」的，張橫渠說。「以生爲性、旣不通晝夜之道、且人與物等。故告子之妄、不可不詆。」他卻逕直的主張「生之謂性」了。可是他說的「生之謂性」和告子說的「生之謂性」大有不同。告子說「生之謂性」，是就「生」說；他說「生之謂性」，是就「氣」說。毋異於說「氣之謂性」。善惡由於氣稟不同，而氣卽是性，所以說：「善固性也，然惡亦不可不謂之性也。」普通人把「性」說得太玄妙，他卻老實的說：「人生而靜，以上不容說。纔說性時，便已不是性也」。這是說談到性時，便已不是性，乃是氣；可是專談氣不談性，又恐易於混淆。於是不得不取「生」爲「性」之界說。所以他說：「論性不論氣，不備；論氣不論性，不明；二之則不是。」這完全是一種「偏中至」的看法。到了程伊川的手裏，這種

心性的看法，便完全變了。程伊川和程明道正走的相反的一條路。程明道處處着重在氣，程伊川便處處着重在理。一個主張「氣一元論」，一個便主張「理一元論」。一個是「偏中至」的思想，一個便是「正中來」的思想。關於心性的說法，到了程朱的手裏，便複雜起來了。程伊川說：「心也性也，天也，一理也。自理而言謂之天，自稟受而言謂之性，自存諸人而言謂之心。」又說：「在天爲命，在物爲理，在人爲性，主於身爲心，其實一也。」這完全是「理一元論」的說法。他也好講氣質之性，可是他的講法，和張橫渠大不同。因爲張橫渠的思想，是從「氣」出發，他是從「理」出發的。張橫渠說氣質之性是實有的，所以要人家「善反」；程伊川說氣質之性是幻有的，根本不成其爲性。因爲「性出於天」，「性卽是理」，性沒有不善的，又何必講到「善反不善反」呢？孔子說：「性相近也，習相遠也。」程伊川解釋道：「此言氣質之性，非言性之本也；若言其本，則性卽是理，理無不善，孟子之言性善是也，何相近之有哉？」這段話是把孟子和孔子拆開。孟子說的是性，孔子說的不是性。程伊川自己先立定一個「理一元論」的主張，遇到孟子說性善，便說是性之本，遇到孔子說性相近，便只好說是氣質之性。朱

晦庵也附和其說。這不是拿程朱解孔孟，乃是拿孔孟解程朱，這是何等可笑的伎倆啊！孔孟的思想，專注重人事，程朱的思想專發明天理，又何能併爲一談？孔子言性相近，孟子言性善，都是就人性說，並非就天理說，有甚麼「性之本」與「非性之本」的區別呢？陳澧有一段話說得好，他說：「性善之說與性相近習相遠正相發明。心之所同然者何也？謂理也，義也。性善也。聖人先得我心之所同然耳。性相近也。富歲子弟多賴，凶歲子弟多暴，非天之降才爾殊也，其所以陷溺其心者然也。習相遠也。所欲有甚於生者，所惡有甚於死者，性善也。非獨賢者有是心也，人皆有之。性相近也。賢者能勿喪耳。習相遠也。雖存乎人者豈無仁義之心哉。性善也。平旦之氣，其好惡與人相近也者幾希。性相近也。梏之反覆，則其違禽獸不遠矣。習相遠也。孔孟之言，若合符節也，」東塾讀書記卷三。又衞嵩說：「孔子所謂相近，即以性善而言。若性有善有不善，其可謂之相近乎？如堯舜性者也，湯武反之也。若湯武之性不善，安能反之以至於堯舜耶？湯武可以反之，即性善之說；湯武之不即爲堯舜而必待於反之，即性相近之說也。孔孟之言一也。」顧炎武日知錄卷七。又崔述說：「大抵……程子之論，其於性皆實有所見，而措語皆不能無

疵。謂有理義之性，有氣質之性，何若謂有性之理義，有性之氣質，不分性而二之之爲善也。謂上焉者善，下焉者惡，亦何若孔子以知愚分上下之爲得宜也。學者當取信於孔孟之言；不必以先儒之說爲疑也。」（孟子事實錄卷下。）這樣看來，孔孟的性論，自成一個系統，又何可厚孟而薄孔呢？（近人崔適說：「程朱之言性也，援孟子以繩孔子，而性近之旨，不免改頭換面矣。出己說以贊孟子，而性善之旨，亦去實蹈空，析一爲二矣。不但非孔子所謂性，亦非孟子所謂性也。」（論語足徵記。）也是說程朱有意厚孟薄孔。）程伊川、朱晦庵「截氣質爲一性，言君子不謂之性；截理義爲一性，別而歸之天，以附合孟子。」（戴東原孟子字義疏證卷三。）這都是一種自護的手段。張橫渠謂「氣質之性，君子有弗性者焉，」是維護「偏中正」的系統；程朱「截氣質爲一性，言君子不謂之性，」是維護「正中來」的系統。所以程朱所說的氣質之性，和張橫渠所說的氣質之性，又有不同。朱晦庵關於心性情欲的講法，比周張二程都要細些。不過他仍舊是接着程伊川的系統。他也抱定「性卽理」的主張。他說：「性卽理也一語，自孔子後無人見得到此。伊川此語，直是顚撲不破。性卽是天理，那得有惡？」可見他把程伊川看作孔子後第一人。程伊川好講氣質之性，他便擴大爲「人心道心」之說。亞夫問：「氣質之說，起於何人？」朱晦庵說：「此起於張程。某以爲極

有功於聖門，有補於後學」。 他拿住氣質之說，專做些「有功聖門」「有補後學」的工作，完全出於張程的暗示。他在中庸序上說：「心之虛靈知覺，一而已矣。而以為有人心道心之異者，則以或生於形氣之私，或原於性命之正，而所以知覺者不同。是以或危殆而不安，或微妙而難見耳。然人莫不有是形，故雖上智不能無人心；亦莫不有是性，故雖下愚不能無道心。二者雜於方寸之間，而不知所以治之，則危者愈危，微者愈微，而天理之公卒無以勝夫人欲之私矣。」 這段話注重在統制人心回向道心，尅去人欲之私，以彰天理之公。便是說要由「氣質之性」見到「本然之性」。這種見解，所受張程的暗示很不小。不過他和程伊川所講的氣質之性，畢竟與張橫渠有別。便是張橫渠的氣質之性，專就氣言，他和程伊川卻是以理雜氣而言。（就這點而論，他和程伊川都有理氣二元論的色彩。不過朱晦庵理氣二元論的色彩更濃。） 他講心講情欲，也是從張程得來；可是比他們講得更細。程伊川說：「主於身為心。」張橫渠說：「心統性情者也。」他便拿住這點、發揮心、性、情、欲、的關係。他說：「性是未動，情是已動，心包得已動未動。」又答張敬夫的信說：「心者所以主於身，而無動靜語默之間者也，立其靜也，事物未至，思慮未萌，而一性渾然，道義全具，

其所謂中，乃心之所以為體，而寂然不動者也。及其動也，事物交至，思慮萌焉，則七情迭用，各有攸主，其所謂和，乃心之所以為用，感而遂通者也。」這兩段話裏面所說的已動未動，所說的中和，固然雜些周易中庸的思想，但骨子裏何嘗不是受了程伊川的暗示？（程伊川說：「天下之理，原無不善。喜怒哀樂之未發，何嘗不善。發而中節，往往無不善。發而不中節，然後為不善。」）他又講到欲，也夾些程伊川的議論。（程伊川說欲由於氣稟之濁，朱晦庵亦然。）關於心性情欲，他有一段最精切的譬喻，說：「心，譬水也，性，水之理也；性則水之靜，情則水之動，欲則水之流而至於泛濫者也。」總之，他的思想大半是接着程伊川的系統，所以我說他是偏重「正中來」的。（他本有「理氣二元論」的嫌疑，不過我看他仍注重「理一元論」。）至講到陸象山、王陽明關於心性的看法，那簡直是另外一種法門。既和張橫渠、程明道的「氣一元論」有別，也和程伊川、朱晦庵的「理一元論」不同。他們不講理氣的區別，更不講人心道心與天理人欲的差異。論到心性情欲的關係，他們差不多看作是一件東西。所以陸象山說：「心一心也，理一理也；至當歸一，精義無二。此心此理，實不容有二。故夫子曰：吾道一以貫之。孟子曰：夫道一而已矣。」陸象山的說法，果然是高妙，可是牽扯到孔子的一貫，孟子的道一，就不知他玩的甚麼法寶。王

陽明之學雖多少和陸象山有關係，卻是比陸象山高多了。他也主張「心卽理，」可是比陸象山說得精切。他說：「理一而已。以其理之凝聚而言，則謂之性；以其凝聚之主宰而言，則謂之心；以其主宰之發動而言，則謂之意；以其發動之明覺而言，則謂之知；以其明覺之感應而言，則謂之物。故就物而言謂之格；就知而言謂之致；就意而言謂之誠；就心而言謂之正。正者、正此也；誠者、誠此也；致者、致此也；格者、格此也；皆所謂窮理以盡性也。天下無性外之理，無性外之物。」（答羅整庵書。）又說：「身之主宰便是心；心之所發便是意；意之本體便是知；意之所在便是物。……所以某說，無心外之理，無心外之物。」（傳習錄上。）又說？「夫物理不外於吾心；外吾心而求物理，無物理矣；遺物理而求吾心，吾心又何物耶？心之體，性也；性卽理也。……外心以求理，此知行之所以二也。求理於吾心，此聖門知行合一之義。」（答顧東橋書。）王陽明拿住「心卽理」「性卽理」去講良知，去講知行合一的哲學，宜乎根柢要比別個厚些。不過他講良知，表面上講的是心卽理，性卽理，骨子裏卻是講的心卽禪，性卽禪。他的詠良知的詩說道：「莫道聖門無口訣，良知兩字是參同。」所謂「參同，」不是石頭希遷的禪的境界嗎？他答陸元靜的書，

說道：「良知者，心之本體，卽前所謂恆照者也。」又答南元善的書，說道：「良知之昭明靈覺，圓融洞澈，廓然與太虛同體。」又答鄒謙之的書，說道：「良知二字，眞吾聖門正法眼藏。」把良知講作「恆照」，與宏智正覺的「默照」，又有甚麽區別呢？（參看上面所講宏智正覺的默照。）謂良知「圓融洞澈」，「眞吾聖門正法眼藏」，這完全是援儒入禪的伎倆，那裏是講孔孟的心性呢？顧炎武謂：『論語一書，言心者三：曰「七十而從心所欲，不踰矩。」曰「回也其心三月不違仁。」曰「飽食終日，無所用心。」乃操則存，舍則亡之訓，門人未之記而獨見於孟子。夫未學聖人之操心，而驟語夫從心，此卽所謂飽食終日無所用心，而旦晝之所爲有梏亡之者矣。』（日知錄卷十八。）孔子明明叫人「用心」，那裏是王陽明所說的「恆照」呢？孟子更把心說得透澈，他以爲「心之官則思，思則得之，不思則不得也。」又那裏是王陽明所說的「心自然會知」呢？（宋明儒者喜飾易傳何思何慮之說，以不假思索爲自然，以默坐澄觀爲證道，都是些援儒入釋的伎倆。）他論善惡也和人家不同。黃直問他道：「先生嘗謂善惡只是一物，善惡兩端如冰炭相反，如何謂只一物？」王陽明答道：「至善者心之本體。本體上才過當些子，便是惡了。不是有一個善，卻又有一個惡來相對也。故善惡只是一物。」可見他論善惡，

和程朱比較起來，另是一個境界。他論七情，比論善惡更是玄妙。陸原靜問他道：「昔周茂叔每令伯淳尋仲尼顏子樂處，敢問何樂也？與七情之樂，同乎否乎？若同，則常人之一遂所欲，皆能樂矣，何必聖賢？若別有真樂，則聖賢遇大憂大怒大驚大懼之事，此樂亦在否乎？且君子之心常存戒懼，是蓋終身之憂也，惡得樂？……今切願尋之。」王陽明答道：「樂是心之本體，雖不同於七情之樂，亦不外於七情之樂。雖則聖賢別有真樂，而亦常人之所同有。但常人有之而不自知，反自求許多憂苦，自加迷棄。雖在憂苦迷棄之中，而此樂又未嘗不存。但一念開明，反身而誠，則即此而在矣。」（答陸原靜書。）王陽明對情欲的說法，幾乎比禪家還要細，無怪日本的禪宗竟雜入陽明之說，弄成一種反客為主的局面。李翱說：「視聽昭昭，而不起於見聞斯可矣。」（復性書中。）這不是「雖不同於七情」「亦不外於七情」嗎？臨濟義玄的四料簡最後一種境界是「人境俱不奪。」（參看本書二六〇頁。）這不是「聖賢別有真樂，而亦常人之所同有」嗎？常人對於七情，常起執着，故為七情所困，其實執着一去，又有甚麼困縛呢？所以說：「常人有之而不自知，反自求許多憂苦，自加迷棄。雖在憂苦迷棄之中，而此樂又未嘗不存。」天台宗言三

止三觀，（三觀者空、假、中。三止者體眞、方便隨緣、息二邊分別。）其意欲融通三觀，逐事見眞，隨法皆見實相、般若，乃至一花一葉，無非中道。這種思想，很與禪宗的思想相通。賢首宗言事事無礙，似更進於天台。（天台的空觀、約當華嚴的理法界。天台的假觀、約當華嚴的事法界。天台的中觀、約當華嚴的理事無礙法界。但華嚴更進一步、要談到事事無礙法界。）其言一攝一切，一卽一切，亦多與禪家的思想相合。不過牠們都只就總相通相言，並沒有顧到別相的無量三昧。似乎還要輸禪學一籌。王陽明的禪學像很能見到這步，所以談心性，談七情，談得異常透澈。雖然所談的心性情欲，不是孔孟的心性情欲，可是比孔孟談得精細。所以我說：他完全是一種「兼中到」的功夫。宋明理學家關於心性情欲的看法，大略如上。總之，從五位說觀察他們思想的不同，總可以找出幾分眞相。宋儒多援釋入儒，明儒多援儒入釋，都不是孔孟的思想。宋儒明儒所談的理氣心性，也夾入許多道家的說法，可是他們表面上都不承認，並且還加以譏評，正如譏評釋家一般。宋儒學問最博的是朱晦庵，明儒識解最高的是王陽明。現在請略述他們兩人的人生哲學。

朱熹 朱晦庵的哲學，可以說是集周張二程之大成。他的哲學所以帶有理氣二

元的色彩，也就因爲他學問的方面太廣闊。他做學問的方法，是本着大慧宗杲的教旨，先慧而後定。宋史敘朱晦庵爲學，謂「大抵窮理以致其知，反躬以踐其實，而以居敬爲主。」朱熹傳。所謂窮理與居敬，便是慧與定的功夫。朱晦庵借大學「格物致知」一段，發揮先慧後定的道理。他說：

所謂致知在格物者，言欲致吾之知，在卽物而窮其理也。蓋人心之靈，莫不有知，而天下之物，莫不有理。惟於理有未窮，故其知有不盡也。是以大學始教，必使學者卽凡天下之物，莫不因其已知之理而益窮之，以求至乎其極；至於用力之久，而一旦豁然貫通焉；則衆物之表裏精粗無不到，而吾心之全體大用無不明。此謂物格，此謂知之至也。大學補傳。

自來講「格物致知」的，不知有多少家，可是沒有不借「格物致知」四字來維護自家的系統。朱晦庵是做先慧後定的功夫的，所以把格物解作「窮理」，是主張「致知在格物」。王陽明是做先定後慧的功夫的，所以把格物解作「事事物物皆得其理」，髣髴是主張「格物在致知」。王陽明答顧東橋書說。「鄙人所謂致知格物者，致吾心之良知於事事物物也。……致吾心良知之天理於事事物

物、則事事物物皆得其理矣。朱晦庵把「格物」的格字解作「至」字，便是說：「窮至事物之理，欲其極處無不到，」是由此處往彼處的意思。王陽明把「格物」的格字解作「正」字，如孟子「格君心之非」之格，便是說「意誠則心自正，」是由彼處來此處的意思。我以為兩家的說法，都可以成立，但不過表示兩家系統的不同，卻都不是大學上「格物」的本意。本來大學一書，和孔子的關係很淺，也不是曾子自己所作。其理由當別為文論之。崔述洙泗考信錄餘錄上也有論及、但不詳。或者是曾子的私淑者本曾子之意為之。因為曾子主修身，主忠恕。崔述說。「今大學所言、皆忠恕之事。……忠恕二言、大學之道盡矣。」（見洙泗考信錄餘錄。）而大學謂「自天子以至於庶人，壹是皆以修身為本」也有幾分像曾子的口氣。關於「格物」的話，本來不容易講明。如果拿曾子的思想解釋格物，或者要算王陽明的弟子王心齋的解釋比較妥當些。他說：「格如格式之格，即後絜矩之謂。吾身是個矩，天下國家是個方；絜矩則知方之不正，由矩之不正也。是以只去正矩，卻不在方上求。矩正則方正矣，方正則成格矣。故曰物格。吾身對上下前後左右是物，絜矩是格也。其本亂而末治者否矣一句，便見絜矩格字之義。」

又說：「修身、立本也；立本、安身也。後文引詩釋止至善曰：緡蠻黃鳥，止於丘隅。知所以

安身也。孔子嘆曰：於止知其所止，可以人而不如鳥乎？要在知安身也。易曰：君子安其身而後動。又曰：利用安身。又曰：身安而天下國家可保。孟子曰：守孰爲大，守身爲大。失其身而能事其親者，吾未之聞。同一旨也。」（王心齋全集卷一。）把格物解作安身保身，雖似奇特，但和曾子啓手啓足用意卻不相背。所以我認這種解釋或者比較妥當些。現在還是回到朱晦庵的格物。朱晦庵的格物，完全是本着程伊川「今日格一件，明日又格一件」的精神，和近代科學上歸納的研究法很相似。他這種說法，影響於中國學術界很不小。後來由明而清，有許多看重知識看重考證的學派，可以說大半是受了這種格物說的暗示。朱晦庵一面主張格物，換句話說，一面主張窮理；一面又主張居敬。這也是程伊川「涵養須用敬，進學則在致知」的精神。朱晦庵更把這個道理推闡出來。說道：

> 學者工夫，唯在居敬窮理二事。此二事互相發：能窮理則居敬工夫日益進，能居敬則窮理工夫日益密。譬如人之兩足，左足行則右足止，右足行則左足止。（朱子語類。）

窮理是就「知」說，居敬是就「行」說。所以他關於知行也是同樣的看法。他說：

知行常相須。如目無足不行，足無目不見。論先後，知爲先；論輕重，行爲重。（朱子語類卷二。）

又說：

聖賢說知便說行。大學說如切如磋，道學也；便說如琢如磨，自修也。中庸說學問思辨，便說篤行；顏子說博我以文，謂致知格物；約我以禮，謂克己復禮。

不過朱晦庵終究是把「知」看得最重要的。所以他說：

萬事皆在窮理後；經不正，理不明，看如何地持守，也只是空。（上同）

又他答項平父的信說道：

子思以來教人之法，惟以尊德性道問學兩事，爲用力之要。今子靜所說，專是尊德性事；而某平日所論，卻是問學上多了。

可見朱晦庵的工夫，是先知而後行，先窮理而後居敬。和大慧宗杲先慧後定的工夫，正是同樣的次第。大凡天資稍鈍的人，工夫總要牢實些。世間的大科學家，都是用的笨工夫。笨自有笨的好處。有許多人本可望前途有大成就，但結果往往失望，這就原於不笨。因爲要笨才肯幹人家所不能幹、和不願幹的事業。朱晦庵一生的成就，完全

是笨的結果，也可說是笨的報酬。他答江元適的信說道：「熹天資魯鈍，自幼記問言語，不能及人。」又答何叔京的信說道：「熹少而魯鈍，百事不及人。」他惟其常作「百不及人」之想，所以肯專心壹意做「困學」的工夫。（他撰有困學詩。又嘗以困學名其燕坐之室。）但到得後來，豈知他所謂百不及人之處，正是他大過人之處。他臨死的時候，精舍諸生來問病，他勉强起坐說道：「誤諸君遠來，然道理亦止是如此。但相倡率下堅苦工夫，牢固著足，方有進步處。」（朱子年譜卷四）所謂堅苦牢固，便是笨人的口吻，這便是朱學成就的大原因。朱晦庵一生的發明很少。大學語孟中庸所以並重，也是由程伊川開其先路。居敬窮理的功夫，也是本着程伊川的節目。不過他一生的最大不可及處，便是一番整理古書的功夫，這也就是他「堅苦牢固」的恩賜。他常說：「聖賢道統之傳，散在方册，聖經之旨不明，而道統之傳始晦。」（宋史朱熹傳。）他把孔子以前的方册，設法溝通；把孔子以後的方册，又設法訓釋，以完成一個道統。一面又要不失掉自己的思想，並且進一步把自己的思想安排到古書上去。這便是朱子所以成爲朱子的神髓。他既抱定了這樣的宏願，所以不得不拿住「堅苦牢固」的精神。他這種精神的最大表現，便是讀書。他說：

爲學之道，莫先於窮理；窮理之要，必在於讀書。欲窮天下之理，而不卽經訓史册以求之，則是正牆面而立爾。此窮理所以必在乎讀書也。……此數語者，皆愚臣平生爲學艱難辛苦已試之效。竊意聖賢復生，所以教人，不過如此。（甲寅行宮便殿奏劄。）

這是朱晦庵的自白。朱晦庵一生本沒有多大的發明，可是「讀書」一事，不能說不是他一種最大的發明。黃梨洲說：「自周元公主靜立人極開宗；明道以靜字稍偏，不若專主於敬；然亦唯恐以把持爲敬，有傷於靜，故時時提起；伊川則以敬字未盡，益之以窮理之說；而曰：涵養須用敬，進學則在致知。」（宋元學案卷十六。）這段話很能抉出各家的面目。不過朱晦庵更覺得窮理猶是空泛之談，所以又益之以讀書之說。可見宋儒治學的系統，是由靜而敬，由敬而窮理，由窮理而讀書。到了讀書這條路，於是學問始趨於平實。所以他說：「近日學者病在好高。論語未問學而時習便說一貫。孟子未言梁惠王問利，便說盡心。易未看六十四卦，便讀繫辭。此皆躐等之病。」又說：「聖賢議論，本是平易，今推之使高，鑿之使深。」可見他最看重平實的功夫。一般人講朱子之學，都只講到窮理，卻沒卻了他一段讀書的精神。朱子在中國哲學史上的地位，好像康德在

西洋哲學史上的地位一般。朱子是中國哲學之集大成者，康德便是西洋哲學之集大成者。康德哲學的特點是本務觀念，朱子哲學的特點是讀書功夫。現在試將兩人的類似點，約表如左：

	哲學說	心理說	倫理說：理想論	倫理說：方法論	特異點
康德	趨向「現象物如二元論」	純粹理性（理智）實踐理性（情意）	無上命法	排「感性」之人格尊重說	道德律（本務觀念）
朱熹	趨向「理氣二元論」	道心（理智）人心（情意）	天卽理、性卽理	統制「人心」之禁欲說	窮理說（讀書功夫）

朱晦庵所以能看到讀書一步，固然有幾分是大慧宗杲的看話頭參公案的功夫，但也就是他笨的效果。我們從這裏面又可以看到他的人生觀。可以說他是一種「笨的人生觀」和陸象山的「聰明的人生觀」正相反對。他惟其太笨，所以註六經；陸象山惟其太聰明，所以說「六經註我」。朱陸所以異同，這是一個大關鍵。有許多人因爲朱子主敬，遂撰爲朱陸早異晚同之說，殊不知笨人的主敬和聰明人的主敬完全不

同。趙東山的對江右六君子策，程篁墩的道一編，王陽明的朱子晚年定論，把朱陸強而同之。完全是一種私見，宜乎羅整庵有困知記之作，而陳清瀾有學蔀通辯之編嚴格論之，朱陸的造就，同是禪家的影響，不過用力的先後各有不同，朱做先慧後定的功夫，陸便做先定後慧的功夫。朱受看話禪的影響，陸便受默照禪的影響。朱是援釋入儒的工作，陸是援儒入釋的工作。這便是我所見的朱陸的異同。

王守仁 王陽明是接着陸象山的系統，做「默照」的功夫的，卻是比陸象山的境界要高。他雖然根本致力於禪家、道家，卻是所受到宋儒的影響也不小。尤其是所受到程伊川的影響最大。程伊川說：「知之深則行之必至。無有知之而不能行者，知而不能行，只是知得淺。飢而不食烏喙，人不蹈水火，只是知；人爲不善，只是不知。」遺書卷十五。又說：「聞見之知，非德性之知。物交則知之，非內也。今之所謂博物多能者是也。德性之知，不假見聞。」遺書卷二十五。伊川主德性知、見聞知、有謂本之佛教之根本智、後得智、及性得佛性、修得佛性者、尤其是講見聞知的方法、分靜坐、用敬、致知三段、似與佛教戒定慧三學相當。可知伊川受佛法影響甚深。王陽明的知行合一說，何嘗不是從程伊川得來。王陽明專提倡德性之知，所以不看重聞見。關於知行合一的說法，雖人各不同，而

以王陽明所說的爲最警策。他說：

如好好色，如惡惡臭。見好色屬知，好好色屬行。只見那好色時已自好了，不是見了後又立個心去好。聞惡臭屬知，惡惡臭屬行。只聞那惡臭時已自惡了，不是聞了後別立個心去惡。如鼻塞人雖見惡臭在前，鼻中不曾聞得，便亦不甚惡，亦只是不曾知臭。就如稱某人知孝，某人知弟，必是其人已曾行孝行弟，方可稱他知孝知弟，不成只是曉得說些孝弟的話，便可稱爲知孝弟。又如知痛，必已自痛了，方知痛；知寒必已自寒了；知饑必已自饑了。（傳習錄上。）

又說：

知是行的主意，行是知的功夫。知是行之始，行是知之成。（傳習錄上。）

又答顧東橋的書說道：

知之真切篤實處卽是行；行之明覺精察處卽是知。知行工夫，本不可離。

王陽明的知行合一說和詹姆士的主意說有許多互相發明之處。（日人北昤吉譯詹姆士的實用主義(Pragmatism)爲知行合一論。）詹姆士以爲真理都是起於主觀的情意，並不根於客觀的思考。無論數

學物理化學等等真理的背後，都有一種情意存在宇宙的真理，就是我們人類情意上承認宇宙可以如此解釋的。所以一切具有理性的哲學科學，都有非理性的情意包含在內。這種見解，和王陽明所說的「知是行的主意，行是知的功夫」不正遙相映照嗎？從來心理學界每喜持知、情、意三分法之說，實則自我看來，心理的區分，只是多事。如必欲分析，只可分成能動受動二方面。能動是情意，受動是知，換句話說，能動是行，受動是知。由能動與受動合成心的全體，由知與行合成生活的全體。至於情與意，更完全不能分析，因為同屬行的範圍。如必欲分別立言，或者可說某種心的要素所含的情的成分多，或意的成分多，而決不能看作彼此沒有關係。即知與情意，亦莫不如此，不過關係較淺而已。關於這上面的話，暫不具說。總之，王陽明的知行合一說，不能說在中國心理學界不要發生一種極大的變化；和詹姆士在歐洲心理學界一般。

詹姆士所以能看到知行合一的一步，是出發於醫學與生理學；王陽明所以能看到知行合一的一步，是出發於禪學。王陽明的禪學恐怕在一切宋儒之上。我們由他晚年所講的「天泉證道」便可知道的。他生平立教，不出四句宗旨，便是：

無善無惡是心之體；有善有惡是意之動；知善知惡是良知；為善去惡是格物。傳習錄下。

錢德洪和王汝中爭論這四句宗旨的內容：王汝中以為這四句恐怕不是究竟話頭，因為「心體既是無善無惡，意亦是無善無惡，知亦是無善無惡，物亦是無善無惡。若說意有善有惡，畢竟心亦未是無善無惡」錢德洪便以為不然。他說：「心體原來無善無惡，今習染既久，覺心體上見有善惡在；為善去惡正是復那本體功夫，若見得本體如此，只說無功夫可用，恐只是見耳。」兩人論辯不休，因取決於王陽明。王陽明說：「正要你們來講破此意。二君之見正好相資為用，不可各執一邊。我這裏接人原有此二種。利根之人直從本源上悟入人心本體原是明瑩無滯的，原是個未發之中。利根之人一悟本體，即是功夫，人己內外，一齊俱透了。其次不免有習心在，本體受蔽，故且教在意念上實落為善去惡。功夫熟後，渣滓去得盡時，本體亦明盡了。汝中之見，是我這裏接利根人的；德洪之見，是我這裏為其次立法的。二君相取為用，則中人上下皆可引入於道。若各執一邊，眼前便有失人，便於道體各有未盡。」俱見傳習錄下。我們由王陽明

這段議論，知道他的禪學比宋儒高明，因爲他能夠分別立言。謂利根之人直從本源上悟入，其次由意念上用功夫，把心意二者分得很明白，但又能夠看到心意畢竟是不可分的，這是宋儒所不易看到的境界。王陽明的無善無惡，其實乃不可分別善惡，並非不分別善惡，如張武承所謂「不思善、不思惡」（張武承說。「夫無善無惡、不過如所謂不思善不思惡」。見所著「王學質疑」。）

又王陽明的無善無惡，指未發之中言，實如佛法所云種子。謂善惡法之種子，全是無覆無記性，不可分別善惡，而一發動則有善惡。陸稼書謂「陽明言性無善無惡，蓋亦指知覺爲性。」（見陸稼書集「學術辨中」。）不知陽明并非以知覺爲性，乃由知覺中見性。知覺當是明照之意，有明照則空理自存而無所執；空理卽性，陽明所見，固未易非難。陸稼書的見解，多本之於羅整庵。羅整庵說：「虛靈知覺，心之妙也；精微純一，性之真也。釋氏之學，大抵有見於心，無見於性。」（見「困知錄」羅整庵以心爲用，以性爲體。但又以未發爲體、已發爲用，故說精微純一。）羅整庵與王陽明同時，反對王陽明最力，王陽明又最畏之。（由王陽明答羅整庵書可以見之。）陸稼書便竊取羅整庵知覺非性說以難王陽明。不知整庵之說，亦自有不是處。整庵不辨佛家體用之義，而以種子爲性，不知現行卽由種子起，（參看本書一九七至一九九頁。）心卽是性。佛家之體，卽用

而顯，除昭昭不昧者外，無所見其體。故與此所談者異。似乎但說到用而未及體，故曰：見心不見性。然佛家本旨全不如是。虛靈知覺是現行，精微純一是種子，全是用邊。（參看本書頁二三三。）佛家用功，乃在使精微純一之種子生現行，不是但求所謂種子。種子已經有了，又安用求？（佛家不求性，但即心而見性，有心之妙，則性自具。）但不證理體，必無此用。整庵實未解此義，故不能攻倒陽明。不過陽明亦誤以佛家之用為體，而不自知。陽明認種子為性，其失正與整庵等。陽明所見之意、心、性，與佛家義不相涉。今以表說明如次：

王陽明	意（現行）	心（現行）	性（種子）
佛家	心所（事用）	心（事用）	性（理體）

陽明說性，乃至一切儒家說性，皆就有漏邊說，佛家則就無漏邊說。（參看本書頁二一八。）陽明的良知是現行。陽明學重良知，是其最聰明處，因為他想尋得合理行為的源頭。然有漏方面本無此源頭。有漏境界，執着煩惱未除，一念為善，一念又為惡；即十念百念為善，仍能一念又為惡。良知便是想找到終不為惡的根據。但此種根據，在有漏方面，又那

能尋出呢？致良知，比較的可以做到善人長者，又那能做到聖人一步呢？這就由於不知有「無漏」法的緣故可知陽明的功夫，於中國的禪學或者有契合與發明的地方，而於真佛學則全外行。宋明以來，純真佛學已久不講求，陽明縱敏悟，又豈能無師自覺？總之，儒家說性，純就有漏一邊說，不明無漏；佛家分別二者說。此一、重根本不同。佛家教下以明空理逐漸引生無漏爲究竟，禪家直下明空，欲有漏一變而爲無漏。此又一、重根本不同。教有根據，禪憑思想，或當或否。故依禪不如依教。而宋明儒依稀仿佛之禪，不明有無漏之別，橫生計較，所以愈說愈遠。至於陽明以後諸家，更分不清內外異同乃至說者意旨何在，亦不加計較，亂以心性爲言，其內容復何足道？這便是宋明儒者所談的心性所以非釋非孔，亦釋亦孔之顚末。所以宋明儒者表面上都是儒家，實際上并不是純粹的儒家。不過嚴格而論，宋儒朱晦庵一派的思想，究比明儒王陽明一派的思想與儒家爲接近。朱晦庵所講的「性卽理，」尚守着儒家的面目，王陽明所講的「心卽理，」簡直不是儒家的面目了。性卽理與心卽理的區別，請以次圖明之。

朱晦庵……性卽理——心外求理（求理於天地萬物。）——心合於性（性爲大宇宙、心爲小宇宙、務使心合於性。）——盡心知性——重開見——先知後行

王陽明……心卽理——心內求理（求理於吾心。）——心卽是性（心性同一、宇宙心之體、性也、心本與性合、不必求合。）——明心見性——不重開見——知行合一

宋儒言性卽理，明儒言心卽理，何嘗是孔子的思想，然而他們總要假託爲孔子的思想；何嘗不取釋家的思想，然而他們總要故意撇開釋家的思想。陸稼書說：「陽明以禪之實而託於儒，其流害固不可勝言矣。然其所以爲禪者如之何？曰明乎心性之辨則知禪矣，知禪則知陽明矣。」（見「學術辨中」。又陳清瀾「學蔀通辯」續編說。「或曰。陽明講學、每謂知行合一、行而後知、深識朱子先知後行之說、知何。曰。陽明莫非禪也。聖賢無此教也。聖賢經書、如曰。「知之非艱、行之維艱」。曰。「知至至之」。曰。「知及仁守、博文約禮、知天事天」之類。未易更僕數。而中庸哀公問政章、言知行尤詳、何嘗有知行合一、行而後知之說也。惟禪宗之教、然後存養在先、頓悟在後。求心在先、見性在後。磨煉精神在先、鏡中萬象在後。故曰行至水窮山盡處、那時方見本來眞。此陽明知行合一、行而後知之說之所從出也。大抵陽明翻騰作弄、橫說、豎說、誑嚇衆生、無一字不源於佛。」）又豈惟陽明，卽晦庵亦何莫不

然？空谷景隆說：「宋儒深入禪學，以禪學性理，著書立言，欲歸功於自己，所以反行排佛，設此暗機，令人莫識也。如是以佛法明擠暗用者，無甚於晦庵也。」（見所著「尙直編」序。）可見晦庵陽明都犯有同樣的毛病。宋明儒者何以要明擠暗用呢？因爲都想表示能自出心思，發見孔孟的微言大義；然孔孟的微言大義只有此數，故不得不借禪以實之。譬如孟子言良知，只是從感情上立論，所謂「孩提之童，無不知愛其親，及其長也，無不知敬其兄。」但到了王陽明的手裏，就變爲「知善知惡」，更進至「無善無惡」。雖然比孟子講得細些，卻完全不是孟子的「良知」了。又譬如孔子言「一貫」，只是從忠恕上立論，但到了朱晦庵手裏，就變爲「一理渾然，泛應曲當」。雖然也比孔子講得細些，卻又完全不是孔子的「一貫」了。可見晦庵陽明一般人，都無非想借禪擴大自己的領域。宋明儒者又何以要張膽明目的排佛呢？因爲中國人向來有一種排異端的習氣，而自韓退之以後，排異端的習氣更深，尤其是排佛老。所以到了宋明儒，也都一例排佛老。而其所以排佛老之故，便是因爲佛老不重「人倫日用」，而孔孟卻是專講人倫日用的；佛老不重外的功夫，而孔孟卻是偏重外的功夫的。尤其是佛法，不重世俗知

見，孔孟卻特重世俗知見，故孔孟的觀點與佛法的觀點完全不同。總之，宋明儒者表面上表彰孔孟，實際上只是表彰佛法，其排佛謗佛，都無非是一種掩耳盜鈴之計。宋明儒者對於老莊，也是出於一種同樣的伎倆。程伊川說：「正敬一生，不曾看莊列佛書。」這完全是自欺欺人之語。程伊川不是莊列佛書的影響又何能取得宋明儒者的領袖的地位。吾認程伊川的思想在宋明儒者中為特出，晦庵陽明諸人的造就，莫不受到伊川的影響。伊川尚且諱言莊列佛書，其他更有何說？伊川之兄明道，曾「出入於老釋幾十年，」但他排老釋的習氣也很深。所以說：「楊墨之害，甚於申韓；佛老之害，甚於楊墨。」其實他的功夫，又何嘗不是佛老的影響？不過他所受於老莊的影響，恐怕比他所受於佛法者更深。他講仁是講得最有聲色的。在宋儒中要推他為第一人。他說：「仁者以天地萬物為一體。」又說：「學者須先識仁，仁者渾然與物同體，義禮智信皆仁也。」（識仁篇。）所謂「渾然與物同體，」不是老莊「人物一體」的思想嗎？其後朱晦庵講仁，王陽明講仁，都是本着這個旨趣。晦庵說：「天地以生物為心者也，而人物之生又各得夫天地之心以為心者也。故語心之德，雖其總攝貫通無所不備，然一言

以蔽之，則曰仁而已矣。」又說：「仁義禮智，而仁無不包。」（仁說。）這不是本着明道的旨趣，而從老莊的思想去講仁嗎？陽明的思想更爲顯然。陽明說：「是故見孺子之入井，而必有怵惕惻隱之心焉，是其仁之與孺子而爲一體也。孺子猶同類者也，見鳥獸之哀鳴觳觫，而必有不忍之心焉，是其仁之與鳥獸而爲一體也。（此二段當是從楊慈湖得來。慈湖說：「見牛觳觫、誰無不忍之心。見孺子匍匐將入井、誰無往救之心。是謂仁義之心、是謂良心。」（理學宗傳）陽明良知之說、已在此處得到一個啓發。）鳥獸猶有知覺者也，見草木之摧折，而必有憫惜之心焉。是其仁之與草木而爲一體也。草木猶有生氣者也，見瓦石之毀壞而必有顧惜之心焉，是其仁之與瓦石而爲一體也。」（見大學問。）這不又是本着明道的旨趣，而從老莊的思想去講仁嗎？東郭子問莊子道惡乎在？莊子說：道在螻蟻，在稊稗，在瓦甓。陽明對於仁的看法，和莊子對於道的看法又有甚麼區別呢？這樣看來，宋明儒者暗用佛法而明擠佛法，暗用老莊而明擠老莊，這都是不忠於所學之證。這種流弊，至陽明遂達於頂點。

上面說了許多不大相干的話，現在歸到本題。王陽明講良知，講致良知，講親民，講格物，凡發表在大學問上面的，雖不免支離混沌種種弊病，卻也自有一段精神。王陽

明一生的造就，不出三種影響：一，禪道的影響；二，陸象山楊慈湖的影響；三，程朱的影響。就中以禪家的影響爲最大，次之便是楊慈湖的影響，而皆發表於大學問。禪家的影響，上面已有說明，現在請略述楊慈湖的影響。楊慈湖的己易與絕四記，雖不見得有甚麼驚人的見解，卻是比陸象山要進一步。楊慈湖的「不起意」，與其所以發明本心之處，比陸象山要精密多了。楊慈湖說：

何謂意？微起焉皆謂之意，微止焉皆謂之意。意之爲狀，不可勝窮。……然則心與意奚辨？是二者未始不一，蔽者自不一。一則爲心，二則爲意；直則爲心，支則爲意；通則爲心，阻則爲意。直心直用，不識不知。……孟子明心，孔子毋意，意毋則此心明矣。心不必言，亦不可言。……言亦起意，聖人尚不欲言，恐學者又起無意之意也。離意求心，未脫乎意，直心直意，匪合匪離。周公仰而思之，夜以繼日，非意也；孔子臨事而懼，好謀而成，非意也。……鑑未嘗有美惡，而亦未嘗無美惡；鑑未嘗有洪纖，而亦未嘗無洪纖。吾心未嘗有是非利害，而亦未嘗無是非利害。人心之妙；曲折萬變，如四時之錯行，如日月之代明，何可勝窮，何可形容？（絕四記。）

這段文章，所以發明本心，可謂至矣盡矣。雖然他借着孔孟發揮一些禪理，可是中國講內的學問之所以發達，實在是他造成的局面。在他眼中看來，無往非內，無往非本心，只怕功夫不純熟，便不免動於意了。所以他說：「孔子莞爾而笑，喜也，非動乎意也；曰：野哉由也，怒也，非動乎意也；哭顏淵至於慟，哀也，非動乎意也。」從不起意說明本心，從非外說明內，這是他學說上的特別色彩。他在己易上有一段也發揮得很透澈。他說：

> 自生民以來，未有能識吾之全者。惟覩夫蒼蒼而清明而在上，始能言者名之曰天；又覩夫隤然而博厚而在下，又名之曰地。清明者，吾之清明；博厚者，吾之博厚；而人不自知也。人不自知，而相與指名，曰彼天也，彼地也。如不自知其為我之手足，而曰：彼手、彼足也。如不自知其為己之耳目鼻口，而曰：彼耳目也，彼鼻口也。……不以天地萬物萬化萬理為己，而惟執耳目鼻口四肢為己；是剖吾之全體而裂取分寸之膚也，是梏於血氣而自私也，自小也。非吾之軀止於六尺七尺而已也。……姑即七尺而細究之；目能視，所以能視者何物？耳能聽，所以能聽者何物？

口能噬，所以能噬者何物？鼻能嗅，所以能嗅者何物？手能運用伸屈，所以能運用伸屈者何物？足能步趨，所以能步趨者何物？血氣能周流，所以能周流者何物？心能思慮，所以能思慮者何物？目可見也，其視不可見；耳可見也，其聽不可見；口可見，噬者不可見；鼻可見，嗅者不可見；手足可見，其運動步趨者不可見；血氣可見，其使之周流者不可見；心之臟可見，其能思慮者不可見。其可見者，有大有小，有彼有此，有縱有橫，有高有下，不可得而一？其不可見者，不大不小，不彼不此，不縱不橫，不高不下，不可得而二。視與聽若不一，其不可見則一；視聽與噬嗅若不一，其不可見則一；運用步趨周流思慮若不一，其不可見則一。是不可見者在視非視，在聽非聽，在噬非噬，在嗅非嗅，在運用伸屈非運用伸屈，在步趨非步趨，在周流非周流，在思慮非思慮。視如此，聽如此，噬如此，嗅如此，運用如此，步趨如此，周流如此，思慮如此，不思亦如此，晝如此，夜如此，寤如此，寐如此，生如此，死如此，天如此，地如此，日月如此，四時如此，鬼神如此，行如此，止如此。古如此，今如此，前如此，後如此，彼如此，此如此，萬如此，一如此，聖人如此，衆人如此。自有而不自察也，

終身由之而不知其道也。

這段話發揮得何等透澈！本來沒有甚麼驚人的見解，但在發明本心，發明內的工夫的重要，可以說是前無古人。王陽明的良知說，與其說是出發於陸象山，毋寧說是出發於楊慈湖。王陽明好說未發之中，中節之和，完全是出於楊慈湖的本心說、不起意說的誘導。陽明的正心誠意說，更與慈湖暗相吻合。陽明說：

然心之本體則性也，性無不善，則心之本體本無不正也，何從而用其正之之功乎？蓋心之本體本無不正，自其意念發動而後有不正。故欲正其心者，必就其意念之所發而正之，凡其發一念而善也，好之真如好好色；發一念而惡也，惡之真如惡惡臭，則意無不誠而心自正矣。……致知云者，非若後儒所謂充廣其知識之謂也，致吾心之「良知」焉耳。良知者，孟子所謂「是非之心，人皆有之」者也。是非之心，不待慮而知，不待學而能，是故謂之良知。是乃天命之性，吾心之本體，自然靈昭明覺者也。凡意念之發，吾心之良知，無有不自知者：其善歟？惟吾心之良知自知之；其不善歟？亦惟吾心之良知自知之，是皆無所與於他人者也。（大學問。）

楊慈湖駁大學的「正心」說道：「心本不邪焉用正？」王陽明就拿住這點發表一篇大學問，我們由這段文章很可以看出他所受到楊慈湖的啓發不少。楊慈湖從不起意說到本心，王陽明便從意念之發動說到良知，都是由心意二字開闢世間一切妙理。楊慈湖的用力處是「不起意」，王陽明的用力處是「致良知」所以我說王陽明所受到楊慈湖的影響也很大。王陽明的私淑者胡正甫，我恐怕也是受到楊慈湖的影響。

胡正甫專致力於內，不認有外；（胡正甫謂「吾心者所以造天地萬物者也」。與王陽明「人心之理卽天地萬物之理」的說法又有不同。）其實此種說法，楊慈湖已開其端緒。楊慈湖說：「清明者吾之清明；博厚者吾之博厚。」這與胡正甫對於宇宙的看法又有甚麼不同呢？所以楊慈湖我認爲是講「內的功夫」的最關重要的一人。不過講的最細，一面講內，而又處處不遺外的，便不能不推王陽明。

王陽明除掉心之外，總要顧到一個理。我們由他講致知格物便可以看到。他說：

「鄙人所謂致知格物者，致吾心之良知於事事物物也。吾心之良知，卽所謂天理也。致吾心良知之天理於事事物物，則事事物物皆得其理矣。致吾心之良知者，致知也；事事物物皆得其理者，格物也。是合心與理而爲一者也。」（答顧東橋書）

雖然他講的不大合於論理，卻是他能牢守着「一氣相通」之旨，所謂「我與天地萬物一氣流通」「吾心之理卽天地萬物之理。」他一面講內，一面又不遺外，所以他的學說能够在朱陸之後盛行一時。我們現在講到他的人生哲學，便須知道他有此段特別的精神。這便是梁漱冥先生所謂「雙的路。」梁君是最服膺陽明的。他由陽明的思想去講孔子，可以說是「陽明復活，」幷不是「孔子復活。」他說：「孔子……不直接任一個直覺，而爲一往一返的兩個直覺；此一返爲回省時附於理智的直覺。……他不走單的路，而走雙的路。單就怕偏了，雙則得一調和平衡。」（「東西文化及其哲學」頁一四四。）梁君總要說到孔子是走「雙的路，」其實是陽明走「雙的路。」梁君偏說走「雙的路」的，是孔子的人生哲學，其實走「雙的路」的是陽明的人生哲學。陽明所談的是「禪，」卻要想方設法去撇開「禪，」所以加上一個「理，」所以說「心卽理，」這便是陽明走「雙的路」的原因。總之，王陽明講內，卻處處不遺外；朱晦庵講外，卻處處不忘內，都有一番苦心，都是想藉禪道二家擴大自己的領域。所以要研究宋明哲學，便不能不於禪道二家先有一番研究。現在將禪道以及孔孟而下各儒家的心、性、理、氣之談，括爲一表如左。

各家	道家	儒家
	老　莊	孔
心	老子曰:「心善淵。」又曰:「虛其心,」「渾其心,」「我愚人之心也哉?」又曰:「聖人無常心,以百姓心爲心。」莊子人間世篇曰:「虛者心齋也。」又庚桑楚篇曰:「靈臺者有持而不知其所持而不可持者也。」老莊言心,一任虛渾,毫不執持。後世宋明儒言心,多襲取其義。	孔子曰:「飽食終日,無所用心。」又曰:「操則存,舍則亡,出入無時,莫知其鄉,惟心之謂歟?」孟子曰?「心之官則思,思則得之,不思則不得也。」可見孔孟言心,主思主用,與宋明儒默坐
性	老子曰:「歸根曰靜,是曰復命。」莊子繕性篇曰:「危然處其所而反其性。」又曰:「離道以善,險德以行,然後去性而從於心。」又曰:「文滅質,博溺心,然後民始惑亂,無以返其性情而復其初。」可見老莊認性爲原始狀態,不涉人爲,故主返本復初。	孔子言性相近,孟子言性善,皆就人性說,并非就天理說,與宋明儒者言性根本不同。宋明儒好言生之謂性,性者萬物之源,完全是人物一體的思想,而孔孟却是人貴物賤的思想。孔子
理	老子之「抱一」「無欲,」莊子之「眞君」「眞宰,」一到宋明儒之手,皆易以「理」字,再變爲聖學,淆惑聽聞,莫此爲甚。其實道家言理,一任自然。莊子養生主篇曰:「依乎天理。」又刻意篇曰:「循天之理。」成玄英謂依天理乃「依天然之腠理。」這話甚是。	孟子曰:「心之所同然者,謂理也,義也。聖人先得我心之所同然耳。」此是孟子藉理義發揮性善之旨。可知未至於同然,存乎其人之意見。非理也,非義也。宋儒以理爲如有物,得於天而
氣	老子曰:「專氣致柔,能嬰兒乎?」又曰:「心使氣曰强。」莊子人間世篇曰:「一若志,无聽之以耳,而聽之以心;无聽之以心,而聽之以氣。聽止於耳,心止於符。氣也者虛而待物者也。」老莊意謂心有知覺,猶起攀緣;氣無情慮,虛柔任物。故重氣不重心。	孟子曰:「其爲氣也,至大至剛,以直養而無害,則塞於天地之間。其爲氣也,配義與道,無是餒也。是集義所生者,非義襲而取之也,行有不慊於心則餒矣。」此是孟子一段修養的功夫,與

家	釋家
孟	禪
澄觀者不同。	禪家以湼槃妙心相授受，所謂本來清淨心，即心性清淨，假說爲心也。此心性衆生本具，無待乎傳授，可以相授者惟證此心性之妙慧而已。禪家根據總在於此。即直下發現能證之智慧而已。故禪家所謂心，有二重意義：慧心、以心名心，一也；心性、以性名心，二也。二者可分別言，亦可不分別言。明心見性之說出於此。但後世解者最不能辨別清楚。
言性相近，謂人與人相近。孟子曰：「凡同類者舉相似也，何獨至於人而疑之？聖人與我同類者。」言同類之相似，則異類之不相似，明矣。故謂人性與犬牛之性不同。可見孔孟言性本旨。	法有法性，心有心性，禪家明性，則指心性言也。心性本淨，煩惱所染，去煩惱而心性返其本來，此禪家之依據。如此則心性云者，亦但與煩惱不相應而已，又祇無漏而已。無漏心性爲性，無漏心爲心，本可分別言之，但禪家每又混同言之，故謂無漏心爲性也。此又爲後來解釋最難辨別之一點。
具於心，因以意見當之。於是貴以理責賤，長以理責幼，而理不勝其弊矣。（本戴東原語意）又宋儒舍欲言理，亦與孔孟據欲說理者異。	本是道理之稱，而在中國佛學者則用之與性相混。每曰理事。即相，理則性矣。又心性通稱爲性，法性通稱爲理。要之，此即法爾無執之法性，稱爲理也。華嚴家於理事應用甚繁，詳其意指，皆謂眞爲理，即法性、法空等。禪家用此字，意同。
老莊言氣，宋儒言氣，均有不同。	

新

周濂溪	張橫渠
周濂溪曰:「十室之邑,人人提耳而教且不及,況天下之廣,兆民之衆哉。曰:純其心而已矣。……純心要矣」又曰:「聖賢非性生,必養心而至之。」可見周濂溪已嚴心性之別。	張橫渠曰:「由太虛有天之名,由氣化有道之名,合虛與氣有性之名,合性與知覺有心之名。」可見他的心性說,都和氣有關係。
周濂溪曰:「誠者聖人之本,大哉乾元,萬物資始,誠之源也。乾道變化,各正性命,誠斯立焉。純粹至善者也。故曰:一陰一陽之謂道,繼之者善也,成之者性也。元亨誠之通,利貞誠之復。大哉易也,性命之源乎。」又曰:「性者剛柔善惡,中而已矣。」周濂溪以誠言性,以中言性,完全是正中偏的思想。	張橫渠曰:「人之剛柔緩急,有才有不才,氣之偏也。天本參和不偏,養其氣反之本而不偏,則盡性而天矣。」又曰:「形而後有氣質之性,善反之,則天地之性存焉。」張橫渠總要人由**氣反到性,反到太虛,完**
周濂溪曰:「太極動而生陽,靜而生陰。」朱晦庵釋之曰:「太極生陰陽,理生氣也。陰陽既生,則太極在其中,理復在氣之內也。」是周濂溪以太極言理矣。周濂溪云:「厥彰厥微,匪靈弗瑩。」朱晦庵註曰:「此言理也。陽明陰晦,非人心太極之至靈,孰能明之。」可見周濂溪以太極言理之本旨矣。	張橫渠曰:「天地之氣,雖聚散攻取百途,然其爲理也,順而不妄。」張橫渠之所謂理,不過「順而不妄」之氣而已。顯見他是氣一元論的思想。但既說氣,何以要回到理,此即其偏中正**的主張之顯示。**
周濂溪曰:「二氣五行,化生萬物,五殊二實,二本則一,是萬爲一,一實萬分,萬一各正,小大有定。」朱晦庵謂周濂溪「大抵推一理二氣五行之分合,以紀綱道體之精微。」可見周濂溪已開宋儒談理氣之端。	張橫渠曰:「太虛不能無氣,氣不能不聚爲萬物,萬物不能不散而爲太虛。」又曰:「一物兩體,氣也。一故神,兩故化,此天地之所以參也。」可見他是氣一元論的思想,同時又可見他是**偏中正的思想。**

儒

	程明道	程伊川
	程明道謂「心卽性，性卽心。」又謂「性卽氣，氣卽性。」可見他的心性說，都和氣有關係。	程伊川曰：「心也，性也，天也，一理也。自理而言謂之天，自稟受而言謂之性，自存諸人而言謂之心。」又曰：「在天爲命，在物爲理，在人爲性，主於身爲心，其實一也。」可見他的心性說，都和理有關係。
全是偏中正的思想。	程明道謂「論性不論氣不備，論氣不論性不明，二之則不是。」是純以氣言性，比張橫渠的說法更進一層。	程伊川謂：「性卽理也，天下之理，原其所自，未有不善。喜怒哀樂未發，何嘗不善，發而中節，則無往不善。」可見他完全是正中來的思想。
	程明道謂「吾學雖有所受，天理二字却是自家體貼出來。」但他以爲凡「天下善惡皆天理，謂之惡者非本惡，但或過不及便如此。」他對於理的看法，比他人另是一番境界，這就因爲他是偏中至的思想。	程伊川主張理一元論，謂「凡物上有一理，須是窮致其理。」又謂「人只有一箇天理，却不能存得，更做甚人也。」又謂「天敍天秩，天有是理，聖人循而行之，所謂道也。聖人本天，釋氏本心。」可見他特別看重理與對於理的解釋。
	程明道曰：「人與物，但氣有正偏耳。獨陰不成，獨陽不生，得陰陽之偏者，爲鳥獸草木夷狄，受正氣者人也。」可見他也主張氣一元論，但與張橫渠有別，因爲他是偏中至的思想。	程伊川重性不重氣，謂「氣有善不善，性則無不善也。人之所以不知善者，氣昏而塞之耳。孟子所以養氣者，養之至斯清明純全，而昏塞之患去矣。」可見氣非養不必盡善，而性則無不善，完全是理一元論者的口吻。

家	
朱晦庵	陸
朱晦庵論心性，完全本着程伊川的意旨，不過比較的警切。朱晦庵曰：「心者人之神明，所以具衆理而應萬事者也；性則心所具之理，而天又理之所從以出者也。」又曰：「捨心則無以見性，捨性又無以見心，性是心所有之理，心是理所會之地。」他把心性和理的關係，發揮得異常透闢。	陸象山曰：「心一心也，理一理也，至當歸一，精義無二，此心此理，實不
參看上段。朱晦庵曰「性只是理。」又曰：「性猶太極也，心猶陰陽也。太極只在陰陽之中，非能離陰陽也。然至論太極，則太極自太極，陰陽自陰陽，性與心亦然。所謂一而二，二而一者也。氣之流行，性爲之主；性之流行，心爲之主。」朱晦庵謂太極只是一箇理字，而此以太極喻性，是性卽理矣。朱晦庵處處從性說理，完全是正中來的系統。	
朱晦庵曰：「人之所以生，理與氣而已。天理固浩浩不窮，然非是氣，則雖有是理，而無所湊泊，故必二氣交感凝結生聚，然後是理有所附著。」又曰：「凡物有心，而其中必虛。人心亦然，止這些虛處便包藏許多道理，推廣得來，蓋天蓋地，莫不由此。此所以爲人心之好歟？理在人心，是謂之性。心是神明之舍，爲一身之主宰，性便是許多得之天而具於心者。」朱晦庵以理爲如有物得之天而具於心，遂爲後世戴震攻擊宋學之根據。	參看上段。陸象山曰：「塞宇宙一理耳，學者之所以學，欲
朱晦庵曰：「知覺是心之靈如此，抑氣爲之耶。曰：不專是氣，是先有知覺之理。理未知覺，氣聚成形，理與氣合，便能知覺。」朱晦庵總注重先有知覺之理，與道家重氣不重心者，另是一種境界。	

象山	王陽明
容有二。」陸象山力反程朱之性卽理說，而倡心卽理，是他的識解獨到處。 陸象山不承認朱子道心人心之說，謂「心一也。人安有二心。」	王陽明曰：「心者身之主也，而心之虛靈明覺，卽所謂本然之良知也。」又曰：「良知者心之本體，卽前所謂恆照者也。」又曰：「吾心之良知，卽所謂天理也。」 王陽明以良知言心，專從心之本體推闡一切，完全是一種[illegible]中到的工夫。
明此理，此理之大，豈有限量。」陸象山雖反對朱學，另立一箇系統，而存理去欲之思想，則猶存在，不過去欲之方法有不同耳。後至戴震遂併斥朱陸二氏之說。	王陽明雖闡明心學，但總要顧到一箇理，不過他不主張外心以求理。所以說：「外吾心而求物理，無物理矣。遺物理而求吾心，吾心又何物耶。」王陽明一面講內，一面又不遺外，這是他學說上一種特別的地方。至於存理去欲之思想，尚一仍宋學之舊。所以說：「靜時念念去人欲，存天理，動時念念去人欲，存天理。」故併爲後世戴震所譏。

舊儒家與新儒家的最大不同點，便是舊儒家不雜有禪道的思想，而新儒家則滿參禪道的氣味。至論到人生哲學，似乎新儒家所包孕的人生思想，比舊儒家更豐富。宋明哲學所以有研究的價値，並不在於牠們的本體論的思想，而在於各人所發現的一套生活法。譬如周濂溪發現一套正中偏的生活法，張橫渠發現一套偏中正的生活法，程明道發現一套偏中至的生活法，程伊川發現一套正中來的生活法，這在中國人生哲學史上，要不能說不有一種相當的威權。至朱晦庵、王陽明在中國人生哲學史上的地位，恐怕在孔孟以下，比任何人要高這就因爲他們兩人所發現的生活法更能接受許多的信仰者了。

清代哲學之人生觀

宋明哲學因夾有禪道的思想，所以內容異常複雜，若清代哲學便完全不同了。清代哲學完全在「實用」上、「人欲」上着眼，不似宋明哲學專在「本體」上、「天理」上用工夫，這是一個最大的分歧點。清初諸儒如顧亭林、黃梨洲、王船山、顏習齋諸人，莫不懸實用以爲鵠的，從人欲以言天理。王船山說：「天理卽在人欲之中，無人欲則天理亦無從發現。」（正蒙注。）這是何等大膽的宣言。顏習齋說：「人

之歲月精神有限。誦說中度一日，便習行中錯一日；紙墨上多一分，便身世上少一分。」（存學編。）這是何等篤實的態度。這些議論在宋明哲學裏面是不容易得到的。顏習齋的思想在清代哲學裏面尤爲特出。他不僅反對陸王的心學，並反對程朱的理學。所以說：「必破一分程朱，始入一分孔孟。」這種反宋明哲學的趨勢，後來到了戴東原手裏，遂成功一種簇新的人生哲學。

戴震 清代眞正的哲學家，恐怕只有戴東原一人。戴東原的特別表現，更在於他的人生哲學。他的人生哲學全着重理欲一元論，而一反宋明儒之理欲二元論。他處處闡明生生之理，比較的近於孔子生殖崇拜的思想。他從「生生」釋仁，從「生生而條理」釋禮與義與智。更從此推擴以詮釋元亨利貞。他說：

易曰「天地之大德曰生。」氣化之於品物，可以一言盡也，生生之謂歟！觀於生生可以知仁，觀於其條理可以知禮，失條理而能生生者未之有也，是故可以知義。禮也，義也，胥仁之顯乎！若夫條理得於心，其心淵然而條理，是爲智。智也者，其仁之藏乎！生生之呈其條理，顯諸仁也；惟條理是以生生，藏諸用也。顯也者，化之生

於是乎見；藏也者，化之息；於是乎見生者至動而條理也，息者至靜而用神也。卉木之株葉華實，可以觀夫生；果實之白全其生之性，可以觀夫息。是故生生之謂仁，元也；條理之謂禮，亨也；察條理之正而斷決於事之謂義，利也；得條理之準而藏主於中之謂智，貞也。（原善卷上。）

戴東原的根本思想，全出發於生生與所謂生生而條理；明乎此，方可談戴東原的哲學，方可談戴東原的人生哲學。戴東原說：「生生者化之原，生生而條理者化之流。」這兩句話，包括一部「生的哲學」。戴東原用這樣「生的哲學」的眼光去談性理，談情欲，宜乎比宋明儒要逼進一層。戴東原說：「人之血氣心知本乎陰陽五行者性也。」以血氣心知言性，遂盡破宋儒氣質之性與義理之性之陋說。於是一切仁義禮智莫不與此血氣心知發生極密切的關係。所以他說：「古賢聖所謂仁義禮智，不求於所謂欲之外，不離乎血氣心知。」又說：「仁義禮智非他，不過懷生畏死，飲食男女，與夫感於物而動者之皆不可脫然無之以歸於靜歸於一。」這樣，戴東原的「性」論，豈不是從他的「生的哲學」推闡出來的嗎？其次是戴東原的「理」論。戴東原反對宋儒意見的理，

渾全的理，實物的理，(參看本書三八〇頁)而提出自己對於理的解釋。他說：「理也者情之不爽失也；未有情不得而理得者也。……天理云者，言乎自然之分理也；自然之分理，以我之情絜人之情而無不得其平是也」又說：「心之所同然始謂之理，謂之義，則未至於同然，存乎其人之意見，非理也，非義也。以情不爽失言理，以情得其平言理，以心所同然言理，表面上看來，好像理的內容異常複雜，其實都只是生生與所謂生生而條理之義。這樣，戴東原的「理」論，豈不又是從他的「生的哲學」推闡出來的嗎？戴東原論情欲，也是用同樣的方法。戴東原視欲與性與理爲同物，這是他和宋儒一個絕大的分歧點。宋儒謂欲者性以外之物，而義理者欲以外之物；東原則以爲欲在性中，而義理卽在欲中。人但見戴東原談性談理情欲之異於宋儒，而不知其所以異於宋儒者；人但知戴東原所談的性理情欲近似孔孟，而不知其所以近似孔孟者。宜乎談戴學的愈多，而戴學的真面目乃愈晦。戴東原所以異於宋儒者，其所談性理情欲，所以近似孔孟者，就在於拿住生生條理一個道理。我們從這裏面可以發見他的人生哲學上一段重要的宣言。他說：

人之生也，莫病於無以遂其生。欲遂其生，亦遂人之生，仁也。欲遂其生，至於戕人之生而不顧者，不仁也。不仁實始於欲遂其生之心，使其無此欲，必無不仁矣。然使其無此欲，則於天下之人生道窮促，亦將漠然視之；己不必遂其生而遂人之生，無是情也。……聖人治天下，體民之情，遂民之欲，而王道備。（孟子字義疏證卷上。）

戴東原的人生哲學總括一句話，只是「欲遂其生」至於用怎樣的方法，可以遂其生亦遂人之生，這是戴東原的人生哲學上一個最值得玩味的問題。戴東原既要顧到欲，又要顧到情。因為生養之道雖存乎欲，感通之道卻存乎情。前者所以生生，後者所以生生而條理。（參看原善卷下。）所以他說：「有是身，故有聲色臭味之欲；有是身，而君臣、父子、夫婦、昆弟、朋友之倫具，故有喜怒哀樂之情。惟有欲有情而又可知，然後欲得遂也，情得達也。天下之事，使欲之得遂，情之得達，斯已矣。惟人之知，小之能盡美醜之極致，大之能盡是非之極致，然後遂己之欲者，廣之能遂人之欲，達己之情者，廣之能達人之情。道德之盛，使人之欲無不遂，人之情無不達，斯已矣。」這都是討論「遂其生亦遂人之生」的方法。以遂人之欲達人之情為「遂其生亦遂人之生」的手段，以「遂其生亦

遂人之生」為解決人生問題的指針。這是我所見的戴東原的人生哲學。

清初諸儒的思想，大半走向「解放」一條路上，而自戴東原的「生的哲學」昌明以後，更充滿解放的氣分。正如西方自柏格森輩提倡生命哲學以後，而社會上革命的聲浪日益擴大。不過戴東原的根本思想，真正了解的人太少，終於不曾宣傳下去；而他的研究學問的方法，反在清代發生不小的勢力，這是一種很可怪的現象。嚴格的說，清代一般學問家，總不肯致力於思想，宜乎在人生哲學上的成績多不足觀，這也許有幾分受到政治上的影響罷！

* * * * * *

以上關於中國各派哲學的人生觀，均已分期講明。中國哲學除道家哲學的系統而外，似乎都包含着次述的兩種特色。一，倫理觀念，亦可云道德觀念。儒家哲學，總要盡力發抒倫體觀念；這無論是舊儒家與新儒家，都是如此。他們的結論，總逃不了君臣、父子、兄弟、夫婦、朋友五倫的範圍。戴東原闡發孔門的學說，說道：「就人倫日用而語於仁，語於禮義；舍人倫日用，無所謂仁，所謂禮，所謂義也。質言之，曰，人倫日用；精言

之，曰仁曰義曰禮。」見孟子字義疏證。可見孔門學說是脫不了倫理觀念的。蔡子民先生說道：「儒家一切精神界科學，悉以倫理爲範圍。……曰爲政以德，曰孝治天下，是政治學範圍於倫理也。曰國民修其孝弟忠信，可使制梃以撻堅甲利兵，是軍事學範圍於倫理也。攻擊異教，恆以無父無君爲辭，是宗教學範圍於倫理也。評定詩古文辭，恆以載道述德眷懷君父爲優點，是美學亦範圍於倫理也。」見中國倫理學史緒論。可見儒家哲學沒有不拿倫理觀念做中心的。儒家哲學自孔子以至王陽明，立義不必從同，而所以維持倫理觀念或道德觀念則一。我所以說中國人永是想用道德的方法解決人生，不似西洋隨時代而生變化。參看本書頁三九及頁一六六。二，功利觀念。功利觀念最重的無過於墨子，這層我已有詳細的說明。不過儒家哲學所含的功利的思想亦極濃厚。吳稚暉先生說道：「我國代表學者的孔子，便是一個政論家帶了功利的色彩不少。「誦詩三百，授之以政，不達；使於四方，不能專對；雖多亦奚以爲？」在他雖然別有用意，然「學也祿在其中矣，後之時王卽用爵祿爲激揚學問之具。自射策獻賦，至固定而爲八股制義，二千年久視學問爲敲門磚。此種空氣，依然瀰漫於今日海內外支那入校學侶之

間。』見李石岑講演集吳序。可見儒家的功利思想也是很重的。宋明理學本是道釋二氏混合的產物，但何以畢竟與道釋二氏不同，就因爲宋明理學附加功利的思想不少。宋儒好言性卽理，明儒好言心卽理，本意在談心性，何以要加上一個理字，一可以避免異端之譏議，一可以假借正學的美名；其實都不過迎合國人一種因襲的功利觀念而已。中國人的思想習慣，每視文藝美術等等爲小道末技，而好以「文以載道」相標榜，都是中了功利觀念的流毒。以上所述兩種觀念，在中國思想界雄視了二千餘年，惟其如此，所以哲學上的成績很少，所以不僅科學上沒有甚麼成績，玄學上也沒有甚麼成績。中國的哲學富有玄學上的根據的，只有道家。道家而外，若儒家，若墨家，玄學的思想幷不發達。宋儒好言理氣，好言太極無極，好像都是討論些本體論的問題，其實內容異常粗淺；若比之西洋，便相差很遠了。清代的學者更絕對的不談玄學。所以說西洋哲學的基礎是科學，中國哲學的基礎是玄學，實在是瞎拉瞎湊，與事實完全不相符合。人生觀與宇宙觀有深切的關係，上面多有說明，宇宙觀既沒有精切的研究，便人生觀亦難免自陷於淺陋。道家哲學所以在中國人生哲學上貢獻之大，就因

爲牠的宇宙觀與人生觀能夠合致，能夠交互運用，就因爲牠能夠用創建的原理轉移具體的事實，這豈是看重倫理觀念功利觀念的儒家哲學墨家哲學以及新儒家哲學所能望其項背嗎？惟道家哲學在中國的影響遠不及儒家哲學之大，雖在上流社會頗發生一部分的勢力，而中流及下流社會則全爲儒家所壟斷。這也許是中國人的人生思想不進步的一個重要的原因罷！

現在要論到中國的人生哲學對於第二章所提出的問題如何加以解答？中國人的人生思想，普通一般人說：是自然的，安息的，保守的，因襲的，消極的，依賴的，和平的，妥協的，空想的，直覺的。我以爲這些評論都可承認；不過據我所觀察，中國人的人生思想，究竟是自足的，功利的；似乎以這兩種特質爲顯著。老子說：「知足不辱，知止不殆。」又說：「知其雄，守其雌，爲天下谿；知其白，守其黑，爲天下式；知其榮，守其辱，爲天下谷。」這種自足的思想，在中國人的腦海，確有一種極深的印象。孔子說：「君子無所爭；」「君子矜而不爭。」又說：「泰伯其可謂至德也已矣，三以天下讓；」「能以禮讓爲國乎，何有？」以禮讓不爭爲教，尤爲養成自足的思想之主因。此外如儒家之安貧樂道

說、守分安命說，更足以助長、自足的、思想之、發達。中國人的人生觀。既充滿自足的思想，則對於物質的慾望很發達的現代，又將取怎樣的一種態度呢？我以為中國各家的哲學，都不足以解釋此點。道家主張「無欲」，儒家主張「寡欲」，墨家主張非樂節用，都是排斥物質的慾望的。尤其是儒家的安貧樂道說，想用一種自騙自的方法，以解脫一切現實的物質的壓迫，而求得內心之淡泊的安寧，雖然這種學說別具一番匠心，但在物質慾望發達的現代，實在不易適用。因為一方面蔑視社會物質文明的進步與民衆物質生活的苦痛；一方面又因重視內心生活之故，至於默許掠奪階級之不合理的物質享樂而不思加以矯正。結果使社會益陷於危險，而不可藥救至於守分安命說，更完全是中國老大、不進步的總因。中國人的人生思想，一面受了許多自足的學說的誘導，一面又受了許多主意的學說的督促，（主意一點卻是中國哲學的特色。後當說明。）所以弄成現在一種不發揚的氣象。須知自由非力爭不得，民權非奮鬥不張，人格非進展不完全，社會非革命不進步。我們表面上是爭物質的滿足，裏面卻是爭人道的完成；表面上是爭個人的私財，裏面卻是爭絕大多數人的福利。所以關於第一項物質慾

望的發達，中國的人生哲學是不能解決的。其次，中國人的人生思想是功利的。除道家的系統而外，幾乎全充滿功利的氣味；這層上面已有論及。惟其功利的氣味很重，所以對於知識的追求，不能達到「百尺竿頭再進一步」他們追求知識的熱度，以達到功利的目的而止，到此便不前進了。中國玄學的不發達，這便是個大原因。道家雖沒有染到功利的氣味，可是牠又從別一種意味排斥知識。牠是進一步把知識也看作功利的。牠自己走上玄學的路，并不是出於追求知識的心理，而是出於追求藝術的心理。牠主張「絕聖棄智」主張「無知無欲」主張「俗人昭昭，我獨昏昏；俗人察察，我獨悶悶」都是看重藝術的境界。但牠并非絕對的排斥知識，因為牠是很鮮明的主張「為學日益」的。也許牠把知識分作兩種：一種是走向功利的知識，一種是走向藝術的知識；前者為第二義的知識，後者為第一義的知識。牠是提倡第一義的知識，而排斥第二義的知識的。道家而外，儒家也曾提倡知識，卻是牠也并不看重知識。孔子說道：「民可使由之，不可使知之。」好像是拿住一個「不識不知順帝之則」的政策。新儒家的程朱，雖是以先知後行相標榜，但仍不免後世戴震的譏議，所謂「詳於論

敬而略於論學。」況且他們所標榜的知識，和今日科學上的知識相比較，也是相差很遠的。所以關於第二項知識慾的發達，中國的人生哲學也是不容易解決的。以上因中國人的人生思想趨重功利的自足的之故，至於對近代新興的問題都不容易加以解答。在第二章所提出各種問題中，尚有一種問題，也是比較的不容易得到解決的，便是人類總是要求解放，總是要達到平等自由的境地。這個問題在中國哲學也很少有解決的可能性。儒家哲學重階級，尚等差，謹上下之禮，嚴尊卑之分，而何有於平等？孔子誅少正卯，孟子距楊墨，黨同伐異，而何有於自由？新儒家標榜理學，實則以理殺人，而平等自由之思想，掃地以盡。戴東原痛論程朱言理之害，至謂「人死於法，猶有憐之者；死於理，其誰憐之？」因為「死於法」法尚立於平等自由之基礎之上，若「死於理」理便把平等自由的基礎根本推翻了。所以儒家哲學對這個問題也是完全不能解決的。不過道家哲學對此點卻有最大的貢獻。老子的小國寡民，莊子的養生齊物，凡所以發揮平等自由之精神者，無不至乎其極。墨家的天志尚同說，亦多少暗合平等自由的原理。總上所述，中國的人生哲學，對於近代新興的問題，以儒家

哲學最少解決的可能性，墨家哲學次之；若道家哲學則在某種問題反爲比較的富於解決的可能性者。所以在現代的苦悶與悲哀之下，道家哲學有時轉足以資救濟，而與人生以澈底的解脫。即此，也可見中國哲學內容的複雜了。

上面已將三方面的人生哲學——西洋、印度、中國——逐一的評述了。現在請將三方面的人生哲學作一種比較的研究。一面對於第二章所提出的問題試作一種比較妥當的解決。因本章篇幅太長，請論其大略如下。

第四節　三方面哲學解答之比較

三方面的文化和哲學的特點

愛談世界文化的，總要談到西洋、印度、中國三方面的文化如何不同；而比較有力的論調，莫過於梁漱冥君的西方文化向前、印度文化向後、中國文化持中的一種創說。我對於這種創說，曾提出一次抗議，以爲世界文化，無論西洋印度和中國，都只是朝前面走的，不過走法不同，或者走的快慢不同。譬如西洋人向前走，是左衝右撞走過去的；孔子向前走，是一面走一面安排不吃力

的走過去的；但都是同一條路向，并不必像梁君那樣設許多條路向。李石岑演講集第一輯頁十七。梁君謂印度走第三條路向，卽是向後要求；而印度的出世思想，卽是向後要求之證。東西文化及其哲學頁六十七。這話我殊未敢贊成。印度的出世思想與耶穌的來世主義、尼采的超人哲學，概不能視爲向後要求。耶穌的來世主義，其動機出於「永生」，尼采的超人哲學，其動機出於「更生，」但都不能說不含有一種出世的精神；你能夠說他們是「向後要求」嗎？印度的出世思想，可以說牠的動機是出於「無生；」但「無生」的覺悟正所以利導且促進「生生」之機。因爲牠是要我們作覺悟的幻生活，不作迷惘的幻生活；參看本書頁二〇九。所以印度人的出世思想，并非「向後要求」。質直的說，印度人的出世思想，乃由於想像力極度發達之產物，乃由於改正生活法之積極的精神之表現，豈可與消極的「向後要求」相提並論？我們不能說柏拉圖的理想國是向後要求；我們也不能說老子的小國寡民，莊子的養生齊物是向後要求，雖然都是屬於馮友蘭君所說的「天之理想化與損道」。見「一種人生觀」頁四十四。普通人說佛法的思想是厭世的，是消極的，不知眞正的佛法并不厭世，并不消極。法華經說：「佛爲一大事因緣出現於世，開示

悟入佛之知見。」佛之所以爲佛，正在於向前要求，如何肯翻身向後呢？所以梁君認印度人的出世思想是向後要求，我認爲「不衷於理」。其次梁君謂中國文化調和、持中，認爲是走第二條路向，意謂走的不前不後的一條路向。我以爲這種觀察，更有問題。姑無論不前不後的路向近於滑稽不能成立，就令照他所說眞是走的第二條路向，則那種調和持中的態度，以冀途中不發生困難與危險，便於趕速達到目的地，已是大向前而特向前了。譬如甲乙二人旅行，甲乘輿而去，旅程的遠近，旅費的多少，毫不計及；乙則通盤籌算，務欲達到目的地而返。結果，甲能否達到目的地，尚不可知，乙則準可達到目的地。又如甲乙二人做學問，甲繼日以夜，不顧身體的健康與學程的多寡；乙則生活極守規則，務使身體與學問互相調劑，如同康德一生做學問的方法一樣。結果，勝算也必操於乙。這都是由於乙富於調和持中的精神，但我們不能說乙不是「向前要求」了，不能說乙不是向前要求的大成功者了。可見乙的向前要求實在比甲更進一步。中國文化的向前要求，雖比西洋文化的向前要求，不必同其速度，然也不過是量的差別，並非質的差別。所以梁君把中國文化列爲第二條路向，我也

不表贊成。總之，世界的文化都只是向前要求；而在某一時期，對於某種問題所採用之解決的方式不同，因之文化便表現出一種特徵，卻並非預定一條路向，然後產生某種文化。所以梁君的說法，尙未能指示三方面文化的根本不同點。其次，是西方文化爲唯物的，東方文化爲唯心的；西方文化爲科學的，東方文化爲玄學的；這種說法，在中國也極流行。我認爲這種論斷，也與事實不相符合。謂西方文化爲唯物的，東方文化爲唯心的，固然可以成立一種論法；翻過來說，謂西方文化爲唯心的，東方文化爲唯物的，也未嘗不可以言之成理。西方文化大抵運用人類的聰明智慧以改造人類的生活，以解除物質環境的束縛；這種精神，是一種理想主義的精神。從古代的赫拉克里特士以至近代的黑格爾，莫不奉着「邏各斯」一個觀念以解決宇宙間一切的問題；無論所謂希臘文明與希伯來文明，皆須與此發生密切的關係，則「邏各斯」在西方文化的地位，可想而知。而「邏各斯」卽爲一切理想主義之起源，幷爲一切心靈的原理之起源。（參看本書一〇八頁。）可見西方文化，完全是一種唯心的文化。東方文化則與此相反。東方文化太看重日常間的飲食起居，其視綫自也不容易超脫於飲食起居

之外，所以中國人雖是愛自然，卻不能超自然，而轉爲自然所束縛。中國人想像力不發達，這也是一個大原因。傅斯年君有段話說得好：「中國從古是專制政治，因而從古以來，這種主義——物質主義——最發達。專制政治原不許人有精神上的見解，更教導人專在物質上用工夫；弄到現在，中國一般的人，只會吃，只會穿，只要吃好的，只要穿好的，只要住好的，只知求快樂，只知縱淫慾……，離開物質的東西，一點也覺不着，什麼精神上的休養、奮發、苦痛、快樂、希望，……永不會想到。」（見所著「人生問題發端」。）這樣看來，中國人的思想，畢竟是唯物的。印度人的不婚不葷，也何嘗不是出於一種唯物的見解。然則東方文化又何不可以稱爲唯物的文化？所以說西方文化是唯心的，東方文化是唯物的，也未嘗不可以言之成理。至謂西方文化爲科學的，東方文化爲玄學的，這亦未必盡然。謂西方文化爲科學的，這不過是近百年間的現象，這不過是產業革命以後的現象，若在西洋的中世紀與近世初期，西方文化固儼然是玄學的文化。西方的玄學的文化至黑格爾時代可謂達於頂點。無怪孔德稱爲玄學的時期。西方用「邏各斯」觀念解釋一切問題，都是一種玄學的本領。近世柏格森輩出，更由其

新玄學的哲學形成一種新玄學的文化所謂生命的文化，而玄學的趨勢乃益顯著。所以說西方文化爲科學的，固不盡然。至謂東方文化爲玄學的，此則更陷於謬誤。上面已經說過，中國人因倫理功利觀念甚盛，以致玄學的思想不容易發達。我們知道：中國哲學除了老莊哲學而外，幾乎都談不上玄學的思想。往日友人某君盛稱中國往古哲學家之一段論法，以爲精審緻密駕乎西洋三段論法之上，而所舉的例證，則爲老子道德經首章，列子天瑞篇首章，莊子齊物論子綦喪我節，舉不出老莊哲學之範圍。周易爲中國人所誇耀爲談玄學最精之書，然內容亦不出老子哲學之範圍。（參看本書頁二三〇——二三九。）不過老莊哲學，在中國文化裏面，並不發生重大影響，而發生重大影響者，首爲儒家，其次爲墨家。但儒家哲學，則充滿倫理觀念，墨家哲學，則充滿功利觀念，自餘新儒家哲學，混雜至不可名狀，更不易談上玄學。「夫子之言性與天道，不可得而聞，」則關於孔子玄學的見解，便無從探究。況乎孔子以「不語怪力亂神」爲標幟，以「未知生焉知死」爲法門，更何從發見他玄學上的妙論。其後到了新儒家顏元、李塨之時，遂大膽的以談玄學爲大戒，而中國的文化更完全走入實際一途。中國人缺

乏想像力，沒有世界眼光，沒有支配全世界的偉大發明與動作，都是由於平日缺乏玄學的素養之故。一面因强有力的倫理觀念功利觀念流行社會，使玄學的思想不容易發達；一面又因缺乏玄學的素養之故，致固有的倫理觀念功利觀念日深，且日趨於平凡化，俗惡化；互為因果，遂成功中國現時文化的局面。然則說中國文化是玄學的，顯見其不合於事實。印度文化則完全充滿着宗教的氣味，雖然牠的哲學也有一個時代經過玄學極發達的時期，但已發達的玄學在印度文化裏面，則或者隨着宗教而發生些微的效力，或者竟毫不發生效力。所以說東方文化為玄學的，更不免自陷於謬誤。上面已經把西方文化和東方文化的內容討論一過，結果都足以使我們覺悟平日所觀察的，大有不盡不實之處。要知一民族的文明，沒有純物質的文明，或純精神的文明；因之所形成的文化，也沒有純物質的文化，或純精神的文化。東方文化和西方文化同是由物質和精神兩種元素所組成的，只有量的差別，並無質的差別。至論到東西文化與科玄的關係，此則我東方人，尤其是中國人，真當愧死，既無科學上的功績，又乏玄學上的素養，所以弄成現在一種老大不進步的僵局。尚且自

誇為東方文化古國，尚且自誇為富有玄學的文化，這不是「誇大狂」嗎？然則這樣的流行論法，也不足以指示三方面文化的根本不同點。在我的看法，東方文化和西方文化，或者可以從心理學上的要素強為區分。心理學上的要素可分為理智與情意二方面。情意屬主觀的，理智屬客觀的；情意為能動，理智為受動；本是一整個的心理狀態，由注意點的不同而現為兩個心理狀態。西方文化主重在理智的方面，中國文化主重在情意的方面，印度文化則二者兼而有之。西方文化惟其重在理智，故在哲學上常用客觀的方法，推論宇宙觀與人生觀的問題；因此，我們可以說西洋人的人生哲學，是由自然推到人事。中國文化惟其重在情意，故在哲學上常用主觀的方法，推論宇宙觀與人生觀的問題；因此，我們可以說中國人的人生哲學，是由人事推到自然。印度文化惟其理智與情意二者並重，故在哲學上常用直覺的方法，推論宇宙觀與人生觀的問題；因此，我們可以說印度人的人生哲學，是人事和自然等量齊觀。不過印度的人生哲學，比較的接近中國的人生哲學，因為牠開始也是由人事推到自然。牠是由人生之無常看到萬法之無常的。現在把這層意思加一番說明。西方人解決人生問題，總是要由自然哲學的問題轉到人生哲學的問

題；譬如先用「邏各斯」觀念解釋自然哲學的問題，次第及於人生哲學的問題；人生問題之解決，每視自然問題之解決爲斷。這在柏拉圖系統的哲學固然，卽在亞里斯多德系統的哲學亦未嘗不然。在希伯來人的看法如是，卽在希臘人的看法亦未嘗不如是。所以我說西洋人的人生哲學是由自然推到人事。中國人解決人生問題，總是由倫理觀念或功利觀念出發，這除老莊哲學外，幾乎莫不如此。中智以下，僅能達到一種褊狹的倫理的人生或功利的人生而止；中智以上，纔知擴大倫理或功利的人生到自然界。孔子說道：「爲政以德，譬如北辰，居其所而衆星拱之。」孔子對於自然事實的解釋，也是用他的倫理道德的觀點，這便是擴大倫理或功利的人生到自然界的明證。中庸說道：「君子之道，造端乎夫婦；及其至也，察乎天地。」這更是擴大倫理的觀點到自然界的好例。張子西銘說：「乾稱父，坤稱母，吾茲藐焉，乃混然中處……民吾同胞，物吾與也。」這也是一種倫理的看法。所以我說中國人的人生哲學是由人事推到自然。印度人解決人生問題，總是要把人事和自然等量齊觀，務使人人能做到根本覺悟的地位。婆羅門教建立輪迴說以範圍人生，謂世界萬物的差別，皆由

喜、憂、闇三德而成；由此或歸入神位，或歸入人位，或歸入獸位，皆視其行為而生差別。（參看本書一七六頁。）這便是輪迴的境界。但此境界，不獨人世為然，即世界本身亦莫不如此。世界由梵天而出，其後復歸入梵天，後又從梵天出，如此輪迴往復，永無止期。因此，人世和世界本身都要謀一種根本的解脫。你看，婆羅門教這種思想，不是把人事和自然等量齊觀嗎？佛教假說我法有，實說我法無；破除我法二執，闡明我法二空；處處將我與法對舉，以喚起人類根本的覺悟。你看，佛教這種思想，不又是把人事和自然等量齊觀嗎？印度人總不背輕易拋棄奧義書中「自我即梵」的信條，故各派思想不期而暗合。所以我說印度人的人生哲學，是人事和自然等量齊觀。把西洋、印度、中國對於人生問題解答不同之點，這樣分析去說，似乎比較的易得到真相。關於三方面解答的根本不同點，尚有一個重要的所在。西方哲學注重理智，上面已有說明。惟其注重理智，故首重認識，最初即認識了一個「我」由「我」的認識推而至於「神」的認識「物」的認識。勃洛太哥拉斯的「我存則宇宙存，我壞則宇宙毀，」笛卡兒的「我思故我在，」菲希特的「自我產生非我，」格林(green)的「自我意識」以及培根的人國說，

盧梭的人權說，康德的人格說，實用主義者的人性宗教說，沒有不是從「我」的認識而發生的。他們那種積極向前的精神，以人戡天的宏願，那一處不是出發於「我」的認識？這種「主我」的思想，可以說是西洋人生哲學上一個特點。中國哲學正與此相反。中國哲學特重情意，富於一種沒我的思想，便是尊重大我放棄小我的思想。孔子的「毋我」，顏子的「克己」，都是一種沒我的精神之流露。中國人事事「則古昔，稱先王，」只知有人，不知有我，只知有前賢，不知有後聖。又中國人主張「齊家治國，」只知有家族，不知有個體，只知有國家，不知有國民。處處可以看到中國人「我」的意識之昏睡。這種「沒我」的思想，可以說是中國人生哲學上一個特點。印度哲學則與西洋和中國完全異趣。因爲牠主重在直覺；到了最高的境地，便根本看不出一個「我」來，更無論其爲大我小我。佛法認萬有只是刹那生滅，更無主宰，何從發見「我」來？凡「我」皆起於執，被識所執，在人則有人我，在法則有法我；離識執着，則人法皆空。總之，萬法皆依他緣生，昧此都成妄見，故佛法不能不極力闡明「無我」之義。這種「無我」的思想，可以說是印度人生哲學上一個特點。（大乘佛教最富於主我的精神、容後說明。）西方人惟其看重

主我的思想，故極力尊重「個性」；中國人惟其看重沒我的思想，故極力表章「羣性」；印度人惟其看重無我的思想，故極力闡明「法性」。總觀上述各節，對於三方面的人生哲學何以不同之處，可以瞭然了。不過這樣分別去論斷，總不免包孕着許多缺點，因爲整然的劃分，本來是不可能的事。譬如說西洋哲學看重理智，然牠也未嘗不看重情意。從希伯來的思想，以至近代康德、詩來爾馬哈、叔本華的思想，都莫非情意的產物。又譬如說：中國哲學看重情意，然牠又未嘗不看重理智。中國倫理思想之發達，禮教觀念之尊重，忠孝節義以及其他種種德目之推行，都莫非用理智節制情感的結果。然則用理智觀察西方哲學，用情意觀察中國哲學，豈非根本錯誤麽？不過我上面幾種比較的說法，都是就其顯者著者而言，而且爲容易明瞭起見，故從心理學的要素略爲劃分。若嚴格說來，則東西文化或東西哲學，本無整然的劃分之可能。我往日頗有一種私見，現在不妨試說一說。我以爲東西文化或東西哲學，都可以歸併在兩個系統去觀察，而不必以東西地域爲斷。所謂兩個系統，卽是剛性的系統與柔性的系統。就西洋哲學說：近世哲學初期的純理論屬柔性，經驗論屬剛性；此兩性的哲

學，至康德而得一調和，然康德與康德學派的哲學又屬柔性，牠們的反動派的哲學，所謂實證論、唯物論、功利論、進化論派的哲學又屬剛性，此兩性的哲學，至詹姆士又得一調和。從此推而上之，中世紀的實在論屬柔性，唯名論屬剛性；又推而上之，柏拉圖派哲學屬柔性，亞里斯多德派哲學屬剛性；犬儒學派哲學屬柔性，西列學派哲學屬剛性；斯多亞派哲學屬柔性，伊壁鳩魯派哲學屬剛性。無論如何，總可以歸併在剛性或柔性兩個系統裏面。再就中國哲學說：道家哲學屬柔性，儒家哲學屬剛性；宋學屬柔性，漢學屬剛性。單就宋明哲學說：陸王屬柔性，程朱屬剛性。更就印度哲學說：彌曼差系哲學屬柔性，吠檀多系哲學屬剛性；婆羅門教哲學屬柔性，佛教哲學屬剛性。單就佛教哲學說：法性宗屬柔性，法相宗屬剛性。由此可知世界的哲學總不出這兩個系統的範圍。雖然有時得到一個調和，但轉瞬間又走入一邊。好像黑格爾正反合的原理，合即無形中變成正面一樣。現在要論到東西文化，則世界上只有兩種文化，一種是柔性的文化，一種是剛性的文化。同屬宗教，而耶教與婆羅門教等屬於柔性的文化，孔教（孔是否宗教、尚待細論、姑就廣義說）與佛教等屬於剛性的文化。同屬哲學，而柏拉圖、黑格

爾、老、莊一流的哲學屬於柔性的文化，培根、洛克、孔德、墨翟、荀卿一流的哲學屬於剛性的文化，同屬文學，而梅特林克、泰戈爾、夏芝(Yeats)一流的文學屬於柔性的文化，左拉、易卜生、杜思妥夫斯基(Dostoyevsky)一流的文學屬於剛性的文化。東西文化的內容，原不過如此。這樣從剛柔二性去觀察，似乎比從東西地域上去觀察要靠實多了。不過有一層要知道，便是屬於剛性的文化，並非不含有柔性，不過剛性特著而已。同時屬於柔性的文化亦然。所以我對世界文化，是一元的看法，並不是二元的看法。東西的人生哲學，正可用同一觀點這樣觀察三方面解答的異同，似乎可以省卻許多無謂的紛糾了。

三方面哲學對於近代人生問題解答之比較

上面已經把三方面——西洋、印度、中國——的文化和哲學的特點，逐一的論述了，現在請進論三方面哲學對於近代人生問題解答之異同。西洋人的「由自然推到人事」與夫那種「主我的思想」，大半是由他看重科學一點得來。雖然科學的發達是最近代的事，而遠在希臘思想，卻已滿佈科學的種子。中國人的「由人事推到自然」與夫那種「沒我的思想」，大半是由

他看重道德一點得來，因爲道德觀念之尊重，是中國人二千年以來醞釀成功的一種特性。印度人的「人事和自然等量齊觀」與夫那種「無我的思想」大半是由他看重宗教一點得來，因爲印度人既長養於宗教古國，所以任是何種思想與生活，都帶有宗教的色彩。然則西洋人解決人生問題，可以說是用的科學的方法；中國人解決人生問題，可以說是用的道德的方法；印度人解決人生問題，可以說是用的宗教的方法。現在只問用何種方法對於第二章所提出的問題，比較的富於解決的可能性。

第二章所提出的問題，大致可括爲三種：一，知識慾發達；二，物質慾發達；三，解放慾發達。第一種雖屬於精神物質兩方面，而主重在精神。因爲要知識的滿足，纔可以謀心靈的解放。第二種全屬於物質的；因近世唯物思想之發達，此種問題轉成爲人生問題中最大的問題。第三種屬於社會的，雖關係精神物質兩方面，卻主重在社會組織之根本的改革，人類自由平等之澈底的實現。以上三種問題，是近代人共同的切膚的問題。現在要謀解決，勢不得不於上述三種方法之中，選擇一種比較適合的方法；換句話說，勢不得不於三種人生思想之中，選擇一種比較適合的人生思想。而中國、

人的道德的思想，最少可採用的價值。中國人主張「不識不知，順帝之則；」主張「君子於其所不知，蓋闕如也；」如何能滿足知識的慾望？中國人主張「貧而樂，」「貧而無怨，」「素貧賤行乎貧賤；」主張「君子謀道不謀食，……憂道不憂貧，」「士志於道，而恥惡衣惡食者，未足與議；」像這種痲醉心靈的方法，又如何能滿足物質的慾望？中國人主張「守分安命，順時聽天，」主張「非先王之法服不敢服，非先王之法言不敢言，非先王之法行不敢行；」這種固蔽的思想，又如何能滿足解放的慾望？這樣看來，中國人的人生思想，最不適合於近代人生問題之解決。上面已經說過，中國人用道德思想解決人生，和西洋希臘時代用道德思想解決人生，用意適同。不過中國人的道德思想的內容，與希臘時代的道德思想的內容，完全異趣。雖然在保證道德之永恆性與普遍性一點，互相一致，又在反對一切制度文物之破壞一點，互相一致。如孔子不滿意於老子之激烈的革命而建以調和持中的道德，蘇格拉底不滿意於詭辯學派之澈底的破壞，而建以崇實合理的道德。但其中有最大的一點，是彼此完全不同的。中國人的道德思想，大半是以倫常為本位的；希臘人的道德思想，大半是以知識

爲本位的，這是中西道德一個最大的分歧點。譬如儒家所主張的親義別序信五典，義慈友共孝五教，爲一切道德中的主要德目，那一處不是以倫常爲主眼的呢？若希臘道德思想的內容便不如是。蘇格拉底首倡「知識即道德」，這就無異於說「道德即知識」因爲他的至善論，是以知識爲元素的。柏拉圖倡智慧、勇氣、節制、中和四元德，而首項所舉即爲智慧。亞里斯多德倡知德與行德，亦闡發知德的重要。可見希臘人的道德思想，是以知識爲主眼的，同屬於道德思想，而一注重知識，一不注重知識，這裏面的分別，所關於近代人生問題之解決極大。則中國人的道德思想，不能滿足近代人的慾望，又奚待辯？況乎中國人道德思想的特質，捨呆板、迂腐、專制主義、禁欲主義以外無餘事。然則用這樣道德的方式又如何能解決近代活潑潑的人生問題呢？其次，爲印度人的宗教的思想。印度爲宗教思想極複雜的領域，包括婆羅門教、佛教、印度教、回教、基督教各種宗教，而比較可注意者爲婆羅門教、佛教與回教。婆羅門教的人生思想，以爲關於知識真理之事，惟婆羅門族所得參與，他族不得與聞。這樣視知識爲專有品，如何能滿足一般人的知識的慾望？并且這樣的富於階級的意識，

又如何能滿足解放的慾望?不過佛教並不如此。佛教原是這種思想的大反動。佛教對於知識的追求,對於解放的欣慕,不僅不減於近代人,而且有時比近代人更進一步。不過牠的目標不同,因之,所用的方法亦不同。在印度各派思想當中,以佛教和順世派的思想,最富於革命的精神,猶之乎在中國各派思想當中,以老子和楊朱派楊指楊朱篇中頹廢思想的部分。參看本書頁三四七至三九四。的思想最富於革命的精神。順世派看重物質,看重快樂,也和楊朱派正相類。佛教則極力反對快樂,反對物質。所以三戒之中,以貪為首。須知世間的宗教,沒有不看重禁欲主義的,耶教何嘗不禁欲,回教何嘗不禁欲?世間的宗教,也沒有不排斥知識的;耶教所以為世詬病,就在於排斥知識的一點。回教又何嘗不如是?因為耶教和回教,都是認上帝為全知全能,而我們的知識乃是由上帝賜予的,我們自己本身並不能發生知識。若佛教並不如是。佛教雖不能滿足物質慾,卻可以滿足知識慾與解放慾。佛教以求「一切智智」為求「無上菩提」的法門,可見牠對於知識的尊重;佛教主張一切衆生平等,反抗一切階級的分別,可見牠對於解放的尊重,然則世間的宗教,以佛教為比較的適於近代人生問題之解決。本來宗教的思

想，很不一致，而最進步的宗教，必注全力於表現自我；最沒有進步而又最有毒害的宗教，必注全力於消滅自我。佛教卻是最富於自我表現的思想者。詹姆士創設「人性的宗教」謂實用主義之神爲人格最發達的產物，就是說我們「最後的人」「將來的人」便是圓滿周遍的神，這是何等富於自我表現的思想。倭伊鏗倡精神生活的宗教，謂人類以人格的努力，得由人類的精神生活加入宇宙的精神生活；此人格的努力卽精神的個性之發展，亦卽自我之表現。尼采批評宗教，謂普通人對於神之信仰有二傾向：一，由對於人類精神向上、生命充實之感謝之情而造有神；二，由對於自己異常興奮之恐怖之情而造有神。前者神爲生命擴張的象徵；神活動於吾小己之中，凡小己強烈的瞬間，卽與神交通合一，故極度肯定自我之生活。後者神立於吾人之上，具有絕對支配之力，苟小己的本能煥發，則恐怖卽伴之以生，不得不依賴神以爲助，而極度否定自我之生活。前者爲第一義的宗教，後者爲第二義的宗教。現代的宗教，多傾向於前者。現代的宗教，不是從前那種超越人類之經驗以上的絕對神的宗教；不是有甚麽特種之體制的，(像教會，)特別之真理的，(像天啓，)特殊之人格的，

（像耶穌、穆罕默德乃至僧侶）特別之日期的，（像日曜日）特種之禮拜的，（像各種特定儀式）。現代的宗教，乃是人性化的宗教，社會化的宗教。一切的人都是可尊敬的，一切的物件都是神聖的，一切的時間都是貴重的。我們的生涯，不像中世紀所說的，爲來世的準備的生涯，乃卽在我們自身，就是眞實的生涯。我們的生涯是肉感的，不是夢幻的；是在地上的，不是在天堂天國的。我們的信仰，不是信仰過去的歷史，不是信仰那一個人，不是信仰那一部書，乃是信仰我自己。我們想從精神上磨練我們自己的人格，纔有宗教；我們想謀現代社會的幸福，纔有宗教；我們想謀宇宙人生時時刻刻的創造的進化，纔有宗教。現在中國有非宗教運動，其目的在於排斥帝國主義的耶教，其用意就因爲耶教處處與這裏所說的「自我表現」的精神相反。耶教要人類認淸自己是無能力者、待救者、弱者、賤者、要是這樣反省、才能得救。參看本書頁一二一。雖然牠看重憐憫，看重永生，然這只是弱者的宗教，非强者的宗教；只是第二義的宗教，非第一義的宗教。若佛教便不如是。佛教通法性、法相、禪、密各宗，旁及他力本願之淨土諸教，莫不崇尚自力主義的哲理，莫不揭櫫卽身成佛的教義，以盡力擴大「自我」的權威。因爲具有靈妙心識的自我，所

謂小我者，卽備具圓滿完足的佛性，故此小我卽是最高之大我。而最高之大我卽是「無我」之佛。心爲無明所蔽，則本具的佛性卽無由表顯，猶之日爲雲霧所掩，則固有的光輝卽無從放出。故撥雲霧卽可見皎日，去無明卽可見佛心，這便是「自我」的本來面目。佛教所以特別看重自力，就由於牠極度主張「自我」的尊嚴，這便是佛教高過一切的宗教之處。佛教惟其具有這種特點，所以在許多的宗教思想當中，以牠爲比較的適於近代人生問題之解決。再次，爲西洋人的科學的思想。上面已經說過，西洋人解決人生問題，經過幾個重要的時代，不似中國和印度那樣簡單；因爲西洋是由道德的時代走進宗教的時代，再由宗教的時代走進科學的時代的。可以說中國和印度解決人生問題的方法，西洋都已經嘗試過，結果乃不得不選定科學一途。科學以探求真理爲依歸，凡思考之所及，無論銀河系統之大，電子之細，生命之神祕，都想探索一個究竟，以求得最後的滿足。所以用科學的方法解決近代人生問題，在滿足知識慾一點，是不成問題的。近世人文史上最可紀錄之第一大事件，便是物質文明之進步。但物質文明之進步與科學之進步相平行。近世國家富力之增加，生產力

之增大，那一種不受科學的恩賜？所以科學的活動常與物質的活動相終始，然則用科學的方法解決近代人生問題，在滿足物質慾一點，又是不成問題的。自從盧梭的天賦人權說、達爾文的人猿同祖說昌明以後，平等自由的口號，竟成爲各種革命的指針。近世社會主義相繼以興，而各種民族的革命，政治的革命，也換了一副新面目，以從事於最大的世界的革命、社會的革命。本來近世各種解放運動之發生，沒有不是由科學方法考察現代人的生活的結果，最顯著的便是無政府主義的運動。然則用科學的方法解決近代人生問題，在滿足解放慾一點，又是不成問題的。這樣看來，西方人的科學思想，豈非近代人生問題之唯一的解決？而據第二章推論的結果，所謂近代人生問題，卽起於科學發達的西方，以次延及於東方，這不是一種很怪異的現象嗎？西方人的科學思想對於近代人生問題，可以解決而不能解決，這其中要必有不能解決的原因。就觀察所得，計有數端。一，機械主義下的科學。自從邁爾一派的「勢力不滅說」宣傳以後，機械主義的聲浪，日高一日，所謂機械主義，亦可云物質主義，因爲舉世間一切物質，沒有不受機械的法則的支配的。又所謂機械主義，亦可云

概念主義，因爲機械主義推論一切的事物，總要根據一種固定的法式的。總之，在機械主義之下，只看見許多的因果關係，更看不見宇宙與人生。無怪弗羅伯爾由極度自然主義的思想，一轉而成虛無的思想。近代人生問題的重要部分，便發生於這種機械主義，便發生於這種機械主義下的科學。社會主義詩人卡朋特（Edward Carpenter）評騭近代科學，謂有兩個大缺點：其一，近代科學專從理智方面研究自然，而置感情生活於不問；第二，近代科學總想發見一個不變的、永遠的、並且是純理智的「宇宙表現」，而不顧到這種計畫之萬萬不可能。卡朋特因爲近代科學有這兩個缺點，由這兩個缺點引起許多不能解決的人生問題，所以極力詛咒近代的科學。嚴格說來，卡朋特所詛咒的科學，就是機械主義下的科學，因爲牠太不講感情，太缺乏人間性。二，資本主義下的科學。上面已經說過，近代人由腦與手的使用，而使近代社會的組織日益發達，卽由腦與手的過度使用，而使今後的社會益陷於貧富懸隔的狀態。（參看本書頁八十七。）我們可以從這裏面下一句轉語，便是社會愈陷於貧富懸隔的狀態，便腦與手愈會過度使用，因爲這是互爲因果的。社會既已陷於貧富懸隔的狀態，則富

者可以旣飽而嬉，貧者非勞動無由得食，於是使用腦與手的全屬於貧者；但使用腦與手的方向，須聽命於富者，至少須無礙於富者，於是由富者的知識與趣味所產生科學上的成績，遂致社會日趨於惡化，而促成近代的悲哀。（因爲富者心目中所期望發達的科學、是騙錢的科學、拜金主義的科學。）脫爾斯泰痛心於資本主義侵蝕科學與藝術的領土，於是首先否定徒手遊食之特權階級，其次否定財產，其次否定金錢，其次否定拜金主義的國家，其次否定共犯者的教會，最後乃否定從犯者的科學與藝術。資本主義影響於近代的學術，即此可見一斑。三，帝國主義下的科學。自黑格爾一流的「國家絕對說」發生以後，世界科學的重心，全趨於國家主義化，更進而帝國主義化。人類用盡心思才力以謀撲滅人類自身，這是何等駭怪的現象，而不幸近百年來的科學的工作，大半趨向此途。如軍用飛行機、飛行船、水雷艇、潛航艇、毒瓦斯、無煙火藥以及各種遠望鏡、探海針之屬，莫不精益求精。而最注重的，則爲空中戰具，所謂「空軍力」與陸軍力、海軍力鼎立而三。空中戰鬥的主力所謂軍用飛行機者與通商用飛行機，完全不同：須最速、最堅、最能上昇又最便操縱，所以更需要科學的努力。歐洲大戰中英國爲攻擊柏林之故，

曾製造一架最能乘載多數乘員之飛行機，爲 Handley Page V-1500 型飛行機。此飛行機之徑間，計長一百二十六呎，可乘坐操縱者一人，偵察者一人，投彈者一人，礮手二人，又能乘載二三〇〇磅之爆彈二十四個。可見空中戰鬥力之發達。在德國既敗以後，空中戰鬥力當首推法國，但在德國未敗以前，空中戰鬥力德國實駕於任何國之上。德國人常以「英國制海、法國制陸、德國制空間」一語自豪。所謂「德國制空間」，並不限於戰時，乃指平時一切文化，因爲德國自信有可以征服全世界的文化。德國的科學，本雄視全世界，但因欲貫澈帝國主義的雄圖，遂無形中傾全國人的心思才力趨向於擁護帝國主義的科學，因而影響於全世界，以造成近代的罪惡與痛苦。然則近代的科學思想所以不能解決近代人生問題，豈非帝國主義種其因？四，教會主義下的科學。教會眼中唯一的對敵便是科學，因此在歐洲最發達的教會便不能不與在歐洲最發達的科學謀一種妥協。不過表面上是妥協，實際上卻是欺騙。因爲教會知道過去的說教的方法之失敗，不能不別謀新發展，於是想藉科學的說素來辯護自己的上帝；一面可以粉飾外邊的耳目，一面又可以鞏固自己的地盤；這種一舉

兩得的伎倆，在教會看來，固爲得計，但在科學家看來，不完全是一種騙局麼？不過我這裏所指斥的是教會，卻並不是宗教本身；因爲宗教和科學，倒有互相輔翼且互相發明之處，不過這裏不便詳說。科學既與教會發生關係，則科學的本來面目便無從揭出；無怪脫爾斯泰謂「蘇羅們(Solomon)和孔子的法則是科學，摩西(Moses)和基督的教訓是科學。」科學可以這樣曲解，又叫我們何所適從呢？教會專崇帝力，科學則專尚人力，培根的「人國」即爲反對耶教的「天國」而起，如果科學受制於教會，豈不成爲一種崇尚帝力的科學嗎？總上四者觀之，科學思想不能解決近代人生問題，可無須煩言而辨。因爲在機械主義下的科學，便成功一種「死的科學」，在資本主義下的科學，便成功一種「拜金的科學」，在帝國主義下的科學，便成功一種「殺人的科學」，在教會主義下的科學，便成功一種「奴隸的科學」，像這樣的科學思想，又如何能滿足近代人的要求呢？以上還可以說大半就科學應用言，即談到科學本身，這種功利的氣味，計較的性習，武斷的態度，機械的方法，也是不可掩的癥結。無怪歐洲學術界近來有「整體說」(Gestalttheorie)的新運動，以改造科學本身。整體說雖然

創始於近世紀，却是現在已蔓延到物理學生理學心理學以及一切科學；質言之，整體說乃對於現代歐洲式科學懷徹底之不滿而起。整體說注重考察事物的真相，卽在捉住實在的本質與全體，而決不以部分的觀察，生硬的體會爲滿足。換句話說，整體說乃在捉住生活自身。要由這種改造的科學思想，才可望近代人生之真正解決。

合上所述各節，可以知道中國人的道德思想，印度人的宗教思想，西洋人的科學思想，都不能無缺憾。中國人的道德思想，幾乎完全不能解決近代人生問題，印度人的宗教思想，亦僅可以部分的解決近代人生問題，西洋人的科學思想，雖可以完全解決近代人生問題，但又不免發生種種弊端；所以都非有一種救濟不可。如果有了救濟的方法，我以爲西洋的科學思想，應該極力提倡，次之便是印度的佛教思想和中國的老莊思想因爲佛法老莊，都可以部分的有補助於近代人生問題之解決。至論到救濟，我以爲唯一的救濟的方法，只有提出藝術思想。我上面已經說過，「在現代無論提倡道德、宗教、科學，都要把藝術觀念作骨子，否則便成功一種呆板的道德，迷信的宗教，殺人的科學。」（參看本書一七一頁。）道德思想如果有藝術作救濟，那就道德思想不

惟不應該排斥，而且有相當的提倡之必要。因爲道德是以範圍生活爲鵠的的，而藝術則爲生活之表白；道德如果有藝術作背景，就必於範圍生活之中，隱寓尊重生活之意，而不至於橫加制限；且既知尊重生活，即加以制限，或更可以表揚藝術的精神，並增高道德的地位。故道德思想得藝術而益彰。如希臘人常藉音樂舞踏，以增高道德思想，便是一個顯例。宗教思想如果有藝術作救濟，那就宗教的內容更爲充實，宗教的精神更爲擴大，而一切迷信與嫉妬，都可以無形中剷除。因爲宗教必以信仰爲中心，尤須看重詩來爾馬哈所謂「依存的感情」。此依存的感情，即與精神向上、生命擴張之藝術相若。我們賞鑑藝術的時候，我們的心魂全沒入於藝術的對象中，到了浪漫之極，悅樂之極的時候，就不免發生一種凄涼之感，此凄涼之感，乃是一種敬虔的精神之表現，這便是依存的感情。所謂依存，便是小己與宇宙相擁抱共呼吸的精神生活。這在藝術創作和藝術賞鑑的時候常常可以發現，所以宗教必伴以藝術的精神。科學思想如果有藝術作救濟，那就科學的效用可以增大，科學的罪惡也可以減除。因爲科學的眞，遠不如藝術的眞，科學的眞乃客觀的眞，而藝術的眞則爲一

種「真」的感情。科學如果伴以藝術的精神，那就無形中可以減少許多皮相的見解與循環的論法。上面所說「整體說」的新運動，亦多少帶有藝術的精神。亦有幾分用藝術救濟科學的苦心。自科學思想應用不得其當，一般人全走入「所有慾」一途，一九一四年的歐洲大戰即所有慾過度發達的結果。羅素則謂宜於此時導入「創造慾」如戰爭之本能，可導入於體育之競爭，遊戲之本能，可導入於身心之陶冶。這種「導慾」的思想，不又是用藝術救濟科學的用意嗎？現代人類的腦與手之過度勞動，雖是由科學造成的局面，但如果伴以藝術的精神，那就這種勞動，不惟無損於人類，且大有益於人類。拉士金(Ruskin)說：「不勞動的人生是罪惡，無藝術的勞動是野蠻。」可惜現代的人類，完全不能了解這一點。莫理斯(Morris)倡「人生之藝術化，」謂勞動便是藝術，勞動便是快樂。我們並不為生活而勞動，勞動即是生活。我們並不為賃銀而勞動，勞動的報酬乃是創造，這是神所給與我們的賃銀。這樣看來，我們人類由腦與手的使用致造成種種罪惡，這又何苦來呢？脫爾斯泰分勞動為四種；一，筋肉的勞動；二，手工的勞動；三，知的及想像的勞動；四，社交的勞動。以謀勞動之藝術化。

脫爾斯泰爲實行自己的主張起見，曾親身耕耘、伐木，（第一種勞動。）且自製靴履小品。（第二種勞動。）這種崇尚藝術的精神，更足以救濟現代過度的使用腦與手的流弊。（脫爾斯泰倡汎勞動主義、也是出於藝術的觀點。）由是以觀，道德、宗教、科學三者，雖盡發展的能事，但非有藝術的陶冶，決不足以形成一種最大的文化。現代的文化，滿裝着功利的臭味，無論道德、宗教、科學，都是如此。世界未來的文化，必從此轉出一個新方向，必是出「到功利之路」轉出一個「到藝術之路」。關於藝術思想的內容，且容本書下卷詳爲陳說，今試約略言之。藝術以生命表現爲唯一的天職；宇宙本是一個生命的大流，如果藝術能表現宇宙的生命，那便是一種最偉大的藝術。而所謂道德、宗教和科學，本都是走的「生命表現」一條路，不過方法有不同，或者態度有不同。人類最高的希求，爲生的無限；所謂生的無限，具有三個條件；一，生的本質；二，生的增進；三，生的持續。我們人類只希求生的無限，但現實的社會，從種種方面觀察，卻是有限。一個生的本質，我們本可以觀察或實驗，但到了某程度，或到了某極限，再不能觀察或實驗。一個生的增進，也是如此。本有增進的希望，但達到一定處所，或與外圍相衝突，或與內部生理的心理的極限相矛

盾。一個生的持續，也是如此。本有持續的希望，但不能超過一定的生理的年齡。總之，生的無限，常與現實社會的有限不相容。但我們人類希求無限之心，決不因而稍戢，於是不得不改變方法，以求達到最初的期望。譬猶生於敗石之下的草芽，雖被蒙蔽或壓抑，但牠總要旁通曲達，以求最後的伸張。這便是世間的科學道德與宗教。科學便是想發見無限的。但欲發見無限，不能不先從有限去工作。雖然牠的工作，不一定可以達到目的，但牠總是從一點一滴去求眞理，一寸一尺去求進步。牠發見無限，是用的人工的方法，這裏面有一種互相因果的關係：就是因爲不容易發見無限，所以用人工的方法；但也因爲用人工的方法，所以不容易發見無限。不過科學家決不因無限不容易發見，便停止他們的工作。這是科學的性質和態度特異於他科之處。科學所以用人工的方法，用觀察和實驗的方法，是爲求證據；科學所以可貴，就緣牠所發見的部分，都有證據可憑。所以，就令牠不能發見無限，也就很具有一種發見無限的勇氣。道德便是想調攝無限與有限的矛盾，而使無限讓步的。牠是使生的慾望停留於適度之處合乎中庸之處的一種消極的解決法。故外遇矛盾則立恭敬謙讓之。

德，內遇矛盾則立克己節欲之德，爲圖永遠的「將來」之安全，而犧牲當前的「現在」之增進，這便是道德現象本來的意義。這在道德看來，是使「生」比較的持續一個最良的方法。不過這種把進化的結果和價值之感歸之於犧牲，卻是道德獨有的現象。道德有時爲名譽、爲義務、爲熱愛、爲絕望而至於拋棄生命，其動機雖不一，而其看法總是如此。宗教乃道德無可奈何的又一面，宗教乃爲解決生的無限與現實社會的有限之矛盾而形成的一種精神的狀態。生的有限之現在事實，因人力無可奈何之故，不得已將「無限之持續」的慾望，導之於超現實的世界，因而有種種宗教的現象之發生。又由增進的慾望所招致的矛盾，在道德無法解決之時，即在「生」的苦痛無法解脫之時，亦有宗教的現象之發生。總之，宗教乃對於生的有限、死滅以及種種不如意的苦痛而謀所以慰籍之道。髣髴是把內部所抱的無限的生而令其客觀化，這便是所謂「神」。所以「神」不曾爲完全的我之想像圖。由是以觀，科學、道德、宗教三者，都是抱着一個「生的無限」，都是做的「生的無限」的工作。我們可以作一種總括的說明。無論科學、道德和宗教，在第一境，則皆爲生的無限之希求。我們應該特別尊重

這個境界。在第二境，則爲達到第一境之方便之功利現象。我們應該不把牠看做方便去努力。在第三境，則當更進一步，嚴加訓練，把第二境第一境完全忘卻，好像是先天的直接作用一般。於此，乃有科學、道德和宗教之威嚴。在第四境，則這種先天的科學、先天的道德、先天的宗教，更欲與第一境的「生」結合。凡對於過去的科學、過去的道德、過去的宗教而起一種反抗，其用意都是如此。所以「生的無限」爲人類最高的希求。藝術乃是這種希求比較的可以實現者。拿藝術和科學、道德、宗教相比較，便可以發見牠們的成績的優劣。雖然都是走的「生命表現」一條路，但所用的方法完全不同；從方法一點，很可以識別牠們的造就。就科學和藝術論，科學用知的方法，藝術則用直覺的方法；就道德和藝術論，道德用消極的方法，藝術則用積極的方法；就宗教和藝術論，宗教用超現實的方法，藝術則用現實的方法。雖然都是對於「生」的希求，但科學的境界是「求生」探求生命的實質；道德的境界是「捨生」拋棄生命的形體；宗教的境界是「永生」想像生命的未來；似乎都沒有捉住生命全體。若藝術的境界便不如是，藝術既可以吸取生命的神髓，又可以促進生命之擴大，卡朋特所以極

力提倡生命藝術，就出於這種見地。近代東西學術所以對於生命藝術，提倡之不遺餘力，也就推原於此。現代的思想界，在西方若尼采、柏格森、詹姆士、卡彌特、莫理斯、愛倫凱(Ellen Key)之流，在東方若泰戈爾、厨川白村、島村抱一之流，莫不看重藝術的思想，——尤其是生命藝術的思想，這是世界學術的一個大轉機，我們將從此合十瞑目，頂禮世界未來的文化。

人生哲學卷上終

後序

書成，自校一過，覺有許多疏漏處，欲加修正又不勝其煩。現在擇要補記於下：

書中論希臘人生哲學，過於缺略。如論柏拉圖、亞里斯多德的人生思想，未能源源本本，抉發其精要與特異之點，這是我最感不安的地方。要談西洋的人生哲學，決不能不特別看重犬儒學派與西列學派的思想，因爲這兩派的思想實爲西洋人生思想的二大柱石；但我於這兩派思想的來源與影響，未能詳加說明，這又是一個疏略的地方。敍述近世哲學時，又未能將黑格爾的思想，作一種有力的介紹；後來敍實證論，又忽視了一個孔德；這都是論西洋哲學詳略失當之處。

關於印度哲學方面，便未免過於重視佛法；而於六派哲學的人生思想，不應置而不談。其實六派哲學中談人生，亦自多精到處，何可一筆抹殺？這是論印度哲學詳略失當之處。

關於中國哲學方面，似又覺得過於瑣碎，信筆所之，有時竟越出題外。關於論孔子

處，本意在描寫孔子爲一宗法社會中之人物，因而有維持宗法社會之思想。但於孔子所處之地位與時勢，未能作一種歷史的說明，自不易促進他人之瞭解。這是論中國哲學詳略失當之處。

書前後翻閱一過，深覺百孔千瘡；惟個人的觀察與所信，則持之甚力。如讀者取其意而略其詞，庶幾可無大過。

書成後，承至友呂秋逸、聶耦庚、吳致覺、周予同、梅思平、沈亦珍諸兄爲我指正校閱，謹在此表示悅服幷感謝之意。

中華民國十五年一月十五日石岑記。

人生哲學參考書目

—近代的出版物—

(甲)西文的:

(一)Eucken, R.—Die Lebensanschauungen der grossen Denker.

此書係德國哲學家倭伊鏗所著，名大思想家的人生觀，又名自柏拉圖至現代之人生問題發展史(eine Entwicklungsgeschichte des Lebensproblems der Menschheit von Plato bis zur Gegenwart)。一八九〇年出版。英譯名 The Problem of Human Life，由 Williston S. Hough 和 W. R. Royce Gibson 合譯。日譯名大思想家之人生觀，由安倍能成譯。內容頗豐富，對於柏拉圖亞里斯多德的人生觀、耶穌的人生觀、及康德學派的人生觀，均有詳細的論列。

(二)Eucken, R.—Grundlinien einer neuen Lebensanschauung.

此書亦係倭伊鏗所著，但這是發表他自己的主張的，名新人生觀之基礎。英譯名 Life's Basis and Life's Ideal: the Fundamental of a new Philosophy of Life，由 A. G. Widgery 翻譯。日譯見帆足理一郎所著哲理與人生。此書立論甚精，論者謂此書可與柏格森

的創造進化論相匹敵，堪稱倭伊鏗的代表的著作。氏又有人生之意義與價值(Der Sinn u. Wert des Lebens)一書，一九〇八年出版。英譯為 Meaning and Value of Life。日譯題名與英譯同。中國亦有譯本，由中華書局發行。

(三)Metchnikoff, E.—Études sur la nature humaine.

此書係俄國動物學家兼黴菌學家麥奇尼苛夫用法文著述的。名人類的性質，一九〇三年出版。麥氏在歐洲科學界極負重望，曾以四十餘年苦心的研究，由科學的立脚點解釋人生問題，結果成功他的積極的樂天主義的人生哲學，此書卽係他一生研究的結晶。後來又在一九〇七年發表一部生命的延長，作人類的性質的補篇，更進一步把他的新人生觀詳細論列。兩書都有英譯：第一部名 The Nature of Man: Studies in Optimistic Philosophy，第二部名 The Prolongation of Life: Optimistic Studies。均由 P. Chalmers Mitchell 翻譯。凡傾向科學的人生觀者，不可不熟讀此書。

(四)Haeckel, E.—Welträtsel.

此書係德國生物學家赫克爾所著，名宇宙之謎，一八九九年出版。赫氏在生物學界，差不多和達爾文、赫胥黎齊名。此書係本生物學的見地而推論到各方面的一種宇宙觀和人生觀，出版後無論何國言語，概有譯本，一年之內，銷行達十

萬餘對；後來因外間非難的很多，便是通信質問的，約計在五千通以上，他爲免去逐一答覆的麻煩起見，又著了生命之不可思議(Lebenswunder)一書，亦不久翻成了十餘國的語言。前後兩書，有互相發明處。前書共分二十章，所討論的大略可分爲四類：一，人類學的研究；二，心理的研究；三，宇宙的研究；四，神學的研究。後書共分十八章，所討論的，大抵皆關於生命、生命之科學、精神的生命、生命之起源、生命之進化、生命之價值等問題，此外關於死、生殖、營養以及眞理、道德諸問題，亦有論列，與前書分量相等，允稱傑著。前書英譯名 The Riddle of the Universe，後書英譯名 The Wonders of Life，均由 Joseph McCabe 翻譯。又前後兩書，均有日譯本，譯者爲栗原古城。又前書中國亦有譯本，卽馬君武所譯的赫克爾一元哲學。由中華書局發行。

(五)James, W.—Will to Believe, and Other Essays in Popular Philosophy.

此書係美國心理學家兼哲學家詹姆士所著，名信仰的意志及其他通俗哲學論文集，一八九七年出版。全書皆直接間接證明宗教的信仰之可能與必要。第一篇信仰的意志，尤爲一般學者所注目，次則爲討論人生的價值(Is Life Worth Living?)之文字，亦膽識獨到之作，自餘諸篇，亦皆出之以一貫的精神。欲探究詹姆士之宇宙觀與人生觀及宗教觀，實舍是莫屬。詹姆士晚年的名著根本經驗論(Essay in Radical Empiricism)和實用主義(Pragmatism)二種，正是詹姆士思想的兩

面，而皆早已表現於通俗哲學論文集之中，所以這書確有珍重介紹的價值。日人小野實編譯此書，即題名人生之哲學。又太田善男亦早已節譯此書，題名信仰之哲學。詹姆士於此書發表之明年，又著有人類不死(Human Immortality)一書，足與此書相發明。

(六)Tolstoi, L.—On Life.

此書係俄國文學家脫爾斯泰所著，名人生論，一八八七年出版。脫氏為人道主義的首倡者，他以為解決人生一切問題之最大關鍵，即在基督教所垂為訓戒的愛，但愛立於理性之上，所以他極端推崇理性，說理性便是愛，便是眞理，便是人生。法國文學家羅曼•羅蘭(Romin Rolland)至呼他為「理性的神秘家，」愛德曼•谷士(Edmund Goose)也評他是一個「穿東洋道士衣的化學者，」可見他十分尊重理性。他一生經歷，很可以助他特別的對於人生問題發生痛切的感想，所以他的人生論，是值得我們細心玩味的。原書有英譯，有日譯。日譯係宮島新三郎本，現又出有人生問題論集一書。

(七)Tagore, R.—Sādhanā: The Realisation of Life.

此書係印度詩人泰戈爾所著，名生之實現，一九一三年出版，可稱為泰氏一生的代表著作，泰氏曾因此書博得一般人的讚賞。據他這部書上的自序說：這是

他在彭加爾(Bengal)山梯尼克頓(Shanti Niketan)學校所作的論文。現在發刊成此書，大部分是他的朋友 S. C. Roy 和 A. K. Chakravarti 兩人從彭加爾原文譯出來的；「行爲中的實現」一章，是他的姪兒 Surendranath Tagore 所譯。內容共分八章，皆討論人生問題，雖書不滿三百頁，而受此書之感化者已遍世界。行文流麗，富詩趣，工描寫，允稱傑作。歐洲大戰後，此書更見流行，德國人尤愛諷誦，沃爾夫(Wolff)把這書譯爲到完成之路(Der Weg zur Vollendung)；他們用極鄭重的態度所編的英作家集，也把這部書收在裏面，可以想見這部書的價值。泰戈爾又於一九一九年在美國發表了一部人格論(Personality)的講稿，更涉及人生問題之全部，論者謂此書之價值不在生之實現之下，而關於教育與女性問題，尤多論列，更爲此書之特彩。所以這兩部書都有購讀的必要。前後二書，均有日譯：前者名生之實現，後者題名泰戈爾的人生論，由由良哲次翻譯。又前書中國亦有譯本，由泰東書局發行。

(八)Bergson, H.—L'Evolution Créatrice.

此書係法國哲學家柏格森所著，名創造進化論，一九〇七年出版，爲柏氏三大名著之一。內容甚豐富，推論甚精詳，於人類生命之起源及職能，人類之本能及理知，與夫人類在自然界之位置，種種問題，均闡發無遺，洵屬偉著。柏氏此書雖涉論頗廣，但可當作人生哲學讀，柏氏雖未曾撰著專論人生之文字，但從他的

各種著作，實無處不可推見他的人生觀。如柏格森意識之直接與件 (Essay sur les données immédiates de la conscience, 1889) 一書，對於人生問題如自由意志問題等均有詳細的討論。聞柏氏目下正專力於此類著述，因不願輕易發表，所以尚未問世。此書英譯爲 Creative Evolution，由 A. Mitchel 翻譯。日譯爲創造的進化，由金子馬治、桂井當之助共譯。中國亦有譯本，即張東蓀所譯的創化論，由商務書館發行。

(九) Schopenhauer, A.—Die Welt als Wille u. Vorstellung.

此書係德國哲學家叔本華所著，名意志與觀念之世界，一八一九年出版。叔氏爲有名的厭世哲學者，此書闡論極精，所論列的方面極廣，關於人生問題，尤獨具特識，爲研究人生哲學者所必讀之書。論者謂叔本華精於佛學，此書多本佛家要諦推闡人生之眞義，故尤爲談人生者所珍視。英譯名 World as Will and Idea，由 R. B. Haldane 和 J. Kemp 合譯。日譯名意志と現識トシテの世界，由姊崎正治翻譯。近日人增富平藏又譯有人生達觀一書，係從叔本華各種著作中選譯的，可算是一本叔本華的人生哲學，亦有購讀的必要。

(十) Nietzsche, F.—Also Sprach Zarathustra.

此書係德國哲學家兼藝術學家尼采所著，名查拉圖斯屈拉如是說，一八八三年出版。尼采是德國一個絕頂的天才，是世界一個有名的狂人，是近代一個最

有聲色的新進化論者，新藝術論者，新道德論者。他的著作，便是一字一句都有精讀的價值，而且不精讀亦不易得其解，因爲他的作品幾乎全部都是格言式的文句；倘領取其中妙諦，不僅令人狂喜，而且一生受用不盡。這部書是他成熟期的作品，是他一生最得意的著作，可完全當作一部詩讀。那裏面的文字，不重論理的說明，而重藝術的表徵，所以特別看重生活，可以說全部書都是「生活自已在那裏說話。」這部書有兩個重要的意義，便是超人理想與永遠輪迴說。尼采把查拉圖斯屈拉託自己的思想，說查拉圖斯屈拉左右常攜有蛇鷲二物，蛇便是永遠輪迴的象徵，鷲便是超人的象徵，查拉圖斯屈拉想制服蛇，只有使鷲之一法，所以想制服永遠輪迴的思想，只有提倡超人思想之一法。可見尼采這部書完全是一種宇宙觀與人生觀的建設。尼采的書尙有許多種，如悲劇的發生 (Die Geburt der Tragodie, 1871)，人類的太過於人類的 (Menschliches, allzu Menschliches, 1878)，善惡之彼岸 (Jenseits von Gut und Böse, 1886)，道德系統學 (Zur Genealogie der Moral, 1887) 等，可以說都是討論人生哲學的著作，可惜此處不便詳細介紹。尼采的著作，幾乎全部都有英譯或日譯。此書英譯名 Thus Spake Zarathustra: A Book for All and None，由 T. Common 翻譯，又 Tille 亦有譯本。法譯名 Ainsi parlait Zarathustra，由 H. Albert 翻譯。日譯名ツアラトウストラ，由生田長江翻譯。日本近出有「尼采全集」已出七冊，上述各種重要著作，均經編入。

（十一）Rickert, H.—Die Philosophie des Lebens.

此書係德國哲學家黎克特所著，名生命哲學。一九二〇年出版。黎氏為生命哲學之巨子；此書係本生命的見地，批評現代的世界觀及人生觀，使人知道現代所謂生命哲學，都不過自然主義之一面，於理想主義全未顧及；因著此書以糾正之。內容頗豐富，足資參考。日譯名生の哲學，由小川義章翻譯。

(十二)Loab, J.—The Mechanistic Conception of Life.

此書係德國實驗生物學家勒布所著，名生命之機械觀，一九一二年在美國出版。勒氏撰成此書，全本自身的實驗，非尋常空論可比；書中多具特解，非有科學根柢者不能讀，故尤為可貴。有日譯，譯者為神田左京。

(十三)Lodge, Sir O.—The Survival of Man.

此書係英國物理學家兼哲學家洛治所著，名人命之殘存，一九〇九年出版。洛氏曾著無線電信術(Signalling Without Wires)一大册，謂電氣無線亦可通信，此書出版後，聳動一時之耳目。惟氏只言其原理，並未着手實行。因此氏於物質之性質，益加精究，曾著有近今之物質觀(Modern Views of Matter)及生命與物質(Life and Matter)諸書。又著有電子論(Electrons)，曾將化學上的六十個元素換算為電子，謂精神與物質之間，只存留一極薄之隔壁。論者謂洛氏此種之發明，可與居禮(Curie)所發明之鐳(Radium)相伯仲。氏本物質與精神之研究，遂特別注重人生

問題，而得一種靈魂不滅之結論。人命之殘存一書，便是他許多年間由科學的研究之結果。有日譯，譯者爲高橋五郎。洛氏又有人與宇宙(Man and the Universe)一書，亦爲不朽之名著。

(十四)Lombroso, C.—After Death—What?

此書係意太利刑事法學家羅姆布洛索所著，名死後如何？一九〇八年出版。此書係他死前一年所著，本心靈現象之研究而發表一種人生觀。他的許多契友很反對他這種發表，謂立於理性之上的科學者，現在還拜倒於神秘之前，以七十餘年光榮的歷史而致一朝毀損，豈不可惜！但羅氏因所信甚確，終不爲友言所動，遂於一九〇八年十月發表此書。

(十五)Fechner, G. T.—Das Büchlein vom Leben nach dem Tode.

此書係德國精神物理學家費希奈爾所著，名死後的生活，一八三六年出版。費氏爲精神物理學的首倡者，關於哲學、倫理學，著述極富。所著有精神物理學原理(Elements der Psychophysik, 1860) 黑暗觀對光明觀 (Die Tagesansicht gegenüber der Nachtansicht, 1879) 至高善論 (Über das höchste Gut, 1848) 等書，皆哄動一時。氏謂全宇宙無處不有靈魂，(汎心主義 Panpsychism)即地球與其他星體，亦莫不有靈魂，宇宙一切概爲最高靈魂所包擁；因此發爲他的觀念論的宇宙觀。彼之人生觀亦由是演

出,成功他的樂天的人生觀,這也是由他的「光明觀」所得到的必然的結論。是書英譯爲 On Life after Death,由 H. Wernekke 翻譯。日譯名死後の生活,由平田元吉翻譯;書末附有費氏詳傳。

(十六)**Myers, F. W. H.**—Human Personality and its Survival of Bodily Death.

此書係英國散文家兼詩人邁爾士所著,名人格與死後之存在,此書極爲學界所推重,至有謂此書足與達爾文的種源論相媲美者,卽此可見其價值。一八八二年二月英國倫敦曾建立一個心靈現象研究會(Society for Psychical Research)邁爾士便是一個發起人,其時加入發起者尚有倫理學家薛知微(H. Sidgwick)夫婦,心理學家革尼(E. Gurney)、巴勒特(W. F. Barrett)、斯條亞(B. Stewart)諸人,可見邁爾士對於心靈學術上之盡力,與其號召力之大。

(十七)**Flammaion, C.**—Mysterious Psychic Force.

(十八)Hyslop, J. H.—Science and a Future Life.

(十九)**Popmore, F.**—Modern Spiritualism (1902), and The Newer Spiritualism (1908).

(二十)Carrington, H.—The Physical Phenomena of Spiritualism, and The Coming Science.

(二一)**Freud, S.**—Die, Traumdeutung, 1909.

以上數種，皆研究心靈現象較重要之書。

(一一二)**Püter, A.**—Vergleichende Physiologie, 1911.

(一一三)**Verworn, M.**—Allgemeine Physiologie, 1901.

(一一四)**Weismann, A.**—Die Kontinualität des Keimplasmas (1885), and Ueber Leben und Tod (1884).

(一一五)**Goette**—Ueber den Ursprung des Todes, 1883.

(一一六)**Lipschuetz, A.**—Warum wir sterben, 1914.

(一一七)**Calkins**—Biology, 1914.

以上數種，皆從生物學研究生命現象較重要之書。

(一一八)**Pearson, K.**—Ethic of Free Thought and Other Addresses and Essays, 1901.

(一一九)**Steiner, R.**—Philosophy of Freedom: A Mordern Philosophy of Life developed by Scientific Methods. Tr. by Mr. and Mrs. R. F. X. Hœrnlè, 1916.

(一二〇)**Keller, H.**—Practice of Optimism 1915.

(一二一)**Stirner, M.**—Ego and His Own. Tr. from the German by S. T. Byngton, 1915.

(三二)**Voysey, C. F. A.**—Individuality: An Essay on Individuality in Art, Music, Literature, and Life, 1915.

(三三)**Bosanquet, B.**—Value and Destiny of the Individual. Gifford Lectures for 1912 delivered in Edinburgh University, 1913.

(三四)**Boutroux, E.**—Beyond That is Within and Other Addresses, Tr. by J. Nield, 1912.

(三五)**Fullerton, G. S.**—World We Live In: Philosophy and Life in the Light of Modern Thought, 1912.

(三六)**Jones, W. T.**—Spiritual Ascent of Man, 1916.

(三七)**Münsterberg, H.**—Eternal Values, 1911.

(三八)**Show, C. G.**—Value and Dignity of Human Life: As Shown in the Striving and Suffering of the Individual.

(三九)**Bridges, H. J.**—Criticism of Life: Studies in Faith, Hope and Despair, 1915.

(四〇)**Laird, J.**—Problem of the Self: An Essay based on the Shaw Lectures given in the University of Edinburgh March 1914.

(四一)**Royce, J.**—World and the Individual. Gifford Lectures dilivered before the Un-

iversity of Aberdeen, 1913-16.

(四二) **Paulson, F.**—System of Ethics. Tr. by F. Thilly, 1911.

(四三) **Martineau, Dr. Jas.**—Types of Ethical Theory: **A very valuable work; partly** historical and Critical.

(四四) **Muirhead, J. H.**—Elements of Ethics.

(四五) **Sidgwick, H.**—The Methods of Ethics.

(四六) **Wundt, W.**—Ethics, tr. by J. Gulliver and E. B. Tichner and M. Washburn, 3 Vols. Vol. i: Facts of the Moral Life, ii: Ethical Systems, iii: Principles of Morality.

(四七) **Stephen, Sir L.**—The Science of Ethics.

(四八) **Westermarck, E.**—Origin and Development ot Moral Ideas, 1906.

(四九) **Spencer, H.**—Principles of Ethics.

以上二十餘種，均係英文的關於討論世界觀人生觀及自由意志等問題較重要之書。

(五〇) Marx, K.—Materialistische Geschichtsauffassung.

此書係社會主義之鼻祖德國馬克思所著，名唯物史觀。本來這個名稱，是安格思替他加上的，但後來竟在學術界產生絕大威權。他這部書的價值，是誰也知道的，用不着介紹。我們要談人生，却萬萬不能不先將這書披覽一番。原著無論何國語言，概有譯本。

(五一) Nordau, M. S.—Degeneration.

此書係猶太病理學家兼批評家諾爾導所著，名變質論，一八九三年出版。氏本病理學的見地批評近代人的生活，進一步發見近代人的人生觀所以劇變之由，大爲學術界所推重。著述頗富，而以此著最膾炙人口，爲研究人生問題者所不可不讀之書。有英譯，一八九五年出版。

(五二) Morris, W.—News from Nowhere.

此書係英國藝術的社會思想家莫理斯所著，名無何有之鄉的消息，一八九一年出版。莫氏主張人生之藝術化；拉士金(Ruskin)說：「不勞動的人生是罪惡，無美術的勞動是野蠻，」這句話便是莫氏的思想的結晶。他以爲人生的價值，是在於勞動化、和詩化；勞動不是爲生活而勞動，勞動便是生活，勞動的報酬便是創造，

這便是神所給與我們的貸銀；所以勞動卽是一種快樂，卽是一種詩的境地。這樣，纔不至陷人生於機械主義資本主義之下。莫氏此書和他的約翰·波爾之夢(The Dream of John Ball)一書，為一般人所最愛諷誦者，其主張是「藝術之目的卽民衆之目的，」莫氏拿這種思想做他的各種作品的骨子。無何有之鄉的消息是莫氏一生思想所寄的一種烏托邦之描寫，把新同胞觀念的精髓和在美的自然之中的一種勞動化詩化的人生，抒寫盡致，使我們發見一個新天地，而得一安身立命之所。莫氏著作頗富，尚有地上樂園(The Earthly Paradise)、詹遜之生死(The Life and Death of Jason)、路傍之詩(Poems by the Way)希望之旅(Pilgrims of Hope)等，亦皆膾炙人口之作。

(五三) Carpenter, E.—Angel's Wings.

此書係英國文明批評家兼社會主義詩人卡朋特所著，名天使之翼，一八九八年出版。卡氏著述頗富，關於藝術、戀愛、婦人問題、結婚問題以及宗教起源、社會改造、愛與死的關係、男與女的變形等問題，均有專書討論。卡氏雖沒有發表關於人生問題的專著，但他的著作，沒有一篇不可當作「人生論」讀。其發揮人生眞義最深切著明的莫過於天使之翼一書。卡氏本是一個新藝術論者，所以這書對於藝術與人生的關係，發揮得異常透闢，他說人生就是表現，人類要在藝術的新地盤之上加一番改造，方能得到高貴的人生。持論多與尼采、柏格森一流

人相暗合。他現在年紀已經到了八十歲，但他對於藝術的趣味，尙很濃厚，過他那種田園詩人的生活。(天使之翼有日譯，名人間改造之藝術，譯者爲三浦關造。)

(五四) Key, E.—Lifslinjer.

此書係瑞典女流思想家愛倫凱所著，名生命線，一九〇三年出版。此書前半有英譯，名戀愛與結婚(Love and Marriage)。亦有日譯，題名與英譯同。愛氏爲熱烈的人生肯定論者，她以爲人生的前面，只有一條光明之路；所以有許多批評家評她一生的思想爲「生命的宗教」或者評她爲「生命的使徒。」她在世界上所放的第一聲大炮，便是性的道德之革命。她說：「性的問題是人生的問題，是社會幸福的問題，其他一切問題與此相較，都成枝葉。」她又說：「人類在保存種族的別種方法未發見以前，兩性關係確確實實的是人生的起源。從進化論的見解看來，應當以兩性關係做一切人生向上的出發點。」由此可想見她對於「性」的尊重。她這部書和她的戀愛與倫理(Love and Ethics)，均於性的道德發揮盡致。她的人生哲學，便完全表現在這兩部書裏面。氏於教育問題社會問題，亦多所論列：見諸英譯的，如兒童的世紀(Century of the Child)、婦女運動(The Woman Movement)母性的復興(Renaissance of Motherhood等皆是。

(五五) Ibsen, H.—Vildanden.

此書係挪威戲曲家易卜生所著，名野鴨，一八八四年出版。易氏一生著作最富，大抵可劃作三種：一，人生問題的作品，如布蘭德(Brand)、皮耳金特(Peér Gynt)、傀儡家庭(Et Dukkehjem)等皆是；二，社會問題的作品，如少年黨(De Unges Forbund)、國民公敵(En Folkefiende)等皆是；三，神秘象徵的作品，如海上夫人(Fruen fra Havet)及他的晚年各種作品皆是。但他描寫人生觀社會觀最深刻的，而且描寫得圓熟盡致的，無過於野鴨。如依上面的分類，當歸在第一種。這部作品的用意，便是說對於很弱小的很平凡的人類(卽指一般人類)眞理總歸是破壞的，所以大家在這種可怕的眞理之下討生活，結果總歸是自騙自，我們不過在這個騙局裏面，貪求一點安樂而已。他這部作品，無論在描寫上面，或在舞臺技巧上面，別開一新生面，大有細心玩味的價值。此書英譯日譯均有。

(五六)Flaubert, G.—Nademe Bovary.

此書係法國小說家弗羅伯爾所著，名勃懷麗夫人，一八五六年出版。弗氏是抱着很深的厭世思想的；他這部小說是他六年間苦心的結晶，內容是敍述一種女性墮落的生涯，對於黑暗面描寫得異常透澈，大爲文藝界所驚賞。此書英譯日譯均有。

(五七)Zola, E.—Nana.

此書係法國小說家左拉所著，名那那，一八八〇年出版。左拉一生的主要作品，可分為三種：一，魯岡·馬克特叢書(Les Rougons-Macquart)；二，三都叢話(Les Trois Villes)；三，四福音書(Les Quatre Evangiles)；那那便屬於第一種。是描寫女主人公那那作半優半娼的生活，終至墮落不可收拾。左拉、號稱自然主義之父，他描寫人物，完全用科學的方法，照實事盡情披露，無所顧忌，他描寫那那，便是這種筆法。在第一種叢書裏面，尚有土地(La Terre)一冊，也是極力描寫人類的獸性的。此外尚有酒店(L'assommoir)、陽春(Germinal)、製作(L'oeuvre)及破產(La Débâcle)等，都是左拉最有聲色的作品。

(五八) Maupassant, Guy de—Une Vie.

此書係法國小說家莫泊三所著，名一生，一八八三年出版。內容係描寫一純潔溫柔的女子，因所遇非人，致陷一生於悲境，和弗羅伯爾的勃懷麗夫人裏面的思想情調相髣髴。莫氏作品雖多，但長篇不如短篇，短篇易於動人；他的短篇小說，不過數十面，但能捉住人生缺憾之一端，而以纖細華麗之筆，巧描其微處，使讀者神迷心醉。但他一生的長處在此，他一生的短處亦在此，因為他只從人生的黑暗面着筆，似乎忘却了人生的全面。他和左拉雖有相似處，但嚴格論之，左拉尚保留些許主觀，莫泊三便純出於客觀，在此點言之，與其說莫泊三和左拉相似，不如說和弗羅伯爾相似；不過弗羅伯爾仍留有浪漫的痕迹，而莫泊三便一切

聽憑感覺。所以詹姆士(James, H.)說他的武器便是感覺，通過感覺的人生，便是他的人生。這便可以看出莫泊三的精神獨到之處。

(五九)Sudermann, H.—Heimat.

此書係德國小說家兼戲曲家蘇德曼所著，名故鄉，一八九三年出版。裏面所描寫的女主人公，正和易卜生所描寫的娜拉相同，個人的色彩非常濃厚。是一部描寫新舊思想衝突最痛快的代表的作品。此書英日均有譯本。

(六〇)Hauptmann, G.—Die Versunkene Glocke.

此書係德國創作家霍卜特曼所著，名沉鐘，一八九六年出版。霍氏著作最富，但享盛名的便是沉鐘，這純然是一種象徵的作品。由他這種作品出來之後，一般人至推崇他的天才，可與哥德、莎士比亞比肩，可想見這種作品的價值。所謂沉鐘，是把沉鐘代表舊道德；譬如鐘已經破舊了，沉埋下去了，但同時便要設法鑄一新鐘，卽爲新道德之要求，在新道德尚未實現之時，卽遭失敗，這是一種何等可痛惜之事。在我們的生活看來，總不免陷於二重生活的苦悶，這是由個人的自覺所必生的結果。所以這種作品，是容易使一般人受感動的。原著英日均有譯本。

(六一)Turgenief, I.—Otzii Dieti.

此書係俄國小說家兼詩人屠格涅夫所著，名父與子，一八六二年出版。英譯爲Father and Children。現在歐洲流行語所謂「虛無主義者」(Nihilist)便由屠格涅夫所創始，在這部小說裏面方才使用的。作中主人翁巴紮洛夫(Bazarof)不僅是俄羅斯的代表人物，并且是混亂時代新舊衝突時代之一般思想界的代表人物，對於一切社會宗教的法規，無不施以反抗，由個人的覺醒，對於過去之迷夢，更極端的加以懷疑。屠氏這部作品，可以看作虛無主義(Nihilism)的解說。但屠氏一方面是舊的破壞者，一方面又是科學的肯定者，從此點看來，可知他是一個積極的「科學的物質主義者」(Scientific Materialist)；他的消極主義，也是從這裏出發。原書中日均有譯本。

(六二)Gorky, M.—Chelkash.

此書係俄國小說家兼戲曲家高爾該所著，名傑爾卡施，一八九三年出版。此書最能傳達高爾該的思想，傑爾卡施即係作中之主人公，爲理想之具體化的人物，無論對付甚麼，很強硬，很爽直，不知道有所謂失敗，有所謂哭泣，有所謂悲哀，只知道大踏步的走去，不客氣的做去，直到目瞑方休。所以傑爾卡施雖是營一種浮浪的生活，又做賊，又是惡黨，又是無賴漢，但絕對的不要錢，不作虛僞的道學家，不作蝙蝠式的鄉愿。由這種作品看來，可知高爾該是一個極端的個人主義者，是一個力的讚美者，對於下等社會勞動社會的生活，異常同情。他一九〇

○年所作的 Fomá Gordyéef 及其他各種作品，都具此種特色。

(六三) Dostoyevsky, F. M.—Prestprenie y Nakazanea.

此書係俄國小說家杜思妥夫斯基所著，名罪與罰，一八六一年出版。這部作品裏面暗示三種思想：一，已經墮入於黑暗之深淵的人類，終久有爲自覺的光明所照耀之時；二，人類僅由困難的遭遇亦可達到醇化的地位；三，俄羅斯的人民將來必能進一步由相互的愛情日益團結，並不純靠義務觀念，這三種思想，便是愛他主義的福音。由愛。纔。能。使。人。生。出。黑。暗。而。入。光。明，這是杜思妥夫斯基的根本思想。杜氏曾親嘗獄中生活，并曾受笞刑，一生遭遇極困蹇，所以對於人生的觀察，常較他人深刻。杜氏又有名作卡拉馬卓夫兄弟(Bratiya Karamazowy)，可與此書並讀。原著英日均有譯本。

(六四) Andreyev, L.—The Life of a Man.

此書係俄國戲曲家安得列夫所著，名人的一生，一九〇七年出版。人生究竟有甚麼意義？這是一般人常常懊喪的自問着，而終於沒有得到答案的；安得列夫便毅然提出這個答案，說：人生本來沒有意義，因爲他的前途，便是墳墓。安氏尚有一部到星中(To the Stars)的劇本，也是對於人生的意義極端否認的，因爲他說：就宇宙中講，每一秒中有一個星球要毀滅，人生又算得甚麼呢？安氏作品，都帶、

有一種暗澹恐怖的色彩，由這二部戲曲更容易看出。此著中日皆有譯本。

(六五)Maeterlinck, M.—La Mort de Tintagiles.

此書係比利時戲曲家梅特林克所著，名丁泰琪之死，一八九四年出版。此書中英日均有譯本。梅氏為象徵主義神秘主義的首倡者，他認人生的真意義，不能在五官所感觸的世界裏面去尋，要在超越感覺的神秘的世界裏面去尋。他以為人生問題有二種：一是死的問題，二是愛的問題，這兩種問題所以不容易解決，就因為死與愛都具有一種神秘力，非人力所能控制。丁泰琪之死，即描寫死的神秘力；另外有兩部戲曲：一部是Alladine et Palomides，一部是Pélléas et Melisande，即描寫愛的神秘力。所以我們的人生，不能不受神秘的宿命說所支配。但梅氏到了晚年，這種思想又生變化，謂神秘我固有之，非由外鑠，我們的內部生命覺醒之時，便生智慧，由智慧即可控制神秘而獲得幸福的生涯。於是由宿命觀一變而為樂天觀。梅氏又曾著Le Temple Enseveli(日人譯為萬有之神祕)及La Mort(日人譯為死後の生活)，亦皆不易得之名作。

(六六)Rolland, R.—Jean Christophe.

此書係法國文藝家羅曼羅蘭所著，名勤克利斯託夫，一九一二年出版。這是他得諾貝爾賞金之作。他一生主張新英雄主義，主張奮鬬的人生；謂人生即是戰

場，卽是永久不斷的戰場，所謂戰便是爲生命而戰，生命卽神，神之對象便是虛無，所以羅曼羅蘭的神，便是和虛無激戰的生命，其說多與柏格森生之衝動說暗合。羅曼羅蘭的態度，恰好和自然主義者的態度相反，自然主義者好比是人生的傍觀者，從軍記者，羅曼羅蘭便是立於陣頭的戰士。他這部小說都是發揮這種精神的。原著英日均有譯本。

(六七)d'Annunzio, G.—il Trionfo della Morte.

此書係意太利小說家兼戲曲家鄧南遮所著，名死的勝利，一八九六年出版。英譯名 The Triumph of Death。鄧南遮爲意太利最有聲色的作家，一生精力所注集，專在兩性關係，可以說他的藝術與性相終始。他是一個兩性關係之批評者、注解剖者、記錄者，他這部小說完全從兩性關係解剖人生，讀之可以發人深省。

(六八)Wilde, O.—Picture of Dorian Gray.

此書係愛爾蘭小說家兼戲曲家王爾德所著，名杜淩安•格列畫像，一八九五年出版。王爾德是近代享樂主義的代表者，是唯美派的正宗。他以爲人生最高的目的，便是圖肉感的官能的快樂，人生的美化。他這部小說，完全是拿這種思想做背景的。他的藝術觀和人生觀，都具有同一的特彩，很惹起文藝界的注目。他尙有一部法文的劇本，名 Salome，也是一時負盛名的傑作。

（六九）Shaw, B.—Man and Superman.

此書係愛爾蘭批評家兼戲曲家蕭伯訥所著，名人與超人，一九〇三年出版。蕭伯訥號稱模範的愛爾蘭人，因爲愛爾蘭人的特性是奔放不羈，遇事出以一種挑戰的態度，蕭伯訥便是這樣，所以他極力主張「生之力」，這顯然是叔本華、尼采一流人的影響。他說：幸福並不是人生的目的，幸福和美都不過是副產物，呆漢也會知道求幸福和美，我們只須盡力去表現生命，自然就有幸福到來，自然就有美湧現。由他這段話，就可想見他那種貫澈主張的精神。人與超人顯然是受了尼采超人哲學思想的影響，這是他關於人生問題的代表作品。他尚有華倫夫人之職業（Mrs. Warren's Profession）一部小說，也是最能傳達他的精神的作品。

（七〇）The Encyclopaedia Britannica.

此書論 Life, Death, Mind, Spirit, Matter, Materialism, Spiritualism, Pessimism, Psychical Research, Psychology, Philosophy, Ethics 等處可參考。

（七一）Baldwin's Dictionary of Philosophy and Psychology.

此書論 Optimism and Pessimism, Meliorism, Life, Death, Mind, Soul, Immortality, Materialism Spiritualism 等處可參考。

(七二)Thomson's Outline of Science.

此書論宇宙構造、人體構成、精神和心靈、生命和物質、形態學、人種學等處，均可參考。

(乙)日文的:

(一)生命論 永井潛著，大正二年初版。東京洛陽堂發行。著者本為醫學博士，日本帝國大學醫科教授，此書即本其醫學上的見解，發揮生命的要義；於生物與無生物之不同、生物之成分及性狀、人工阿米巴與人工心臟、遺傳、變化性、系統發生、個體發生等問題，推論甚精，大有一讀之價值。氏又著有生物學と哲學との境，大正五年初版，於生體人造論、死、兩性生活與內分泌以及一切論生活現象之處，搜討靡遺。氏又著有人性論，大正五年出版；醫學と哲學大正十一年出版，皆膾炙人口之作。

(二)進化與人生 丘淺次郎著，大正某年出版。著者為日本最負盛名的生物學者，曾著有進化論講話、生物學講話，為生物學界最有聲色的二大偉著。此書係從生物學的見地，泛論人生一切問題。惟氏喜持悲觀論調，如人類之將來一文，早已蜚聲我國論壇，而與一般讀者以一種深刻的悲哀的印象，然又無從非難。原書我國有譯本，由商務印書館發行。氏又著有煩悶與自由一書，大正十年出版，內

有一種之人生觀一文，極富新義；又有現代文明之批評一文，皆爲研究人生哲學者所不可不讀。

(三)人類之遺傳 山內繁雄著，大正六年出版，東京大日本學術協會發行。氏爲日本有名的遺傳學者，曾著有細胞與遺傳，(大正三年出版)遺論傳、(大正四年出版)最新遺傳論(大正八年出版)各書，皆係由苦心研究所獲的成績。此書專注重獲得性可否遺傳之討論，歷舉歐洲各生物學家的實驗以證明其主張。所論與人生相關甚切，故特爲珍重介紹

(四)アメーバから人間まで 石川千代松著，大正十二年出版，東京秀文閣發行。氏爲動物學者，曾著有動物學講義、農業動物學等書。此書於動物與人類之生殖、發生、遺傳、變異、淘汰、應化、性、死等等問題，均作一種比較的研究，爲石川氏最近新研究之發表。

(五)動物と比較したる人間 中澤毅一著，大正九年出版，東京岩波書店發行。此書純爲動物與人類之比較的研究，分形態上之比較、生理上之比較、生態上之比較、進化上之比較四章。

(六)自然科學與宗教 佐藤定吉著，大正十三年出版，東京厚生閣發行。著者爲工學博士，於科學與宗教均有相當的研究。此書分三編，於人生哲學發揮之處頗多，有購閱之價值。氏另有專討論人生觀一書，與此書互相發明。

(七)科學上より觀たる靈と肉 田中香涯著，大正十年出版，東京大阪店號書店發行。此

書純從科學的見地討論各種人生問題，如肉體與精神、生與死、科學與道德、遺傳和境遇與人生、自由意志與責任能力、對於死之樂天觀、人生之現實等問題，均有深切的議論。

(八)科學與人生 柳宗悅著，明治四十四年出版。東京籾山書店發行。內分二章：一，新科學；二，參奇尼苛夫的科學的人生觀。敘述詳明。氏為日本研究宗教學頗著聲望者，曾著有宗教的奇蹟、宗教之理解、ブレークの言葉、宗教トその眞理等書。

(九)生命神秘論 小酒井光次著，大正四年出版，東京洛陽堂發行。內容分九章：一，序論(討論自然與人生)；二，生命(討論生命之起原及關於生命思想之變遷)；三，宇宙之觀察；四，生物界之觀察；五，人體之觀察；六，性與愛；七，生殖與遺傳；八，生與死；九，結論(討論科學與生命)。

(十)生物學上より觀たる死之現象 竹中繁次郎著，大正六年出版，東京洛陽堂發行。此書在日本推為研究死的現象的第一部著作，羅列許多研究關於死的現象之重要學說，確有一讀之價值。

(十一)心靈現象之研究 小熊虎之助著，大正十三年出版，東京新光社發行。著者為日本研究心靈現象之健者，曾著夢の心理、變態心理講話，又曾著心靈現象の問題，此書即係前書修正之稿。內容分五章，係關於心靈現象一種最有系統的研究。末附有研究心靈現象各種重要參考書。

(十二)心靈學 江原小彌太著，大正十一年出版，東京越山堂書店發行。共二厚冊。此

書分五篇，末篇有結論專論人生觀，於人生問題推闡盡致。可供給研究人生哲學者一種豐富的參考。

(十三)人生論十二講　江原小彌太中西伊之助合著，大正十四年一月出版，東京越山堂發行。此爲一部最詳備的人生哲學參考書；內容係講基督、老子、叔本華、脫爾斯泰、孔子、卡萊爾(Carlyle)、釋迦、愛瑪遜(Emerson)、穆罕默德、尼采、親鸞、日蓮等十二人的人生論，頗扼要，大有一讀之價值。

(十四)人生問題—自殺與自我　浦谷肅永著，東京弘道館發行。此書係從哲學的社會的宗教的見地，解決人生之矛盾現象，爲著者數年間研究的結果。

(十五)人間苦與人生之價值　帆足理一郎著，大正十二年出版，東京博文館發行。內容均係討論人生的價值、悲觀樂觀的意義、自殺之倫理、青年與煩悶、人生之幸福等問題，爲研究人生哲學所不可不備之書。氏爲專門研究人生哲學者，曾著有哲理與人生、宗教與人生、教育與人生、社會與人生、死生與宗教、文化生活與人間改造、聖き愛の世界へ等書。

(十六)大死生觀　加藤咄堂著，明治某年出版。內述東西各大哲學家死生觀甚詳。

(十七)人間論　村田豐秋著，大正十三年出版，東京中央出版社發行。此書共分二十六章，關於人生問題，論列最詳，是人生哲學上最豐富之參考書。

(十八)人生觀　高橋五郎著，此係一部舊書，但裏面所搜集各大家的人生哲學論說實不少。共分五編：一，人生之必要與價值、人生觀之變遷及現狀；二，人生果有生

活的價值麼?三，人類與道德及宗教；四，人生之眞價－安心立命之本義；五，青年之煩悶－自殺是可以允許的麼?氏更譯有一部詹姆士•李(James W. Lee)的人生哲學。東京文榮閣發行。

(十九)印度六派哲學 木村泰賢著，大正四年出版，東京丙午出版社發行。氏爲日本研究印度哲學最負時望者。曾與高楠順次郎共著印度哲學宗教史(大正三年出版)聲名大噪，氏對於印度哲學的著述，有一種大的計畫，擬出專書五冊：印度哲學宗教史爲第一冊；印度六派哲學爲第二冊；最近新出原始佛教思想論(大正十一年出版)爲第三冊；再擬著印度教發達史爲第四冊；印度純正哲學史爲第五冊。此書關於各派的人生觀均有論列，可與他的各種專著並讀。他另著有解脫への道，亦可參照。

(二〇)佛教哲學思想大系 三井晶史著，大正十三年出版，東京新光社發行。內容分七篇：一，序說；二，佛陀論上；三，佛陀論下；四，眞理論；五，知識論；六，心理論上；七，心理論下。各篇於佛法的人生，均有論及。

(二一)現代思潮より觀たる佛教之根本思想 此書係德國佛學研究者何甫曼(Ernst Hoffmann)所著，原名佛教之根本思想及對於神觀之關係(Die Grundgedanken des Buddismus, und ihr Verhältnis zur Gottesidee)，一九一九年出版，由友松圓諦翻譯，東京新光社發行。內容關於討論人生問題之處頗多，最可貴者爲佛家哲學與西洋哲學之對比的研究。

(一二)佛教之要諦 此書係印度佛教學者那迦斯(P. Lakshmi Narasu)所著，原名The Essence of Buddism，一九〇七年出版，由立花俊道翻譯。東京玄黃社發行。內容關於佛教與厭世主義、佛教與苦行主義、四諦、世界之謎、死及死後、至高善等問題均有論列。

(一三)東洋倫理學史 三浦藤作著，大正十二年出版。內容從古代至清季各家之倫理學說，均有論列，并備述各家的人生觀與世界觀。氏更著有日本倫理學史、西洋倫理學史，為一種有系統的著述。概由東京中興館發行。

(一四)東洋倫理思想概論 岩橋遵成著，大正十一年出版。內容從老孔至王陽明的重要倫理學說及各家對於人生的見解，均敘述頗詳。東京天地書房發行。

(一五)支那哲學史講話 宇野哲人著，大正三年出版，東京大同館發行。氏為日本研究中國哲學最著者，曾著有東洋哲學大綱、孔子教、支那文明記、二程子之哲學等書。此書自上古至清末，關於各家之哲學思想，均敘述甚詳，并記載各家的人生觀。氏最近著有支那哲學之研究，亦可備參考。

(一六)支那哲學史概論 渡邊秀方著，大正十三年出版，東京早稻田大學出版部發行。此書比宇野氏所著的更詳，分上世哲學、中世哲學、近世哲學、清代哲學四編，材料選擇亦頗精審。

(一七)近代人の人生觀 人生哲學研究會編，大正十四年出版，越山堂發行。凡日本著名文學家、如高山樗牛、夏目漱石、國木田獨步等，均有撰述。

（二八）人生與藝術　島村抱月著，大正八年出版，東京進文館發行。氏爲日本有名的文學家，曾發表運命之丘等作品，傾向於自然主義，書中有人生觀上之自然主義，和美學與生之興味二篇，大有一讀之價值。

（二九）象牙の塔を出て　廚川白村著，大正九年出版，東京福元書店發行。氏爲日本文學界之驕子，凡所著述，發行動至百版以上，可想見其文字之魔力。氏爲。生。命。主。義。者，凡字。裏。行。間，均着。有。生。命。的。色。彩。氏一生著作頗富，最著名者爲近代文學十講（我國有譯本）推爲近代最可珍重的出版物。此外有苦悶の象徵（我國由魯迅翻譯）近代之戀愛觀（我國亦有摘譯）十字街頭を行く等書，均爲極可寶愛之文字。此書尤於人生方面，發揮盡致，內有觀照享樂の生活、靈ヨリ肉へ肉ヨリ靈へ、藝術の表現等篇，均於人生之精髓，抉發無遺。

（三〇）招克　倉田百三著，大正十三年出版，東京改造社發行。氏爲新起的作家，爲愛之提倡者，在日本文壇上頗著聲望。氏尚有轉身、愛さ認識さの出發及出家さその弟子、歌人はぬ等著作，每一書出，發行動至七八十版。其議論甚激底，故雖屬零碎著作，亦爲人所珍視。

（三一）自分の人生觀　武者小路實篤著。氏爲日本新理想主義文學之代表者，所謂白樺派之中心人物。此書內分人類的本能爲四種：一，個人的；二，社會的；三，人類的；四，宇宙的。他特別看重宇宙的本能，卽日本文學家夏目漱石所謂「則天去私」的境地。他的作品極多，歐稱爲日本文藝界之花，可惜此處不便逐一介紹。此外如

有島武郎、長與善郎、吉田絃二郎、賀川豐彥、江原小彌太等，均與實篤爲同調；他們關於人生上的作品頗多，因不便一一介紹，此處槪從割愛。

(三二)哲學大辭書 日本東京同文館出版。內有人生哲學、人生觀、厭世觀、樂天觀、改善觀、生命、死等條，可參考。

(丙)中文的：

(一)中國哲學史大綱 胡適著，民國八年初版，商務印書館發行。

(二)東西文化及其哲學 梁漱溟著，民國十年初版，商務印書館發行。

(三)先秦政治思想史 梁啓超著，民國十二年初版，商務印書館發行。此書一名中國聖哲之人生觀及其政治哲學。

(四)中國倫理學史 蔡元培著，民國前二年出版，商務印書館發行。

(五)科學與人生觀 亞東圖書館編輯所發行，民國十二年出版。此書泰東書局亦有出版，名人生觀之論戰。

(六)人生理想之比較研究 馮友蘭著，此書係英文本，名 A Comparative Study of Life Ideals，民國十四年出版，商務印書館發行。

(七)吶喊 魯迅著，民國十一年出版，北京大學新潮社發行。

(八)內學 南京支那內學院編輯所發行，民國十三年出版。

人名索引

西限以譯舊名

A

Aristotle(亞里斯多德)........................24, 25, 105, 112, 116-118, 120, 166, 445, 453
Anaximandros (亞諾芝曼德) 108

B

Bacon (培根)..............................21, 29, 105, 132 ,450, 462
Bonaventura (褒那溫圖拉)..27
Bergson(柏格森) 28, 31, 33, 148, 154-156, 161-165, 272, 430, 441, 470
Bakunin (巴枯寧) 55
Burnet, Jno. (柏涅特) 107
Berkeley (巴克萊) 126-133, 146
Buchner (畢希諾) 143
Bentham (邊沁)................................143, 284, 325
Blondel (布倫得爾)..151

C

Chesterton (乞斯透頓) 11,12
Comte (孔德) 30, 33, 43, 141, 148, 325, 441, 459
Cobbet (科柏特) 54
Cabet (卡培) 55

Caliph (卡里弗) 60
Clifford, W. K. (克里福) 85

D

Coulter (卡德) 92
Clemens of Alexandria (克勒門茲) 110
Cumberland (昆布蘭) 143
Carpenter (卡朋特) 165, 459, 469-470
Dewey (杜威) ....自序 2, 11, 20, 92, 148, 149
Döling (德林) 3
Descartes (笛卡兒) 24, 29, 65, 66, 126-133, 446
Driesch (杜里舒) 31, 92
Darwin (達爾文) 32, 33, 40, 43, 69, 85-87, 141, 145, 154, 164, 458
D'Annunzio (鄧南遮) 66
Dealey (狄雷) 92
Dostoyevsky (杜思妥夫斯基) 450

E

Eucken (倭伊鏗) ....自序 4, 80, 93, 148, 156-161, 164-165, 168, 455
Einstein (愛因斯坦) 12,92
Eckhart (愛克哈特) 27
Engels (安格思) 52,55

F

Feuerbach (費爾巴哈) 32, 142, 147
Flaubert (弗羅伯爾) 41, 68, 167, 459
Fourier (費爾涅) 55
Fichte (菲希特) 137, 141, 146, 446

G

Gibson (頡布遜) ……………………………………自序 4, 149
Gandhi (甘地)……………………………………60, 61, 175
Grabau (葛拉普) ……………………………………92
Gorgias (哥爾期亞)……………………………………143
Goncourts (龔枯爾兄弟) ……………………………………269
Green (格林) ……………………………………446

H

Hegel (黑格爾)……………………………………2, 16, 28, 38, 65, 110, 118, 137-138, 146, 411, 449, 460
Hobbes (霍布士) ……………………………………8,325
Hume (休謨) ……………………………………24, 29, 126, 131, 133
Hugo (囂俄)……………………………………27
Haeckel (赫克爾) ……………………………………31
Huxley (赫胥黎) ……………………………………41, 69, 85, 118, 145
Hauptmann (霍卜特曼) ……………………………………71
Heraclitus (赫拉克里特士) ……………………………………108, 112, 118, 440
Höffding (霍夫丁) ……………………………………141, 325
Holbach (何爾巴哈) ……………………………………147
Howison (何維遜) ……………………………………149

I

Ibsen (易卜生) ……………………………………70, 450

J

James, W. Lee (詹姆士李) …………………………………… 自序 3
Jones (準茲) …………………………………… 自序 4
James (詹姆士) ……6, 33, 148-151, 165, 403-404, 449, 455, 470
Jenks (甄克思) ……………………………………81, 82

Justinus (朱士丁那) 109
John (約翰) 122

K

Külpe (屈爾白) 2,3
Kant (康德) 2, 29, 118, 126, 134-140, 146, 149, 401, 447, 448, 449
Kinsley (金司萊) 41
Kaiser (凱撒) 60
Kropotkin (克魯包特金) 90
Key, Ellen (愛倫凱) 470

L

Locke (洛克) .... 自序 6, 2, 24, 29, 126, 130-131, 141-142, 450
Lotze (陸宰) 2,28
Lehmann (雷曼) 13
Leibniz (來布尼疵) 24, 29, 126-130, 382
Lodge (洛治) 31
Loeb (勒布) 31
Lombroso (羅姆布洛索) 79
Lassalle (拉薩爾) 142
Lamarck (拉馬克) 145
Lass (拉斯) 146
La Mettrie (拉美脫理) 147
Laconpesie (拉克伯里) 236

M

Morgan (摩爾根) 11, 12
Mill, J. Stuart (穆勒) 18, 24, 141, 143-144, 284, 325
Mayer (邁爾) 25, 88, 458
Mach (馬黑) 32, 146
Marx (馬克思) 52, 55, 56, 86, 87, 142

Mohammed (穆罕默德) 61, 456
Maeterlinck (梅特林克) 66, 450
Maupassant (莫泊三) 68, 76, 269
Montesquieu (孟德斯鳩) 80, 83
Malthus (馬爾薩斯) 89-90
Monroe (孟祿) 92
Matthew (馬太) 122, 124
Mark (馬可) 123
Moleschott (倖雷斯珂) 143
Mill, James (詹姆士穆勒) 143-144
Moses (摩西) 462
Morris (莫理斯) 465, 470

N

Nietzsche (尼采) 42, 76, 148, 152-154, 164-165, 170, 438, 455, 470
Nordau (諾爾導) 49, 76, 78, 79, 346

O

Ostwald (阿斯特瓦德) 31
O'Connor (鄂康諾) 54
Owen (倭文) 55
Osborn (奥斯朋) 92
Origenes (奥利振) 109

P

Paulsen (鮑爾生) 2,3
Plato (柏拉圖) 3, 107, 109, 114-118, 120, 138-141, 157, 166, 438, 449, 453
Poincarè (潘卡勒) 28, 32
Pyrron (皮倫) 29

Prouhden (普魯登) 55
Paul et Virginie (保羅) 68
Philon (斐倫) 109
Protagoras (勃洛太哥拉斯)......111, 113, 116, 118, 120, 148, 446
Palay (帕勒) 143
Peirce (皮耳士) 148-150

R

Riehl (黎爾) .... 自序 3,146
Rousseau (盧梭) .... 自序 6, 40, 85-87, 269, 447, 458
Russell (羅素) 4, 14, 18, 19, 32, 38, 92, 465
Renan (芮農) 66
Ruskin (拉士金) 465

S

Schleiden (史來登) 13,41
Schwann (史婉) 13
Spencer (斯賓塞爾)......15, 16, 17, 22, 26, 33, 118, 141, 145, 154
Schopenhauer (叔本華) 16, 27, 137-141, 146, 152, 448
Socrates (蘇格拉底)..........................18, 35, 113-118, 166, 452
Spinoza (斯賓挪莎) 24, 29, 126-130
Schäfer (薛佛)..41
Saint Simon (桑西門) 55
Scott (斯科特) 68
Sanger, Mrs. Margaret (山額夫人)..90
Schlegel (史列格爾) 117
Solomon (蘇羅們) 123, 462
Schiller (失勒) 137
Strauss (斯特老司)..142, 147
Sidgwick (薛知微) 143-144,325
Schelling (謝林) 146
Schleiermacher (詩來爾馬哈)...............................146, 448, 464
Schiller, F. C. S. (席勒) 148-150, 165
Seth (塞士) 149

T

Trendelenburg (覃德倫布爾) 28
Thales (達雷士) 65, 107, 109
Tagore (泰戈爾) 93, 452, 453, 470
Tolstoi (脫爾斯泰) 121, 148, 161-165, 460, 462, 465-466
Tucker (塔克) 143
Thilly (席黎) 152

V

Volkelt (弗爾克特) .... 自序 3
Verhaeren (魏爾哈冷) 48
Vogt (佛格特) 143
Verlaine (魏爾冷) 352

W

Windelband (文德爾班) 2,3
Wells (威爾士) 20
Wolff (沃爾夫) 29
Weitling (威特靈) 55
Woodworth (吳偉士)....................92
Wagner (瓦格訥) 152
Wilde (王爾德) 165
Wordsworth (沃慈華士) 353

Y

Yeats (夏芝) 450

Z

Zola (左拉) 269, 450

中華民國十五年十一月初版

人生哲學

分卷上卷下二册
卷上定價一元六角

著者 李石岑
發行者 商務印書館
印刷所 上海北河南路北首寶山路 商務印書館
總發行所 上海棋盤街中市 商務印書館
分售處 商務印書館分館
北京 天津 保定 奉天 吉林 龍江 濟南 太原 開封 西安 南京 杭州 蘭谿 安慶 蕪湖 南昌 九江 漢口
長沙 常德 衡州 成都 重慶 廈門 福州 廣州 潮州 香港 梧州 雲南 貴陽 張家口 新嘉坡

李石岑先生著

人生哲學 卷下

（待印）

本書係李石岑先生根據最新心理學、生物學、及社會學上之主張，而一以批評的文字發表之者。於人生之意義與價值，抉發無遺。結論一章，全係著者自身觀察與研究的結果，語語出自肺腑，足以發人深省。尤為研究人生思想者不可不讀之書。

內容一斑

第肆章　人生之謎
第一節　人類與自然
第二節　身體與精神
第三節　生與死
第四節　知識問題
第五節　自由意志問題

第伍章　人生之歸宿
第一節　物質論
第二節　社會論
第三節　信仰論
第四節　戀愛論
第五節　自殺論

第陸章　結論
第一節　藝術
第二節　宇宙生活
第三節　人生之第一義

人生哲學參考書目之二

商務印書館印行

元(2256)　19—10—15

民国首版学术经典丛书第一辑

留欧外史（第一辑上编）/ 黎锦晖
清代学术概论 / 梁启超
中国目录学史 / 姚名达
理学纲要 / 吕思勉
中国殖民史 / 李长傅
白话本国史（四册）/ 吕思勉
近代中国留学史 / 舒新城
五十年来中国之文学、论文杂记 / 胡适、刘师培
历史研究法与中国文字变迁考 / 吕思勉
苏曼殊年谱及其他 / 柳亚子
中国商业史 / 王孝通
妙峰山 / 顾颉刚
中国文字学史（上下）/ 胡朴安

民国首版文学经典丛书第一辑

新月诗选 / 陈梦家
火灾 / 邱东平
我们的六月 / 朱自清
红的天使 / 叶灵凤
红雾 / 张资平
未完的忏悔录 / 叶灵凤
生死场 / 萧红
云游、志摩的诗 / 徐志摩
徐志摩选集 / 徐志摩
休息、给予者 / 王实味、欧阳山
迷羊 / 郁达夫
第七连 / 邱东平
弘一大师永怀录 / 弘一大师纪念会
石门集 / 朱湘
飞絮 / 张资平
鲁迅杰作选 / 鲁迅
胡适留学日记（四册）/ 胡适

民国首版学术经典丛书第二辑

东西文化及其哲学 / 梁漱溟
印度哲学概论 / 梁漱溟
中国历史研究法 / 梁启超
中国历史研究法补编 / 梁启超
中国小说史略 / 鲁迅
汉晋学术编年（四册）/ 刘汝霖
淮南鸿烈集解（上、下册）/ 刘文典
近代中国教育史料（四册）/ 舒新城
人生哲学（上卷）（上、下册）/ 李石岑
太炎文录续编（上、下册）/ 章太炎
中国百名人传（上、下册）/ 陈翊林
中国画学全史（上、下册）/ 郑昶
中国女性文学史（上、下册）/ 谭正璧
中国哲学史大纲（上卷）/ 胡适
中国文化史（上、下册）/ 柳诒徵
经学教科书 / 刘师培
中国学术史讲话 / 杨东莼
穆天子传西征讲疏 / 顾实
中国伦理学史 / 蔡元培
宋学概要 / 夏君虞

民国首版文学经典丛书第二辑

中国新文坛秘录 / 阮无名
曼殊六记 / 苏曼殊
英兰的一生 / 孙梦雷
一叶 / 王统照
新生代 / 齐同
二月 / 柔石
丽莎的哀怨 / 蒋光慈
苔莉 / 张资平
古庙集 / 章衣萍
海滨故人 / 庐隐
呼兰河传 / 萧红
公墓 / 穆时英
秋风集 / 章衣萍
囚绿记、龙山梦痕 / 陆蠡、徐蔚南
愤怒的乡村 / 鲁彦
泪珠缘（五册）/ 陈蝶仙
春醪集 / 梁遇春
缀网劳蛛 / 落华生
旧梦 / 刘大白
漩涡里外 / 杜衡
都市风景线 / 刘呐鸥
山野掇拾 / 孙福熙
西北远征记 / 宣侠父
花之寺 / 凌叔华
爱眉小札 / 徐志摩
怀旧集 / 柳亚子
音乐会小曲 / 陶晶孙

图书在版编目（CIP）数据

人生哲学．上卷：全2册 / 李石岑著．—上海：上海科学技术文献出版社，2015.4
（民国首版学术经典丛书．第2辑）
ISBN 978-7-5439-6555-3

Ⅰ．①人…　Ⅱ．①李…　Ⅲ．①人生哲学　Ⅳ．①B821

中国版本图书馆CIP数据核字（2015）第027412号

责任编辑：张　树　王卓娅
封面设计：周　婧

人生哲学（上卷）（上下册）
李石岑　著
出版发行：上海科学技术文献出版社
地　　址：上海市长乐路746号
邮政编码：200040
经　　销：全国新华书店
印　　刷：上海中华商务联合印刷有限公司
开　　本：850×1168　1/32
印　　张：18.25
版　　次：2015年4月第1版　2015年4月第1次印刷
书　　号：ISBN 978-7-5439-6555-3
定　　价：108.00元
http://www.sstlp.com

民国首版学术经典

人生哲学（上卷）【上册】

李石岑　著

上海科学技术文献出版社
Shanghai Scientific and Technological Literature Press

出版说明

民国时期虽只有短短三十几年，却在中国历史上拥有极其重要的地位。随着地理封闭格局的打破，社会制度的转型，思想束缚的解放，社会的文化和学术也开始了古今中西新旧融合与创新的历史过程，迎来一个百家争胜、异彩纷呈的局面，直接表现便是名家辈出、佳作迭现，且其视野之开阔、学识之渊博、影响之深远，为前代所不及，亦为后人所难达。

民国文学史堪称一部文学思潮、文学流派、文学运动、文学论争、文学社团的流变史，它们之间存在着相互交叉、相互生成的复杂关系，而要想从这些复杂的关系中理清头绪、找到脉络，关键还是要着手到具体的作家与作品上。由于受到各种因素的影响，有时即使是同一部文学作品，在不同的版本中也会呈现出大相径庭的风貌。我们尽量选取民国文学经典作品中最初的版本，保留了原书的内封和版权页、书后广告，将文学经典作品的原貌呈现出来。有些文学作品，由于作者早逝等因素，虽然在文学史上具有一定的价值，但人们对其知之甚少。为此，我们也挑选了一些并非广为流传，但是具有自己的风格、在当时的文学思潮中占据过一定地位的文学作品，为当代文学史的研究提供更多的资源。

从 1911 年辛亥革命结束清王朝统治到 1949 年中华人民共和国成立，在这一段特殊时期成长起来的中国学人涌现出了许多大家，并产生了在中国学术史占有重要地位的著作，尽管今人对民国学术的评价是仁者见仁，智者见智，但不可否认的是不论是这些大家的人格魅力，还是那些著作所折射出来的思想的光辉影响了几代学人。

有鉴于此，我们以“民国首版经典”之名影印了民国文学、学术经典。内容可谓包罗万象，诗歌、小说、散文、纪实文学，以及史学、理学、文学研究等方方面面，所选皆出自名家、大家之手，或为各学科奠基之作，或为集大成之作，或为震动当时、影响深远的传诵之作，其中不乏流传很少、极难觅寻的孤本，我们苦心孤诣，找寻到这些经典著作的初版本，影印出版，精装制作，以飨读者。

编　者

人生哲學 卷上

李石岑著

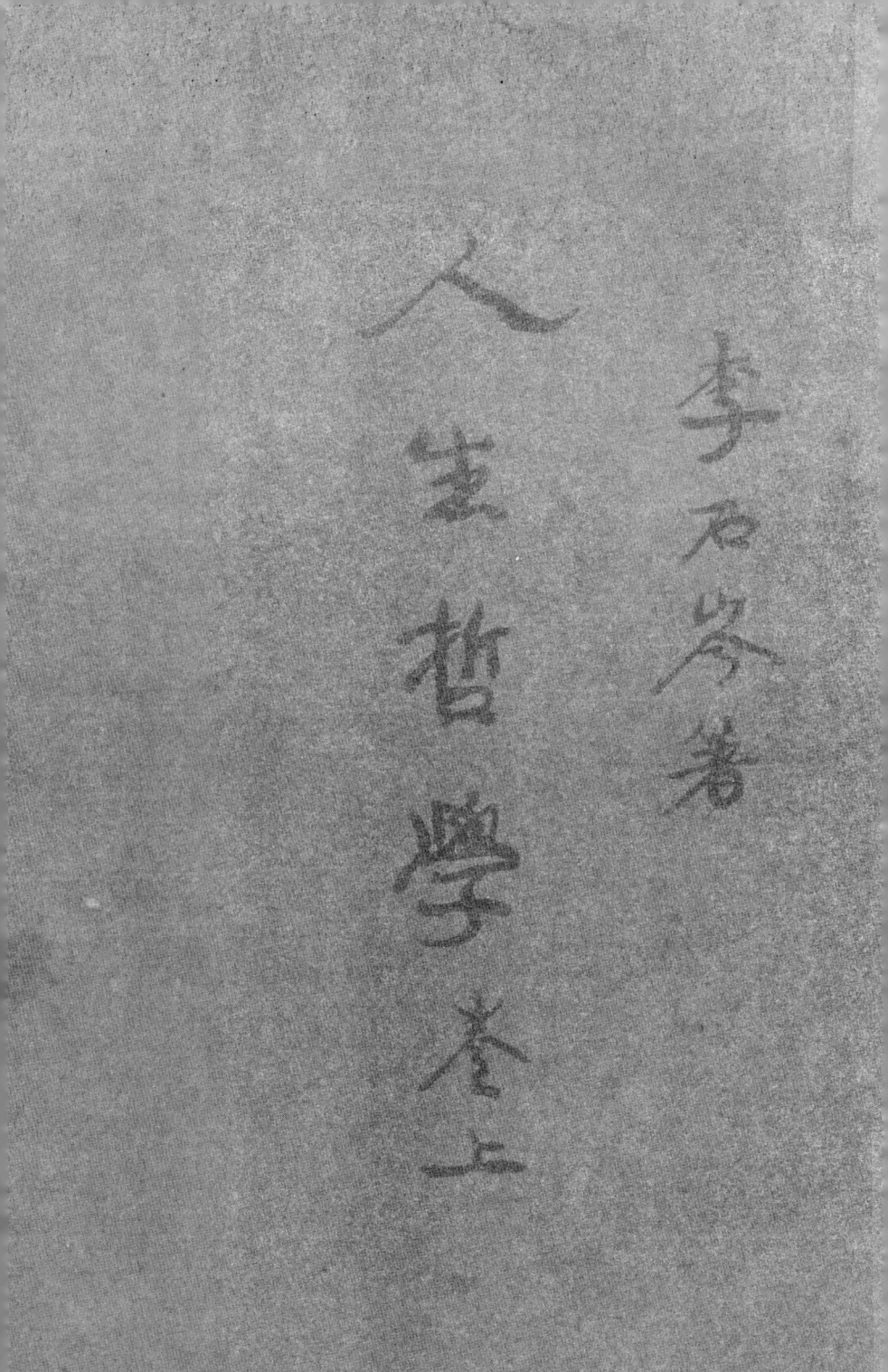

序

記得民國十二年秋，有一天晚上同着在北京的幾個喜歡談論哲學的朋友，在宣武門外香爐營哲學社集會。大家談到人生觀問題，自剛掌燈時起直到二更多天，其結果人生二字的定義，大家見解，還沒一致。

人生哲學和人生觀，究竟是不是同一意義呢？這個問題，若是拏來過細的討論，恐怕現在覺得不難解答的，越推敲顯得問題眞是太多了。再說：人生哲學與倫理學，何以有人說他是異名而同義，有人則謂倫理學不能包括人生哲學，甚至並哲學一語，亦復有種種不同的定義。這一點實在是哲學領域內，一種很不太平的情形，爲自然科學裏所絕對沒有的。

人類憑着他特別發達的想像力，及其無止足的欲求，又本着怕寂寞喜熱鬧的根性，所以造出這些五花八門的人的世界。哲學也算是這個世界裏一種出產品。愛他的人，便覺得這是再寶貴不過的，是最高精神之表現，是要批評及解決一切根本問題的。毀他的人，說他是一種幻想、一種空論，說得好聽些，也只是一種沒法證明的假說。我自己對於哲學近兩年來也抱有多少的懷疑。但是儘管有可疑的地方，而人類一日不絕，哲學終亦一日不滅；換言之，卽人類若是有思想的，卽有哲學。

自然科學所得的結果，無一不可爲哲學研究的材料，將來哲學之立脚點，可以因時代而不同，而哲學本身總是同着科學而先後進步的。卽以人生哲學而論，其立脚點之時代化，也很顯而易見的。石岑先生書中一六六至一六八等頁，已經看到了這一層。惟其時代化的緣故，所以有許多派別之不同，研究哲學有趣味處在此，而其困難處亦在此。人生哲學則尤爲難中之難；因爲卽在同一時代中，亦幾於各人可有不同的人生哲學。現在姑且把種種不同的派別歸結起來，分爲下列之兩個大系。這並非在此忽然鬧出一個分類的玩意兒，無非爲便於簡單敘述起見之一種經濟的辦法罷了。所謂兩大系：

（一）超自然的人生哲學與自然的人生哲學

甲、超自然的人生哲學　凡主張目的論、秩序論，以及意志的自由、普遍、實在、精神的獨立、內在的統一、一切超感覺超經驗者，皆屬於所謂超自然的哲學。所主張率以爲自然科學之必然論，不能說明自我心象或精神，——各派哲學對此創爲種種不同的名詞——此之精神乃先在的、自動的、自由的、創造的、無限的，不受時空限制，不可量度，不可計算，不可分析，其自身卽一實在。凡唯心派哲學，或可看做爲唯心派者，關於此點，其根本觀念皆相同。

乙、自然的人生哲學　以自然律支配經驗的全部，排除一切神祕觀念者，皆可謂之自然的哲學。不過由算學的邏輯的理性論上，主張機械的哲學，亦可因其超越經驗之故，一轉而入於神祕主義。既視理性世界與現實世界迥然不同，則擬諸今日所謂「自然的」觀念，實已相距甚遠。又如自然主義各派哲學中所謂物質一元論、勢力一元論，乃至本質一元論等，實皆追求事物的本體，假設有一不帶任何屬性之超越知識的原因，即萬物之最後的原因。非如實證主義、實驗主義、唯覺主義等，之限於可知的現象界，爲吾人研究之對象；至於原因與本體等，皆置諸不論不議之列，於吾人人生問題尙覺較爲接近。然影響人生哲學最鉅者，在自然科學中，當以生物學爲最。近代生物學之發展，實予人類思想以一種極劇烈的改革。

從前雖極聰明的人，都免不了一種愚蠢，極道德的人，都免不了一種罪過。就是把我們的「人」抬高得太過分了，於智識上犯了太淺陋的毛病，於思想上犯了太自私自大的毛病。總之：看重自己，蔑視其他。其初也許由於所知道的不過語言情意能够相通之同類兩條腿的東西，不知不覺的對於其他生物，降了幾十級，給他一個極不平等的待遇，而自己則以爲是高貴不過的。久而久之，則與偏私我慢的根性混成一氣，直到今日，尙有號稱文明國而對於講進化論的加以非常壓迫者。人對於比較相近的生物，尚且有這樣的誤解，其對於自然界種種現象、自更莫名其妙的了。自然的人生哲學，卽是受了近代自然科學的啓示，恍然於宇宙之大，與吾人之渺小而無足矜貴。「頂天立地的男子漢，」我們不要這樣的過於自負罷。在幾千年以前由某點星兒放出來的光，今天才爲我們眼睛所瞧見，這光的行程中，我們這個名爲地球的小行星上，生生死死中間不知換了多少人。地球雖小，而隨便檢起一片山脚的石片兒，地質學家帶過手一看，呀！這是什麽水成岩之那一代的第幾期，不但在我們歷史第一頁還沒有開篇以前，並且連人類也還都沒有咧。再考究到我們身子裏，所有細胞的數目，千倍於全世界現在之人口，而此甚小之細胞體積內，含有細胞核，核內則有染色體，每一染色體又有若干染色珠聯合而成，細胞核外尚有極小之星體名曰中心體，不但人身是個小宇宙，一個細胞核，其內容之複雜，比平常未受教育的人所想像之宇宙殆有過之。生物的世界，卽是一個細胞世界，人亦不過一個細胞之集合體，與其他生物根本上並無多大區別。而與我們同號稱生物者，在地球上活着的，以種類計，亦有數十萬之多，人不過此數十萬種中之一種。人與這些生物，固然有許多不同的地方，但是說人類一定比別的都優秀則實不盡然。個人之機詐巧僞種種罪惡，每爲其他生物之所無，推而至於國家或社會，則其不平等不公道不道德，以視蜂蟻苔蟲及螃蟹等之團體生活，那就相差太遠了。平情而論，人的特長處，不過知識較爲發達，其餘則並沒有什麼高明。果能看透了這一點，或者能將偏私之見根本去掉，那麼往下所舉第二系之個人與非個人的人生觀，到底應該走那一條路，也就容易明白了。

（二） 個人的人生哲學與非個人的人生哲學

甲、 個人的人生哲學 無論什麼時代，個人主義總是盤據在人的心窩裏，至近代則此種思想益見發達。又無論什麼人，在其兒童期之身心發展上，亦總經過個人觀念極重的時期。一般人在思想方面，或事實方面，大抵皆以爲最真實的就是我，我是最後的單位，保存自己的行爲，被人認作是個本能了。再露骨的主張，則直謂一切生物，只爲生存而生存，人類亦只有利己心是真的。英國人有句俗語，說「天助自助者」。又說：「信實是項好的政策」。上一語說得堂皇些，其實卽謂個人只有自己可靠。下一語則直揭穿道德亦利己之一手段罷了。西人中尤其是英國人，可謂此主義之結晶。他的自由思想，是由個人思想中發展的。自由原始意義，是要解放外界的束縛，個人自身，要自思自行，自己奮鬪，自己決定自己的運命，所謂自我解放的運動，漸成爲個人主義的運動。他的民治精神，亦由個人思想中發展的，個人須有生命財產身體之種種自由，對於其他個人乃至國家，都有要求其不得侵害我個人自由之權，此種要求，一般都認爲極合理而且是神聖的。要求，是一種權利，故這種人生觀，可以說是以權利爲本位的。因爲大家都看着個人利益很認真，所以權利也斷沒有白給人家，要想享受權利，必須答以相當的義務，於是卻成了一個很近乎平等的道德了。再望好的方面說：所有個性的表現，獨立，自尊，自愛，不俯仰隨俗，不同流合汚，不畏權威，不貪安樂，有骨幹，有思想，有主張，有節制，有信仰，有責任心，有向上心，看重自己的人格，要在世間堂堂的做一個「人」。以上種種，也可以說是由個人的園地裏開出來的花。

有好些思想家，他把人類看做自然界的主人翁，所謂我大而物小，物有盡而我無盡，便覺得人生原是可以樂觀的。又有一派，他看得寒暑饑渴衰老病死，「人」只是自然界的奴隸與犧牲，便覺得人生總是悲觀的。這兩種人包括了古今多少聰明賢哲，其實只是個人主義之一種變相，他的根本觀念，是把人類在自然界裏提了出來，另排在他自己主觀的一邊，以爲是與「自然」旗鼓相當屹然並立的，在此對峙的局面裏，不是東風壓倒西風，就是西風壓倒東風，這裏就分出樂觀與悲觀的兩方面了，無非都是所謂「人類中心」的舊觀念，此觀念之中心，總離不了個人的單位。又有一些思想家，他是很慷慨的提倡吾人要對於全人類盡其應盡之責，這似乎是與個人主義絕然不同的了，然而多少主張此說的，同時，卽是一個很嚴格的個人主義者，這是什麼道理呢？大約這還是極狹的個人與極廣的人類中間一條思想的通路，此路原是相通的，上頭所說人類中心主義與個人主義原是一個東西。而且「全人類」這種寬泛的對象，與個人眼前實際方面，並不見得有直接具體的接觸，因爲沒有什麼接觸，所以似乎相反的兩種思想，而卻可以相容，此變相之放大的思想，更把個人主義弄得十分莊嚴了。

乙、 非個人的人生哲學　所謂非個人的人生、並不一定是殺身毀家的殉道者，亦不一定是民胞物與的理想家。他只是相信「人」這個東西排在自然界裏是決不能孤獨存在的，我們呱呱墮地而來，奶着抱着扶着領着，好幾年之長日月，漸漸纔能離人而活，比較下等動物，生下幾天就能飲啄自如者，已經不同了，況且自幼而長，要靠着家庭及學校的教育及一切物質的幫助，自後又無時無地不靠着社會的扶提，我們那一個真是在無人島中能够生活過的。社會之於人，猶之水火與空氣，簡直是不可須臾或離，所以不講別的，單就實際利害關係上說，個人主義是萬萬講不通的。

個人與社會，都是一個抽象的名詞，然一般人則以爲個人是顯然在眼前的，社會卻看不見頭脚，自然覺得很疏遠似的。若是仔細一想，一般所認爲最親者，當無過於我的自身，而此自身者，最初並自己手和足都不知誰屬，拉着就胡亂塞在嘴吧裏喫他一頓，乃至別人未給他一個名稱，他連代表自己的符號都說不上來，到了知道有我，知道是我，同時也必知道有你有他，這些觀念必係連帶而生，因爲本來是不可分離的，當其初知有我有你有他之時，並沒有立地覺得你或他之非我，不過認識對面有這些人們罷了，到了知道分別我與非我之時，所認識的人們一定更多了，於是他有他們，你有你們，而我亦更有我們了。我們與你們他們，只有範圍之不同，而無性質之差別，甲乙爲我們，對丙爲你們，對丁等則爲他們，甲乙丙丁等碰在一塊，則登時變爲我們，而你或他的名稱卽歸於消滅了。故知所謂我者，不過相當位置之一名詞而已，猶云「此處」而並非一個固定的東西。這些道理從前都已有人說過。我們平心一想，真覺得所謂個人的「我」卽與各方全無關係之我，幾乎無法找得出來。

再就人類本性一看，人之好羣，是經驗上毫無可疑的事實，一個人若是被禁在四無人跡的地方，終日只有自言自語自醒自睡自思自想，不久定要發瘋了。又人之富有同情心，亦是一種事實，且舉眼前一事爲例：剛纔——卽我寫到此段之前數分鐘的事情——我家裏有個五歲的小孩，聽着人家講三國演義，講到關公將要被害的時候，他止住人家不讓講，要哭了，又怕人家取笑，他把兩隻小手掩着臉兒說道：怎麼這樣的熱，我要出汗了，他卻忘記了此時已是穿棉衣的冬天了。他的掩飾與稚態，愈見其同情心之完全出於不受暗示的自發性。此類事情，隨處可見，我也不必多述了。

又人之自私自利卑劣的心理，多半發生在個人獨自盤算的時候。若在社會的活動之下，往往能一往無前，能犧牲，能一切放下，能不計利害，在羣衆心理極習見的種種行爲，若移到個人方面，則每覺難能可貴。而個人極易犯的毛病，如凡事先以本身利益爲前提，此種心理在羣衆中就很少見了，因爲多數人互相關聯互相監察中，不容有一人專爲自己打算之餘地。所以就這一點看法，則道德因羣衆而提高之說，很有可以成立的理由，至於假公濟私的害羣行爲，當然也不能盡無，但是這種行爲，一來是冒牌，二來他的動機及結果，徹頭徹尾完全是個人的，此正可作爲個人自私自利無弊不作之一種證明，不能作爲「非個人」方面之有何劣點，所以從極端的講法，可以說：社會而個人化，差不多都帶着不好的成分，個人而社會化，本來雖然不好的，也變成很好，譬如貪財是不好，然所得之財是爲大衆的，則看法便自不同了。

再說：一般所重視的道德，都帶着社會性。從前以爲德性是由內發，而非外鑠的，據現代的看法，這些東西，皆由社會的經驗及智識引生出來的。許多所謂不道德者，其實只是社會裏一個傻子，與社會大衆不相容，所以這個人遂爲社會所不齒，這個不道德的概念，當初是客觀方面製造起來，若是把一個人提到社會以外，他赤裸裸的橫行闊步，在沒人理會的去處，幕天席地，翻來覆去，還有什麽道德不道德的問題，這個問題的來由，至少是有對話的人，批評他責備他干涉他教導他的。後來大家都承認某某行爲，實在是不行，因爲與社會不合式，大家都感着不利或不便，於是漸漸承認到這是獨居衾影間，十目所視，十手所指，發於應人接物之間，馴成克己愼獨之學，這種由經驗及習慣，不知不覺得來之一種醇化的社會智識，居然成爲不待外求之自然而然的，高尙純潔之所謂人的最高德性，（卽是不待社會制裁，自己知道制裁自己之一種覺悟）的確是可以自豪的。但是我們須知此逐漸進展而來的寶貴東西，我們應當好好的存養，發揚而光大之，同時亦須知這個東西的來歷，他是由於社會的，如習慣禮教風俗等等的力量，相激相盪而成的，他並非單獨突然跑出來，而且不是生在某個人之一方面，亦不是生在某某多數人之各個方面，乃是由社會相帶關係之夾縫裏長出來的，換句話說：即是舊觀念之無因的個在的德性，此兩點似乎都是由於只看進展以後之人類現象，而忽略了其由來的社會的歷程。（儒家哲學談心性，每涉本體論，所謂天地之性，或瓦石有良知。與此處所討論之問題無關）

以上二大系，在人生哲學上，就同東西兩半球，所有生活的歷程，不是望這一邊，就是望那一邊，或是先後遶着走。無論西洋哲學方面，印度哲學方面，及中國哲學方面，都可以拿着這個標準來估量他。比如以超自然與自然為標準，則凡是帶着主觀色彩的人生哲學，都屬於超自然的，而客觀的人生哲學，都屬於自然的。（唯心唯物之習用的名詞，在今日大可不用。主觀客觀，雖然他並非固定，不過把他暫代心物觀念，似乎尙無大病。）又以個人的與非個人的爲標準，則凡偏重情意者常爲個人的，偏重理性者常爲非個人的。不過這一類較爲複雜些，因爲由情意出發者，逐漸展開可以達到理性的方面，所以努力於自我實現者，可以向上而得到全體的見解。又由理性出發亦可達到情意的方面，所以人已界限既除，每成爲平等博愛之社會的道德。

至於藝術的人生，則其涵義更爲複雜。藝術是自由的、創造的、無限的、活的、整的、統一的，當然可說是屬於超自然的一類，點與線析開看，不成其爲繪畫，聲音字母抽去意義，不成其爲詩歌，面具衣裝陳列後臺，不成其爲戲劇，這些理論已爲今人所習聞。然而真了解藝術是個什麼性質，這個解人就頗難得了。我們也能說藝術本身卽生活卽生命，也可以說生活卽藝術，而我們實在不能跳出生活以外，來客觀的看他一下，自始至終是見着別人的面孔，用手一把，恍然知道我的五官也就是這樣了，同樣，我們終不能看見生活自身，只是衝動着自以爲在那裏體驗，並且以爲是能直接了解自己，其實自己是無法了解自己的，——除非真能破了我見之後——不過隔着鏡子一看罷了。今日自然科學家最沒奈何的，是形而上的神祕性，我們以爲神祕到藝術，可謂無以復加的了，一個人一身一生的表現，都可以看做藝術品，而此種藝術品卻是超過血肉的軀殼，超過自然斷片的物質。不能超過這些東西的世俗生活，那麽他所表現的，就無非麵包米飯，牀頭女人，到公司或其他機關去做工，進一步則希望需要以上的奢侈品，充個心裏幻化的金鑛銀鑛的鑛夫，終日在黑暗地洞裏鑽，晚上忙着讌會交際，氣喘喘着跳舞，活着一輩子，湊成一張惡濁的醜笨的滑稽的諷刺畫，老實說：這種人生，不能算做「生」，只是沒有死罷了。一日未死，一日在自然環境裏，只好順着生存慾的驅使，不自由不自覺的，衣食住男女金錢等等廹着你要活動，那裏有一毫生的意味，生的價值。

所謂生之表現，是要自由自主的，能操縱一切，征服一切，生產一切。其自身則爲向上的，活潑的，超脫的，和諧而且美滿的，怒開的春葩，連枝帶葉抱着風和露，生意蓬勃的在金色陽光的長着，嫩芽的輕紅，花瓣的光豔與香芬，他的不斷的努力，不斷的表現，完成他的全部的使命。人生要在這樣意義上表現內的生命，無盡的充溢而向外展開。「自然」只是生的材料，表現的材料，只是建築的木頭與磚石。藝術的生活，所以說是超自然的，固然誰也不想否認。但是換一方面說：藝術乃人與自然的橋梁，他是溝通自然，不是隔斷自然，是應用自然，不是排除自然，海天空曠處，幾片帆影兒，隨着白鷗上下，詩人所領會而神往者，正是物質，不是什麼抽象的東西，藝術和自然攜手，美神原不是枯寂的生涯，我們了解這一層，則藝術與自然，絕非路人而是朋友。

再說：藝術的精神，只是對於自己的忠實。所以又可說是屬於個人的，一個人穿着別人的衣冠，無論如何裝得像，總是可笑的。藝術所表現的是獨立的個性，披開胸臆的坦白與眞誠，毫無遮蔽毫無瞻顧的大膽，當其熱烈的表現創造時，所有圍繞着他一切拘束監視與品評，火山噴發似的這些東西無一不掃盪一空，不一定是成心要反抗他，只是向前無敵的眞實力量，自己打出一條出路罷了。自己的性格，自己的動作，自己的情感，自己的興趣，活提着正在跳躍的一條自己生命。所以藝術與人生其他活動，全然不同。他種活動若加點必要的制限，那是可以的；藝術上若加了一層制限，就整個兒把他毀了。藝術在最現代的觀念上，恰是最個人本位的，就爲了這個緣故。但是說：藝術絕非「非個人的」則又不然。藝術所表現者固然是個性，而其表現的結果，却是社會性。一張畫一所建築，決沒有人的界限，鑑賞家陶醉於美的作品中，渾然忘其人己之見作者與鑑賞者精神互相滲透，相融相卽於表現和美感之間，不但沒有人的界限，卽國家乃至種族的隔閡，到此都相忘於無形。藝術的作用，能將自己經驗的感情，傳達於一般人，又能使感情超出時代及種種障礙，所以好的藝術，其傳達力可以無遮的進展，無線電傳來悠揚的音樂，似乎人類以外還有其他生物能同時感到愉快，而吾人對於懸隔萬里異代不同時之人，讀其作品，每每得到一種極親切的了解，慰藉或感觸，真的有時竟掉下眼淚來，這種互相感通的作用，實足以證明藝術確是社會生活的實現。社會生活中，美的醜的光明的黑暗的原無所不有，而藝術的社會性，則爲人的集合創造，在此創造裏，深深得到個性的真際，社會與吾人無時無刻不在和諧中前進。石岑先生此書，網羅衆說，折衷至當，而歸於藝術的人生哲學之一途，（參看本書一七一、四六四、四六五、四六六等頁）真是研究有得之言，確無可易的了。

至於我個人現在所信仰的，也可以略爲一說，以供參考：我以爲人生哲學，似乎要先把「人」在自然界的地位，弄個明白，然後再就各方面討個「人生」的究竟。可惜一般傳襲的思想，多把頭一層忽略了。因爲講哲學的是「人，」他就忘其所以的，把這個所謂人，到底是怎樣一種材料，人與其他生物應如何比較研究，又與其他有機物無機物之關係若何？從前號稱有學問者，亦未必都下過這些功夫，而一面高談人生，在今日看來，實在太武斷了。溫度之高低，氣流之變動，在耳無聞目無見之間，無在不與吾人肉體及精神以極大的影響。一個白耗子小兔兒試驗起來，與吾人思想記憶學習行爲等，皆可爲很重要的參考。幾棵豌豆可以發見遺傳的法則，幾塊化石幾根骨骼可以證實進化的歷程，連我們腦的進化，也都可以在極細微的材料上，得了一些消息，爲古來大哲所夢想不到的。然則我們要探討人生究竟問題，若僅僅就人論人，以寡陋的知識，加以自是的成見，這一條死路，無論怎樣摸索，萬無可以打通之理，半張薄紙將眼睛一蓋，大山當前也就不見了。人一輩子只是在洞孔裏瞧着外來隱約的影兒，時間又有限，忽忽數十寒暑，許多事情沒有弄明白，身子已經先壞了，自古以來，那一個人曾經真明白了纔走的，大都莫名其妙而來，莫名其妙以去，這就是所謂人生。

我現在相信自然科學可以幫助我們探究這個困難的問題，至少可以說他比我們隨便的空想總較爲可靠些。人類所有運動，由於筋肉關節之神經的作用，所有感覺，由於感官與腦髓相聯之神經的作用，所有新陳代謝，由於體內之種種酸化的作用，這些事實似乎沒有法子否認他。生理學者今日都相信由食物吸收潛力，在體內變爲熱及異動之二種主要能力，與蒸汽機利用燃料所生能力實無二致。吾人每日只爲習慣而喫飯，一下嚥後，各機關之分工製造卽茫無所知，明明是一添火送炭之人，而偏欲侈言性命，豈不可笑。吾人原無須抱着一本十八世紀的人類機械論，舊話翻新，當做寶貝——我們并不認機械論爲完全真理，——只要老老實實的觀察自然界之實際情形，我們人的虛憍之氣自會逐步減退，捕風捉影虛無縹緲的廢話亦可以少談。我們明白了自己地位之後，應脚踏實地的講求人的做法，完成人的責任。

一朵花到了時候，總是盡量的開，人的一生，孤負自然的地方，實在太多了。

或者謂：今日之自然科學，對於生物之特點，如生長及再生等現象，生活原形質之本源與其性質，動物體之主動的作用等等，皆尙無完全的說明方法。人生問題何等繁雜，豈能依賴科學的局部的片段的法子，希望可以解決？我們對於這種懷疑，也曾想過，實在應有這一疑，所有生機主義，新活力論等，也就是爲這些問題所驅迫而生的。不過專就自然科學說，以今後生理學心理學解剖學組織學細胞學遺傳學發生學等之進步，從前所未能解決之問題，未始無逐漸解答之望。而優生學之研究，尤與人生生活上有極重大之關係，雖然積極的優生學，不若消極的之較有把握，然遺傳知識日益普及，加以教育之改良，社會制度如財產、結婚、家庭、醫術等之革新，皆可爲優生學發達之助。要之境遇之戟刺，能引起遺傳的可能性，故外界條件與內在性質，實互相關涉相影響，所以空言心性義理之學，而人的肉體材料及社會制度不能徹底改變，終無達到理想目的之一日，卽偶能之，亦決難普遍，人生哲學原非專爲一二優秀特出之人而設，自然的人生哲學實建築於極平實之常識的經驗的基礎上，求其不蹈虛不躐等之一步一步的進展，終於成爲一般民衆一日不可或離之生命的學問。

或者又謂：自然科學的研究方法，總是分析，不是綜合，由人漸次析成細胞，以細胞的作用，說明生物的活動，或再化爲原子電子之單純要素，由其分離集合之各種關係，作爲最後的解釋，此外別無出奇制勝的方法了。但是生物之生活現象，與一塊鐵一堆礦石當然不同，這些東西，你要理解他，可以用分析方法分了之後，再把他合攏起來，此一分一合間，可以明白這個東西的性質，固然實際研究的情形，也非像所說的這樣簡單，但是其法子則絕對可以一律應用，決不生什麼問題的。而此法用之於研究人生哲學，則情形便大不同了。人之有自覺性，雖然在自然科學家，也曾說他是由大腦皮質之神經細胞，能起化學的變化所發出之一種能力。不過這樣的說明，已經越出我們現在知識以外，因爲此化學的變化，已不是今日化學家所能知此所謂力，更非今日物理學所能說明。這種東西，能否分析？假令分析了，能否再合以完成其整體的統一的本來性質？問題到此，在今日之自然科學原無法子可以解答。不過哲學來包辦這些問題，除了內證之外，亦未必有其他辦法，——邏輯的解決法與人生生活相離太遠了。——人生哲學，若只能自己一人體驗，世間再無第二人可以直接作證，這種幹法到底是否已經解答，豈非又是問題？

更有進者，吾人之主張先從自然的人生哲學入手，其最大意義卽在破除我見。「自然」對一切東西是極公平的，人掉在水裏，若是不諳水性，與一條貓兒同樣的要死，同是一個人，無論大富豪大黨魁，他觸了電，和叫化子同樣的倒地。人的自私自利，絕不是「自然」的本性，這種特點決非自然所賦予，從腦袋至脚跟兒，連皮帶骨拆開看，那一塊是「我」，生前與死後那一處有「我」。然而人則不管靑紅赤白無一瞬間不帶着我的執着。對人則偏着自己，對異類則偏着同類，愛國則要和別的國家打仗，忠於自己階級則要將不同階級皆看做敵人，非壓他在下層不可。這種觀念，全是公平的反面，而人則恬不爲怪，並且以爲是很合理的。難得有一個人肯把自己提開，以旁觀的地位看個明白。自然、並沒有叫人們喫麵包之外，又要牛肉又要魚，然而人則以爲魚肉等等，似乎專預備給人喫的，整千整萬的日日屠殺。自然、只是生生不已的在那裏轉，誰死誰活，在大處看，就像海波之一起一伏一出一滅，其總體還是一樣的，平等平等，毫無差別與增減，何嘗一定要這個生存，必定把那個犧牲，生死的概念，與得失的概念，是人把他連在一起的，何以見得生之爲得而死之爲失，自然必製造許多犧牲者以供生物維持其生命之用。以「我」爲中心的人，卻看爲「自然」亦是自私自利的。推此心理，解釋而又解釋，大地儼然是一個戰場，各不兩立的弱肉強食在那裏一天到晚不斷的互相吞噬，暗無天日之慘酷世界，已有許多人相信這是確定的事實了。慈母懷裏偎抱着吃罷了奶，滿衣滿臉奶花香撲人的嬰孩，一雙蛋清樣發亮的小小眼睛，天真爛熳向着人微微一笑，在旁的人，可以認作這小孩是在那裏戰勝他的犧牲者的母親了。

可是換一副眼鏡一看，事實上生物界裏又有好些與戰事恰恰相反之互助的行爲。若是推此互助的心理，登時也可以變成霽月光風的世界，這是何等可樂的人生。其實只要去一分我見，就有一分合於「自然」大公無我的平等境界，能把我見完全去掉，則各各自由自在，世界本是交互存在，本無誰生誰滅之個體的得失問題。不但個人的小我，用不着執着，卽所謂「主宰者」亦本來沒有，此不必談到本體論的問題，卽就自然界現象界方面仔細一看，已可相信這話之並非玄談幻想的了。

不執我見原不必有意定把我看低。但是有人一聞我們人類不過和其他生物一樣，便不大高興，這可就有點執着了，號稱哲學家，還主張智能只有「人」纔有，其他動物不過能發表本能情緒，而不能思想。（行爲論者以爲人亦無所謂思想，不過激刺反應一類的作用，此正是一對兩極端的見解。）但是現在已有人證明犬馬也有計算的知識，且有抽象的思考力，鳥類智力之發達，更爲人所共知，卽昆蟲類軟體動物，亦有具此能力者。可見智能人所獨具之說，已不盡可信了。有人以爲「人」若把他置在自然之下，與所有生物同等看待，這種觀念或者會減退人的向上心，此心一失，恐怕逐漸墮落，真到和禽獸相去不遠。其實這一層若是可慮，那也是人的我見在那裏作崇，平日拿住一個我做本位，要想此我，成就什麼人物，達到什麼境界，所以拚命的力求上進，一旦失了我，就像猢猻失樹，茫然無所措其手足，再也不能鼓着勇氣更爭向上一着。若是所謂向上心是純淨的，不是如上所云，則無論將人置在什麼地位，這一點真實力量總不能無因轉退。所以人生哲學之自然觀，並不會生出自暴自棄的結果。

科學家的毛病，還是同一般人的毛病一樣，總是免不了把自己做本位，他儘管把一切都看做同機械相等，而自己這一具機械，卻是多了一個東西，——我見——若是冒犯了他這一點，那就了不得了，他這一具機械，馬上就變成了機關槍毒氣彈飛機潛艇無所不來。卽使不致這樣的毒惡，而研究科學利用自然者，對於我的物質貪求之衝動不除，終爲機械所利用，而不是利用機械，有了摩托車，不能騰出走路時間，卻比沒有車時反忙，發財越來越多，一個我，無緣無故硬被洋錢壓扁，工廠出品愈多而街上物品愈貴，除了少數資本家外，人人感着生活之一年比一年困難，今日文明之可笑，就是這樣。若是把我的貪求減少了，文明的罪惡也就同時減少，自然科學本身並不害人，人實自害，又要怨誰，但是人生哲學不改觀，自然科學總不免被人誤用而成爲毛病。豈但自然科學而已，卽如哲學之名詞的要把戲，徒然擾亂學人的腦筋，他的病處，也只爲胸中橫着一個我，雖不必有故意立異自開學派的野心，而此我見未除之人，無論如何虛心坦懷，而爭勝回護的習氣眞能洗刷乾淨者，實在少之又少，無意中已成了眞理的贋品販賣者。我們相信無論科學哲學，第一要從剗除上述病根，爲根本救治的唯一無二辦法。眞理不是誰製造出來的，只有不執着便得。

所以我們對於人生哲學是相信「自然的」——平等的，無我見的。——同時是「超個人的」。個人與非個人問題，留在底下再講。現在所講自然的和超自然的卽上文所舉之第一系人生哲學，應得再聲明一下：卽我們承認「人」有其創造的生活，但不能贊同唯心論。因爲心物這兩個槪念，現在以不用爲妙，上文已經說過。（其詳余當別爲心與物一文闡明此義）再則唯心論始終脫不了這一個見解：卽人所能知的東西，只有人自己的觀念。一切東西若是離開爲人所知時，則人絕無由知之之一句極粗樸的老話。就是現在很受人注意之意大利一派新唯心論，所謂只有當下的現實的經驗，可以稱爲獨立實在，經驗與所經驗的對象，原是經驗自身裏所作的一種分別，此經驗自身，本來是一個整體，不過爲說話的便利起見，把他姑分爲能知與所知之兩個方面罷了。而人所真實了解的唯一東西，還是人的經驗自身。又凡是實在，不能沒有形式，而能夠有此形式，其根據也不能脫離心或經驗，每一種形式，即是一種形式的經驗，——人的經驗，是實在的唯一形式，——這一派將邏輯美學等等，說明「心」的實在。這些理論說來自然也很有趣味，然其實還是說：非從人的經驗裏發出來的實在，則人無論如何無從得知。不過所謂經驗，並非限於個人，乃全體心之普遍化。此種看法，從前也有人說過，所以唯心論雖有主觀客觀及新舊派之分，乃是講法巧妙之不同，而實際初無大異。

　　至於我們所以承認創造的生活之故，乃事實上見得人確有不受機械則律所限定之一種活動，此活動也許有相當條件，但比較的總不能不說是一種創造人不食則死然儘有坐在監牢裏，拒絕食物，以捨身的決心貫徹其主義。麵包問題——在現代唯物的思潮之下，此問題意義益見重大，——對之便了無意義。凡與當前環境及一切傳統的宗教習慣等相對抗，而發揮人類特殊的力量者，皆非唯物觀所能說明其理由，所有人類歷史，何一不是由人之此種創造生活構造而成的，此事實我們更何從加以否認。我們關於這一點，可以說對於自然的人生哲學，不取機械論，——自然主義不必卽爲機械主義，——對於超自然的人生哲學，不取唯心論，因爲機械論未能說明自覺，唯心論未能脫離空想。而我們一面相信自然的人生，因爲相信有此自然的事實，我們又相信創造的生活，——亦卽自覺的生活，——亦因爲相信有此生活的事實。

現在接着對於個人與非個人略爲一說：近代個人主義盛行的原因，自然主義實居其重要部分。主張權力意志說者，對於「歸於自然」的口號，卻倡所謂「歸於本能」之說，其實歸於自然卽爲解放個人本能之原始運動，自自然主義發展以後，對於舊時生活之懷疑，個性之覺醒，與科學之研究，此數者互爲影響以趨於舊社會舊家庭舊價值完全破壞之一新時代。加以學術上競以打破偶像相號召，於是一切標準隨之動搖，其唯一可靠者只有切己的自我，故個人思想始終與自然主義相關聯。我們對於自然的人生哲學旣表贊同，而獨於個人主義尙難相信者，一則我們根本觀念是不信任我見的，換句話說：凡帶着我見的東西，卽失卻普遍性妥當性，個人的人生哲學，無論涵有多少優點，長處總不敵短處。又自然的本身意義，本是非個人的，這些話上文已見，不再複述，我們覺得生活是一個關係的活動，一見漠不相涉的東西，而其間息息相通，或在有益的方面直接間接相爲影響；或在有損的方面亦復如是，人生在社會裏豈能獨成例外。功利派最喜歡將你的，我的，全體的利益，個人的利益，分做種種不同的看法。其實生活是活的，不是死的，這樣死板板的分法，有許多地方實在是說不通。我們相信個人之於社會是有連帶性共同性，人既不能離開社會單獨生活，所以人生哲學之趨於非個人主義，不是一種理論，乃是一種不得不然的事情，若是蔑視此連帶性共同性，實行所謂個人的生活，其結果無益社會，有害自身，其不對自不待言，而且即使要這樣的硬幹亦爲情勢所不可能。可惜許多人總是爲了我見太重，每每走上這一條不可能的絕路。今日所謂社會主義者，與我們所信仰之非個人的人生，相差尚遠，一般人們更無從說起。要對治這種病痛，所有方案中，似乎「互助」「正義」「自己犧牲」這三個觀念，實在是很重要的。

但是頗有人懷疑着：以爲人生過重社會，恐怕於個性之發達不免有所妨礙。這個見解，固然不錯。但是重視社會，並不輕看個性，譬如人人要求自由平等，此是發揚個性，而大衆果能自由平等，此卽完成社會性，二者何嘗衝突。如伸張個性而不顧及他人，此則變成爲我主義，或伸張個性而竟侵害他人，此則變成强權主義。社會性所不能相容者卽此兩種思想，決非不容眞正個性之發展。況且各個性卽全社會之內容，發展眞正個性，卽所以發展社會，凡對於個人之思想加以抑制者，此絕非進步之社會，可見社會眞進步，則個性絕不受抑制，此理易明，無庸過慮。又有懷疑者：以爲改良社會，必先改良個人，所以個人主義決無可非難之理。我們有鑒於今日之昌言在社會奮鬭進取，以先知先覺自命者，其個人之行檢往往不無可議，卒之人望旣失，亦終無事業之可言，則先要改良個人之說，自亦不可忽視。然此與個人主義，未宜併爲一談，改良着手之先後問題，並非個人與非個人之主義上問題，非個人主義除上文已詳外，在積極方面，可以掃蕩嬰退保守之隱士式獨善式人生觀；在消極方面，可以消除所謂自私自利之一般的通病。至於改良着手先後問題，要先改良個人，亦可以提倡非個人主義，此原可並行不悖的。而且個人心身方面，與社會制度方面，苟非同時下手，決難單獨改良，因爲一個人多少總要受社會的影響，假如制度習慣等等都壞，個人單獨做好就很不易。卽令果好，也將爲社會所不容，所以拋卻社會專重個人者，往往成爲獨善遁世的生活，世界上此種獨來獨往的人，固然也不可少，但是此種人生，究非常態。

還有一層，爲我們所應該注意的，就是以上所論已入價值問題，人生哲學若論價值，則所謂好壞等，只有從社會方面估量，纔有標準之可言，——價值可以有他自身的絕對性，而主觀的標準總是不對，——單看個人方面，則說他好或壞都無意義，這些觀念，都是人對人之關係上纔發生的。並且無論什麼事情，總要各方面合起來，纔能斷定他的價值，單就一方面總不成。人生問題，當然也得由個人及非個人卽社會方面觀察，纔知真際。大概可舉一個例：凡結果有益於社會者爲善，有害者爲惡，無害亦無益者則相銷而等於無。人類繁多而歷史比較很簡短，恐怕就是等於無之人生，自古以來總佔多數罷！

以上各點現在總括一下，做個結束：（一）人生哲學分爲自然的與超自然的一系；及個人的與非個人的又一系。從來東西各種派別，總不出這個範圍。(二)人在自然界的地位原極平常，從來以「人」爲中心的思想，實屬根本錯誤。(三)人生究竟是什麽，這個問題，今日自然科學有好些可爲吾人研究之助，其較爲神秘之一部分，自然科學在今日誠然未能解答，然一般哲學所解答者，仍然還是問題。(四)我們主張先從自然的哲學入手，其最大意義，在「自然」是無我見的，所以我們相信自然的人生哲學，卽相信人生哲學應該是無我見的。(五)我們主張自然的——但非機械論——人生哲學，同時是超個人的人生哲學。

林志鈞 十五，十一，十一。

自序

這是我第二次在山東教育廳的講演稿。第一次講教育哲學，是在民國十一年的秋季；因爲連年患胃疾，尙未能整理出版。這是民國十二年暑期所講的，因時間不多，僅講完上卷，下卷擱置未講；但下卷早已在南京第一中學新開設的高級中學班講述大略，同時并在東南大學哲學研究會發表了一篇結論。全卷共分六章，上下卷各三章。全書的組織約如次表：

章次	內容	研究的階段	與杜威五段研究法之比較
第一章	緒論	(1)預備	
第二章	近代人生問題概說	(2)問題之提出	(1)提出困難 (2)困難所在
第三章	東西哲學對於人生問題解答之異同	(3)解決方法之種種	(3)暗示解決之法

前三章承宋還吾、尹新甫兩君為我筆記，後三章亦承兩校聽講者陸續將筆記寄閱，至深心謝；但我因為現在的見解與情感，都不能不生多少變易，所以對於他們的筆記，幾乎大部分沒有採用，這是我十分抱歉的。關於人生哲學的內容，解者頗不一其說：有謂人生哲學就是倫理學(Ethics)的，有謂人生哲學與倫理學的範圍完全不同的；我則力主後說，其理由已詳於緒論中。本來人生哲學這個名稱，在英文為 Philosoplıy of Life，在德文為 Lebens-philosophie，大抵由著作家於最所愜心的著作而與人生有關係的，喜歡加上這個名稱；正如杜威(Dewey)著平民主義與教育，喜歡加上教育哲學概論（An Introduction to the Philosophy of Education）的名稱，梁任公先生著先秦政治思想史，喜歡加上中國聖哲之人生觀及其政治哲學的名稱一樣；至關於人生哲學的專著，實在是很少看見的。美國詹姆士李（James W. Lee）著"The Making of a Man"一書，某新聞社因為這部書的內容是關於人生全體之哲學的研究的，便用"Philosophy of Life"這個名稱去做介紹，原書重印至數十版，發行至一百餘萬冊；日人高橋五郎將牠翻譯出來，也標題為人生哲學；可見人生哲學這個名稱雖是被人濫用，但專書却不易得。現在請進一步考察人生哲學的名稱的來源。人生哲學雖是到二十世紀才被一般人重視，然牠自有一種經過的歷史。自從中世紀宗教的支配力、近世紀科學的支配力多少受了打擊以後，於是一般人纔感到人生哲學的必要，想從人格的確實性、感情的確實性、直觀的確實性別扶植一種支配力；而弗爾克特（Volkelt）因提出人生哲學這個名稱以為倡導；其後黎爾（Riehl）

復建立人生觀的哲學，以相呼應；最近倭伊鏗(Eucken)更大倡新理想主義，處處從人生全體立論以共同從事於這種新建設；於是人生哲學的名稱始見重於著作界。所以現在提到人生哲學，沒有不聯想到倭伊鏗幾部名著的。頡布遜(Gibson)、準茲(Jones)諸人解說倭伊鏗的哲學，便標題爲Eucken's Philosophy of Life，可見人生哲學到現代才引起各方面的注意。他們提出Philosophy of Life這個名稱，固然也看重生命哲學、生活哲學的問題，可是骨子裏仍拿人生哲學的問題做中心。不過人生哲學的名著，至今尙不多見。實則這種學問乃爲人生所必需，無論彼歐美人注重與否，而這種學問的建設，乃是人類共同的切膚的要求，自應各本其研究的結果，以謀全人類生活內容之豐富與發展。若在中國，是素以人生哲學著聞的，更不可不有一種特別的努力。梁漱冥先生說：「我又看着西洋人可憐，他們當此物質的疲敝，要想得精神的恢復，而他們所謂精神又不過是希伯來那點東西，左衝右突，不出此圈，真是所謂未聞大道，我不應當導他們於孔子這一條路來嗎？」——見所著「東西文化及其哲學」自序。梁君認孔子的人生哲學足以救可憐的西洋人，這是我不承認的；但我確信東方人——無論中國與印度——的人生哲學，實遠勝於西洋人的人生哲學。大抵西洋人的人生哲學是從自然推到人事，而東方人的人生哲學，乃是從人事推到自然，所以東方人對於人事的研究比西洋人要徵細而切實。不過東方人沒有經過西洋人新發明的各種科學的洗鍊，究竟設身處地，能否免除西洋人所受過的「物質的疲敝，」在科學勢力充滿之時，能否仍舊拿住東方人的舊文明以謀「精神的恢復，」這些問題非經過一種充分的研究，似乎是不容易得到結論的。所以中國人對於人生哲學的努力，應該比歐美人更進一步。不過我國真正了解人生哲學的內容的，未免太少；近頃新學制課程標準起草委員會提出人生哲學當作高級中學的公共必修科，亦幾乎無人編制這門的課程標準，可見國人對於這種學問的疏忽。至於我發表此書，也不過是一種嘗試，藉開國人研究的端緒；一方面願將個人的觀察與所信，盡情揭櫫，期得多方面之商榷，固不敢謂有所貢獻。年來我國論壇上關於人生問題的探討，頗極一時之盛：或主玄學的人生觀，或主科學的人生觀，或謂人生必有一種共守的道德，或謂人生必有一種共奉的宗教，我以爲都非根本之談。人生自有本來，洛克（Locke）以白紙爲喻，盧梭（Rousseau）謂人造皆非，道家力闡齊物之旨，佛法專弘真如之義，都所以明人生之所以爲人生，固非人逞一說，家擅一談，足以概括人生的真相。質言之，人生的本來，可分作二種：一，不可言說；二，方便言說。不可言說謂以人生談人生，結果等於不談，因爲自家總不能捉住自家的影子，這便所謂人生之謎；方便言說謂力屏心物的障蔽，以顯出人生的本來，然這只是遮義而非表義，謂只知人生因受心物的障蔽而如是如是，不能實指人生本來如是如是。可知人生哲學的研究，是比他種學問的研究完全不同的。此稿前三章大抵紹述他人關於人生哲學上的結論，後三章則自貢其愚見，知多未盡，容他日修正之。中華民國十四年五月石岑記。

人生哲學卷上目次

第三節　近代人的內部生活

（頁數）

內部生活的說明二……六七
近代人的四種悲哀——一個生物學者的說明

內部生活的說明三……七六
諾爾導(Nordau)的變質論(Degeneration)——病理學與人生哲學

內部生活的說明四……七九
東方文化的兩個特質：日本人的忠與中國人的孝——中國人的保守主義與低級的享樂主義

內部生活的說明五……八一
中國人的家族觀念

第四節 近代生活上的兩難論法(Dilemma)

第一種兩難論法……八四
人類解放的三使徒：盧棱達爾文馬克思——一種機械的宿命觀——自家中毒——複雜構成的兩難論法

第二種兩難論法……九二
西方人頂禮東方文化——中國學院分布的三路線：一西伯利亞線二美國線三紅海線——梁漱冥推崇中

國文化所生的結論——複雜破壞的兩難論法

第叁章　東西哲學對於人生問題解答之異同

第一節　西洋哲學方面之觀察

概說……………………一〇一

觀察西方文化的兩極端派——「邏各斯」(Logos)觀念之提出——「邏各斯」觀念爲希臘哲學與基督教的總樞紐

古代哲學之人生觀……………………一一一

勃洛太哥拉斯(Protagoras)的人生觀——蘇格拉底(Socrates)的人生觀——柏拉圖(Plato)的人生觀——所謂「哲學四大」——犬儒學派(Cynic school)與西列學派(Cyrenaic school)爲西洋談人生哲學者之二大柱石——亞里斯多德(Aristotle)的人生觀

中世哲學之人生觀……………………一一九

中世哲學研究之難——耶穌的人生觀

近世哲學之人生觀……………………一二六

純理論者與經驗論者的人生觀——康德及康德學派（失勒(Schiller)黑格爾(Hegel)叔本華(Scho-

（頁數）
penhauer)」的人生觀——實證論者唯物論者功利論者進化論者的人生觀——宗教的精神與科學的精神之遞嬗
現代哲學之人生觀……四八
實用主義者的人生觀——尼采（Nietzsche）的人生觀——柏格森（Bergson）的人生觀——倭伊鏗（Eucken）的人生觀——脫爾斯泰（Tolstoi）的人生觀——現代人生哲學上的四個特徵——科學的精神與藝術的精神之遞嬗——對於第二章所提出的問題之解答
第二節　印度哲學方面之觀察
概說……七一
印度思想變遷的大勢——婆羅門教的人生思想——順世派的人生思想——耆那派的人生思想——印度哲學的特色
佛法之人生觀上……七九
佛法總詮：法輪與法印——四諦八聖道——十六行眞如與三解脫的關係——涅槃四德——因果論與宇宙論——三法印與三性三無性的關係——人生在佛法上的解釋——人無我與法無我
佛法之人生觀中……一〇一

法性宗的人生觀——法相宗的人生觀——淨土宗的人生觀——禪宗的人生觀——密宗的人生觀——各宗的根本教義及代表經典

佛法之人生觀下……二一七

佛法的人生之綜合的說明——對於第二章所提出的問題之解答

第三節　中國哲學方面之觀察

概說……二二三

中國哲學的淵源——周易的可疑——老孔陰陽家思想之綜合——坐標直線法與八卦——中國哲學的開祖：老子

道家之人生觀……二四〇

老子的人生觀——楊子的人生觀——莊子的人生觀——老楊莊三家的人生觀之比較

儒家之人生觀……二七〇

孔子的人生觀——孔子的根本思想：仁孝詩禮——顏子的仁的人生觀——曾子的孝的人生觀——孟子的詩的人生觀——荀子的禮的人生觀——顏曾孟荀之比較——我的「漢宋學淵源記」

墨家之人生觀……三一八

（頁數）

墨子的人生觀——老孔墨比較論——夏曾佑的看法與我的看法——老孔墨三家思想發生的順序

漢唐諸哲之人生觀……三四〇

王充的人生觀——清談家的人生觀——李翺的人生觀——中庸老莊佛法三種思想的分歧點——石頭希遷的禪學思想

宋明諸哲之人生觀……三六七

宋明理學與禪學家的關係——宋明理學所根據的禪學的重要部分——理學字義的解釋——朱熹的人生觀——朱熹與康德之比較——王守仁的人生觀——道家儒家釋家及新儒家之心性理氣比較表

清代哲學之人生觀……四二五

戴震的人生觀——中國哲學的兩種特色：倫理觀念與功利觀念——對於第二章所提出的問題之解答

第四節　三方面哲學解答之比較

三方面的文化和哲學的特點……四三七

評梁漱冥的三個路向說——論「西方文化爲物質的東方文化爲精神的」之非是——論「西方文化爲科學的東方文化爲玄學的」之非是——我對於東西文化的看法——西洋人生哲學的特點——印度人生哲學的特點——中國人生哲學的特點——東西文化與東西哲學之系統的研究

下卷總目

人生哲學參考書目之二

人生哲學卷上

人生哲學

第一章　緒論

第一節　人生哲學的定義

哲學與人生哲學

什麼叫哲學，這無論古今東西，都沒有一定的成說。「哲學」這個名詞，雖是新近由外國語翻譯出來的，却是無論何地何時，早就醞釀成功一種哲學的思想，不過內容和研究法有不同罷了。但不同之中，却有一點是相同的，就是講到哲學，大體是就全體言。所謂全體，便是包括宇宙萬事萬物，所謂「即物窮理」，却並不限於人事。這在東方哲學，固早已具這種傾向；若在西方哲學，這種傾向愈加顯明。現在拿西方哲學做例，說明這項。西方哲學的概念及其體系的組織，雖因時因人而有變遷，但大體可括爲三部門：一，形上論 (metaphysics, or theory of reality)；二，認識論 (epistemology, or theory of knowledge)；三，價值論 (axiology, or theory of value)。價值論這個名稱，是由文德爾斑(Windelband)建立的。形上論所討論的大抵為實在非實在(real or unreal)的問題，認識論所討論的大抵為真實或虛偽(true or false)的問題，價值論所討論的大抵為善惡(good or bad)美醜(beautiful or ugly)正邪(right or wrong)等問題。可知哲學的任務並不局於一方面。但各部門的內容，也因時因人而有變遷。形上論含義頗泛，雖同是關於實在的研究，但把實在解作宇宙、世界、萬有等語義的，則形上論變為一種宇宙論(cosmology)，把實在看做和認識相對立的，則形上論又變為一種本體論(ontology)，如屈爾白(Külpe)鮑爾生(Paulsen)等。可見形上論的解釋是很不一致的。形上論自經許多實證論者及新康德學派的攻擊以後，雖不免大受挫折，但至今由一種科學方法的建設，尚隱然為認識論與價值論結合的要素。現在的形上論即由科學方法所建設的世界觀，無論認識論、價值論，都由形上論的傾向而決定。認識論亦然，認識論亦因時因人而有變遷。在斯多亞派(Stoicism)時代，認識論不過為論理學一部門；自洛克(Locke)悟性論出，認識論始獨成一科；後經康德(Kant)的闡明，認識論更燦然大備。雖由黑格爾(Hegel)、陸宰(Lotze)等作一度猛烈的批難，但至最近，以特殊科學發達的結果，而認識問題轉成爲哲學研究的主科。至談到價值論，則變遷愈速；近百年來，更有急轉直下之勢。價值論所討論的大抵爲實踐的問題、人生的問題，所以另成一種輪廓。價值論最注重的是倫理學，而美學、宗教哲學等次之，文德爾斑將價值論分爲三項：一、倫理問題、倫理學社會哲學歷史哲學等屬之。二、美的問題、美學藝術哲學等屬之。三、宗教問題、神聖、宗教哲學等屬之。所以有許多人拿倫理學和形上論、認識論並列。如鮑爾生的哲學概論、分爲形上論的問題、認識論的問題、末附倫理學的問題。又如屈爾白論哲學派別、分爲形上論派、認識論派、倫理學派。即遠在柏拉圖(Plato)、亦早分哲學爲論理學物理學倫理學三派。可見倫理學在價值論中關係之重要。價值論在十九世紀已得一度之發展，而在現代爲尤甚；且有謂哲學這種學問，只不過是一種價值學是一種善論的，如德林(Döling)文德爾斑諸人，便持這種論調。其當否固待細論，但這也算是哲學趨重人生的一種來源。總上述三部門而觀，可知內容雖都有變遷，而何者宜闡明，何者宜排斥，實未易遽下斷語。且從各種變遷的徑路，只發見各種研究的進步，所以任何部門，不容易佔據哲學的全體。近有因人生哲學略與價值論相當，便拿人生哲學看作哲學全體的，這種論調又別有來源，而主因則爲實用主義(Pragmatism)之誤解。他們只知道實用主義注重人生，因此說哲學只是研究人生切要的問題的。却不悟實用主義只是認識論上一種方法；既說到認識論，便與形上論相連，試問實用主義何故獨與人生問題發生關係而擯棄其他？即就實用主義而論實用主義在哲學改造上，誠然有一種不可滅的功績；在哲學方法上，更誠然有一種不可湮沒的貢獻；但嚴格評之，實用主義的方法是一種生物學的方法，生物學並非一切科學的模型，（用羅素語。）則實用主義的哲學實未易許爲眞正的哲學。可見羅素(Russell)一派人的譏彈，原非無由。這樣看來，實用主義自身既有缺點，又不幸招他人的誤解，無怪乎把哲學的全體看作只是一種人生哲學。總之，人生哲學在哲學全體中當然居一種很重要的地位；即認識論，甚而至於形上論，又何嘗不出發於人生？認識論係從內面去求，從我們自身找出認識的起原及確實性與其極限；形上論雖是向外看，像自然哲學純然是向自然界探求，但牠是想發見自然之根本的原理，結果仍要影響到人生上。所以就哲學全體而言，當然處處與人生有關；但說哲學便是人生哲學，實在未免忽視學問上的界說。人生哲學另有牠的領域，另有牠的立脚點，何能與哲學混爲一談？哲學是全體的，人生哲學是部分的，一不同；哲學是注重原理的，人生哲學是注重現實的，二不同有這二重的關鎖，則哲學與人生哲學的區別不辯自明了。

人生哲學與倫理學

人生哲學與哲學不同，上面已經論過。但近又有人把人生哲學看作倫理學的。他們以爲「人生哲學」「倫理學」這些名詞都不過是「愛西克司」(Ethics)的異譯，其實只是一件東西。這點我以爲大有分辯，須待細細講明。

倫理學這個名詞，雖是傳自日譯，但日譯仍根據漢義。所謂倫理，雖不像劉申叔輩那種咬文嚼字的解釋，（劉謂倫字之本義訓爲輩、而其字從人從侖。蓋人與人接、倫理始生。理字本訓爲治玉、引伸之則爲區分之義。凡事物之可區別者是謂物理、而人心所以能區分事物者是謂心理。故學科之以理字標目者、皆含有條理秩序之義。倫理者猶言人人當守其爲人之規則、而各遵其秩序耳。見所著倫理教科書。）但大體以明人倫日用之理爲主旨。（孔子在中國總算是第一個講究倫理的。戴東原闡發孔門的學說、說：「就人倫日用而語於仁、語於禮義、舍人倫日用、無所謂仁、所謂義、所謂禮也。質言之、曰人倫日用、精言之、曰仁曰義曰禮」。見孟子字義疏證。）倫理學在英名爲 Ethics，Moral science，在德名爲 Ethik，Sittenlehre，在法名爲 Ethique，卽皆不離人倫日用之意。若進一步追求牠們的語原，則在希臘係由 ἦθος 轉化，ἦθος 示品性或性向之意，卽與 ἔθος 同義，ἔθος 卽風俗習慣之意；在拉丁係由 Mores 轉化，Mores 亦卽風俗習慣之意。所以倫理學結果只是一種風俗習慣學，（德之 Sittenlehre 一名詞、卽明示

（風俗習慣之意。）與上面所說的人倫日用義正相類。由此可知「愛西克司」一語譯為倫理學，並無十分不妥之處；但把「愛西克司」譯為人生哲學，則意義便太懸殊了。人生哲學的目的，主要的在闡明人生的真相，與人類在自然界的位置等等問題，不盡屬風俗習慣之談，亦不必盡關於人倫日用之要。所以把「愛西克司」譯為人生哲學，實在離題太遠。又人生哲學無異為一種人生觀的學問，而人生觀是各別的，是出發於個人的。「愛西克司」如在原義，則為一種風俗習慣之學，由此衍為善惡之學、品性行為之學、道德之學，（西洋關於「愛西克司」所下定義有種種不同、然大都由風俗習慣之學一義引申而出。）總之，不離人與人之關係者近是。詹姆士 (James) 說：「如果我們從宇宙間把神和星光燦爛的天一概抹殺，僅僅有兩個相愛的心蹲伏在一個岩石上，那其間便饒有一個道德的世界。」（James: Will to Believe. p. 197.）這就明明說道德的世界是至少由二人以上才會產生的。「愛西克司」如在漢義所謂倫理學者，則倫理必起於人與人相接，僅一人並無倫理可言。所以可說「愛西克司」是羣性的，是出發於二人以上的。這樣看來，「愛西克司」與人生哲學完全不能併為一談。所以我認為還是把「愛西克司」譯為倫理學較當。（以後凡稱倫理學、皆指「愛西克司」。）

於是倫理學與人生哲學不能不分門研究而倫理學與人生哲學的界說也不能不特別的劃清。但其中有一處須說明，卽倫理學與人生哲學雖然各有其領域，但二者相關最切。人生哲學的範圍雖大於倫理學，但研究人生哲學，有時須根據倫理學，一大部分因爲由倫理學更易考察人生哲學的精髓。由上述各節，可以知道「人生哲學」與「倫理學」區分之重要。胡適之先生近著中國哲學史大綱，首段便論到此處，他以爲「人生在世應該如何行爲，」便是人生哲學。他把倫理學看作人生哲學，無怪他下這種定義。他在同書百十七頁上，中明「不用倫理學三個字，却稱人生哲學，也只是因爲倫理學只可用於儒家的人生哲學，而不可用於別家。」我以爲他所下的定義，只是倫理學的定義，因爲倫理學是專講行爲問題的，（所以近人有稱倫理學爲「行爲論」的。）却並不是人生哲學的定義。他於人生哲學與倫理學的不同之點，未免疏忽。至謂倫理學只可用於儒家，我亦以爲不盡然；倫理學也未嘗不可用於墨家，因爲墨家是極力提倡世界倫理的；不過道家便不十分注重所謂倫理學，而於人生哲學則有驚人的發見。中國的學術，本以人生哲學爲世界之冠，所以在道儒墨三家，都有相當的貢獻，而於倫理學則各隨其性向而生差別。所以適之先生此處的說明，亦嫌有不充分之處。倫理學本爲規範的科學，其目的在於敍述人與人之間行爲上應當如何，而肯定人生；至於何謂人生，人生之意義何在，價值何在，人生究竟有無歸宿等等問題，倫理學實罕所涉及。正猶物理學所研究者，祇限於敍述自然界之現象，而假定物質世界之存在；至於有無物質世界等等問題，物理學實罕所涉及。故前者屬於倫理學的範圍，後者屬於人生哲學的範圍。道家闡明生死的本質，所以牠的人生哲學有獨到之處；儒家專談規範，不言生死，（孔子說道：「未知生，焉知死」。）所以牠的倫理學亦有獨到之處。這便是兩家根本不同點。這樣看來，可知倫理學完全是講行爲規範的一種學問，決不能冒人生哲學之名。由上面推論各點，我們於人生哲學與倫理學的區別，可以瞭然了。

人生哲學的內容

上面已經說過，研究人生哲學有時須根據倫理學一大部分，今試舉例言之。倫理學上的善惡問題，是一種普泛的問題，這無論在古代現代，東洋西洋，沒有不注重的；此外如良心問題，在我國的宋明時代，西洋的近世紀，都成爲討論的中心問題；此外如自由意志問題，則從西洋十九世紀直至現代，更成爲倫理學上一大暗礁，莫不竭盡心血以共謀解決，我認爲在這些問題之中以自由意志問題爲人生哲學所必須依據的部分；因爲自由意志之有無，與我們的人生觀發生絕大影響；此外如良心問題等，便與人生哲學關係稍淺。總之，倫理學上的問題，都不能說和人生哲學沒有直接或間接的關係。倫理學而外，其關係最重要的，爲心理學、生理學、生物學上的問題，如人類與自然的問題，身體與精神的問題，生與死的問題，推而至於知識的問題，因果的問題，心靈的問題等等，都屬於所謂「人生之謎」大有討論與研究之必要。此外關係於社會學、經濟學、政治學、宗教學等，尤與人生以莫大的影響。因爲人生不能離開社會而生活，不能離開經濟的要素而生存，不能離開政治或宗教的要素而盡得安身託命之地；所以這些問題，在人生哲學中當然居重要的部分。外此如戀愛的問題自殺的問題等，更爲研究人生哲學者所宜特別重視。因爲人生哲學是想從人格的確實性、感情的確實性、直觀的確實性捉住人生的根柢，所以這些問題都不容輕輕看過的。現在且將人生哲學的定義畧爲陳說。關於人生問題，一般人分作兩項學問去研究：一爲人生的現實，一爲人生的理想。前者論究人生的意義與價值，後者論究人類行爲的標準。人生哲學雖可以包括二者研究的範圍，却牠仍屬意於前者。不過牠所謂人生的現實，不僅注重人生的意義與價值等等問題，牠想更進一步，論究人生的真相。因爲人生的意義與價值等等問題，仍脫不了一種價值的觀念；而追求人生的真相，乃能捉住人生的根柢；所以牠所論究的才真正的是人生的現實。例如論人生觀，大都不出樂天觀(optimism)、厭世觀(pessimism)、淑世觀(meliorism)三種：樂天觀祇看到光明的一面，以爲世界全是樂土，全是天堂；厭世觀祇看到黑暗的一面，以爲世界全是苦海，全是地獄；淑世觀意在調和二者之偏，而又近於一種倫理的見解。這些說法，都不免含有一種價值的觀念。因爲都是計較人生值得不值得的問題，而不是研究人生本來是怎樣的問題。所以人生哲學到這個時候，要進一步追問到人生的真相，於是人生哲學的職責始盡。我們可以下一個定義如次：

人生哲學是探求「人生的究竟」的一種學問。

這個定義，雖看似簡略，實則所包最廣而所望最奢。因爲人生的究竟，任從何方面研究，都不易得到一個正確的解答，而人生哲學又正以求得這種解答爲牠的職責所在，所以任何人的人生哲學，都不易加一種非難。人生哲學既以探求人生的究竟爲鵠的，則人生哲學的內容便顯然與他種學問不同，研究法也不同了。

第二節　人生哲學的研究法

研究的資料

杜威著了一篇中國人的思想，(原名"As the Chinese Think"見"Asia", January, 1922) 開首一段便說：「乞斯透頓(Chesterton)(英國著作家批評家。)有一句被人傳誦的話，說一個人的哲學是和這人最有重要關係的東西。他說：譬如客棧老板遇見上門求宿的客人，懂得他的人生哲學，實在比懂得他的經濟狀況更爲緊要。(it is more important for a landlady to know the philosophy of life of a would-be-lodger than to know his financial status.) 因爲懂得了客人的經濟狀況，不過能夠決定這客人是能花錢的不是；但要是懂得客人的人生哲學，那麼，這客人是誠慤可靠不是，是擺空架子的不是，是會賴賬的不是，都可以看出來了。已故的摩爾根(Morgan)先生(美國大富豪。著名銀行家。)從前在華盛頓說過一句話，頗引人注意，他說：他營銀行業的時候，對於借款人的行爲性情，比借款人所交付的抵押品看得更重。乞斯透頓和摩爾根的話，可以證明在戰時我們所稱爲不可稱量的東西，——剛毅、忍耐、忠心、信實——和一切可以數計可以權度的東西比起來，眞重要得多了。」（東方雜誌有譯文，今沿用其語。下同。）由他這段話，可以知道研究人生哲學的重要與研究的應該注重之點。他這篇文字，不僅注重研究一個人的人生哲學，幷注重研究一個民族的人生哲學。我們如果懂得一個民族的人生哲學，那就對於那個民族更能澈底了解。東方民族所以有東方民族的樣法，西方民族所以有西方民族的樣法，無非是人生哲學在那裏作祟。倘若彼此的人生哲學能夠互相了解，那就不僅彼此的情感可以互相交通，幷能夠進一步對於彼此的好尙娛樂，也可以互相尊重。所以我們研究人生哲學，不僅應該着眼到個人上面，幷應該着眼到民族上面，於是更進一部，着眼到人類全體上面。現在談到研究人生哲學的資料，這實在是一個很寬泛不着邊際的問題。因爲任是何種物事，沒有不和人生哲學發生關係的。大而言之，天上各種行星，任牠循如何的軌道去行動，任牠照依何種重力法則，與我們又有甚麼相關？但由愛因斯坦（Einstein）相對論的啓示，知道空間和時間都是相對的，那麼，我們又何必終日營營，較量田產的多寡，計算壽命的短長呢？小而言之，地上一點微塵，任他如何轉來轉去，變大變小，與我們又有甚麼相關？但我們生命的根源，便是身體組織之原基細胞所謂原形質(Plasma)，而原形質與無生物之結晶相類似。史來登(Schleiden)史婉(Schwann)等的主張。結晶有一定構造與形態，并有一定的發育；結晶生成之際，分子自己會向一定的方向去運動。由雷曼(Lehmann)的發見，知道「液狀結晶體」(Flüssige Krystalle)能營自發的運動，而與動物無別；且雷氏實驗無生物亦能攝取食物，與阿米巴(Amœba)正相類。這就可以證明原形質與無生物，成立於同一的基礎。但最近更有主張原形質即係由無生物進化而來的。這樣看來，我們縱對於地上一點微塵，也不必任意踐踏，看作和我們的生命漠不相關？那些講厭世的人，也不必希求死後還要化為灰塵！由上述二者，可知大至天體，小至微塵，都不能說和人生哲學沒有關係。所以我以為談到人生哲學的資料，是一個很寬泛不着邊際的問題。不過既要研究人生哲學，又不能無所依據，於是祇有取其與人生哲學關係最密切的加以論究和闡明。就中不可不特加注意的，便是個人生活，因爲個人生活最足以表白人生的真相。個人生活無論是對的是不對的，我們都要認爲有特別尊重的價值，這便是所謂觀照的人生。至於我們對於那種個人生活加以評價，便已不免落於第二義的人生。所以個人生活是應該特別看重的。次之，便是家族生活。家族生活雖在西洋不甚重視，但在中國卻有極重大的意味。再次之，便是社會生活。社會生活也是考察人生的重要部分，這無論中西都是如此。再次之便是宇宙生活。羅素所謂「自由人」（free man），所謂「宇宙的市民」（citizens of the universe），便是以宇宙生活爲生活的。我們想考察人生觀有時也須從宇宙觀去考察。所以宇宙對於人生所產生的意義，也不可忽視。總之，這許多種生活，都可以用內部生活和外部生活去包括；我們考察那時代的人生哲學，便可由那時代的人的內部生活和外部生活去決定。推而至於全人類，莫不同然。不過考察各種生活，有時不能不根據各種記載，與夫一時代一時代的發見與發明。於是倫理學、心理學、生理學、生物學、社會學、經濟學、政治學、宗教學推而至於一切科學以及各種史傳雜記，莫不次第爲研究人生哲學者所必須依據的資料。惟於資料之選擇與整理，須加以十二分的審愼；因爲有時「不可稱量的東西，比一切可以數計可以權度的東西，還要重要」而在不可稱量的東西裏面又不容易分別重輕；所以關於選擇與整理的工夫，愈難下手，因此研究法更不易於實施。關於此點，且容次項講明。

研究的難點

斯賓塞爾（Spencer）著羣學肄言（The Study of Sociology），極力說明羣學這門學問不容易研究。全書共分十六章，自第五章至第十二章，都是說明羣學所以不容易研究之理。而全書的精神，亦貫注於這八章之內。現據嚴復譯本舉出這八章的名目，而略加以解釋。一，物蔽（objective difficulties）；二，智絯（subjective difficulties-intellectual）；三，情瞀（subjective difficulties-emotional）；四，學詖（the educational bias）；五，國拘（the bias of patriotism）；六，流梏（the class-bias）；七，政惑（the political bias）；八，教辟（the theological bias）；這八章，都是說明研究羣學的難點。「物蔽」是說在物之難，「智絯」和「情瞀」是說在心之難，自餘五章，是說心物對待之難。總之，這些難點，都是研究羣學的人所極易犯的毛病。我以爲這不僅在研究羣學爲然，卽在研究人生哲學，亦莫不如是，幷且有時加甚。因爲以羣體之一的地位研究羣學，好像自己在一羣的影子裏面，想捉着一羣的影子一樣；以人的地位研究人生哲學，好像自己想捉住自己的影子一樣。不過能去心物的障蔽，無論在羣學，在人生哲學，便都有研究的可能。現在且就研究人生哲學所易犯的毛病略爲舉說。先借斯賓塞爾所舉的一個例子來說明。我們晚間遊湖，見月光與湖光成一道光景，隨人前後。驟然觀之，甚可驚訝；不知這種光景，隨人而有，若無見者，便亦無光，更無光景與人相隨。因爲全湖水面受月映發，一切平等，不過人目與水對待不同，所以有明暗之別。換句話說，人目與月作二線入水成角等者都可見光，不等者便不能見光；不得因未見遂指爲無光，亦不得因已見遂指爲有光。由這個例子推到一切事物，可知我們平日觀人論事，正不知顛倒幾許。彼持樂天觀厭世觀之說者，與此處所言見光不見光者又有何不同。叔本華(Schopenhauer) 若不遇着虎列拉的流行病，他的厭世的氣分也不見得比他人特別濃厚；黑格爾若不遇着同樣的病，他在柏林大學的唯心論講義，也不必藉此中止：可見「物蔽」這種難點，是不易免掉的。現在更借斯賓塞爾所舉的一個例子來說明。如果我們取一張山水圖畫指給一個小孩子看，說：「這裏有一個人坐在小船上，這是一隻要下山的牛，這是一個小孩子在那裏和一隻狗玩耍。」那末，他所領會的，也就不過是這些小船、小牛、小狗等等，至於山水的情趣，自然的奧妙，他完全感覺不到。又如聽音樂。在習過音樂的人，自然於抑揚頓挫繁簡疏密以及一切音節音階的道理，很有考究；但在俗耳聽之，沒有不認山歌村笛為一種愉悅心情的妙品的。可見思想簡單的人，決不容易領悟那些繁賾的物理；不僅不領悟，而且不相信。當他沒有領悟的時候，雖年紀已經到了七八十歲，但實際仍與幼孩無別。斯賓塞爾這個例子，應用到人生哲學上，尤其確切。我們知道一般人為戀愛問題而自殺的，佔自殺的統計的最多數，這在歐美各國尤其顯著。可知戀愛問題與人生相關最切。在不懂得戀愛的人，雖然也可以平和過一輩子，却是不配說為戀愛而自殺的人生如何不對；并且他能夠平和過一輩子，未必不與認山歌村笛為一種愉悅心情的妙品者相同，結果不僅不領悟，而且不相信。可見「智絃」這種難點，也是不容易免掉的。請言「情瞀」。斯賓塞爾論「情瞀」頗詳，但遺漏處尚多。「情瞀」所表見於羣學者，我以為尚不敵所表見於人生哲學者之甚。人生惡苦而好樂，這是不論何種階級的人，都是相同的。但苦樂並沒有分量和性質的不同。穆勒(Mill)說：「不滿足的人比滿足的豬要强些，不滿足的蘇格拉底(Socrates)比滿足的癡人要强些。」我以爲他這句話，如果就道德上說，便離了他的快樂論的立脚點，如果就快樂上說，那更完全錯了。因爲苦樂本沒有分量和性質的區別的。羅素在中國乘兩人轎，以爲抬轎的人苦極，誰知他們歇肩之後，那種優游自得的情態，在歐洲簡直不容易看見，因嘆苦樂從分量和性質去計較，完全是錯了。這種「從種類階級計較苦樂的分量與性質之不同」的心理，何嘗不出於「情瞀」可見「情瞀」這種難點，也是不容易免掉的。再依次論「學詖」「國拘」「流梏」「政惑」「教辟」之表見於人生哲學者。「學詖」的毛病，一般的人最易沾染。大抵先入爲主，一懷成見，便牢不可破。荀卿非十二子，孟子距楊墨，這都是「學詖」的現象。看一部紅樓夢完全拿甄寶玉的見地去批評賈寶玉，這是何等可痛心的事。梁任公先生著清代學術概論，一則曰無行之袁枚，再則曰不檢細行之龔自珍，而忽視他們關於人生上的特殊見解，這又是何等可太息的事。我們中國人一聽到曹操這個名字，恨不得就要食其肉而寢其皮却不知曹操是我們中國一個詩聖。我們要談人生哲學，且讓我先抄下他一首詩大家賞識。

對酒當歌，人生幾何！譬如朝露，去日苦多！慨當以慷，幽思難忘，何以解憂，惟有杜康。青青子衿，悠悠我心，但爲君故，沉吟至今。呦呦鹿鳴，食野之苹，我有嘉賓，鼓瑟吹笙。明明如月，何時可掇，憂從中來，不可斷絕。越陌度阡，枉用相存，契闊談讌，心念舊恩。月明星稀，烏鵲南飛，繞樹三帀，何枝可依。山不厭高，海不厭深，周公吐哺，天下歸心。（短歌行。）

他這首詩的價值何如；他這首詩在我們中國的影響何如，我以爲縱不能說是一般人的人生哲學，也當承認牠是一部分的帝王的人生哲學。不考察對手方的真相，却一味漫罵，殊非學人的態度。可見「學誠」也是很容易犯的毛病。次論「國拘」羅素近著愛國心的功過，力言愛國心是後起的而非本能的；幷證明某國的愛國心起於某時代，某國的愛國心發達於某時代。他這篇文字很有一讀的價值，祇可惜不容易叫國粹派的人寓目；不然，那種自己誇耀的心理，「用夏變夷」的濫調，也許可以減少好些。「國拘」所以影響於人生哲學的，更有杜威的一段文字論的最精當。他說：「假如我們想改良空氣，使國際關係不至有引火的危險，那麼，我們第一須先想個法兒，使各民族對於他民族的人生哲學都能夠真實了解纔好。這在東方民族與西方民族間，確實是很困難的。歐洲人與美洲人的心理，本來就很有不同的地方；便是英國人和美國人的人生哲學的差別，也就出於尋常意計之外的；但是拿這種差別，和西洋文明與亞洲文明——西洋人的人生哲學與亞洲人的人生哲學——的差別，比較起來，委實是算不得什麼了。求相互了解與相互尊重，是比較的煩難一點的事情，而要兩方面造成猜疑和恐怖，——這種猜疑和恐怖，時機一成熟，便不知不覺的變而爲仇恨，——却比較的容易得多呢？……民族誤解，爲什麼竟是危險到這步田地呢？其中的一個原因，乃是民族也和個人一樣，時常根據了他們自己的思想情感的習慣，去判斷別的民族的思想情感。」威爾士(Wells)君近來舉出一個恰好的例證，他說：因爲日本民族富於從順及服從性，所以他們把英國政府的權力看得過於强大，以爲英國人民的一切意志和行動，都是政府所能左右的；而英國人呢，却因爲他們的習性恰和日本人相反，所以過於看重了日本的民意，以爲是足以支配統治階級的。這種心理，對於英日同盟的締結，很有影響。在美日發生衝突時，英政府因爲受輿論的壓迫，未必能履行英日盟約，這一層日本人全沒有顧及；而英國人呢，他們以爲在十分危急的時候，日本的統治階級，受嚴格的敏慧的輿論的監督，他們的態度總得緩和些，因此把英日同盟的危險，便也不放在心上了。拿了我們自己幹別國人民所幹的行動時的一種動機和目的，去推測別國人民的動機和目的，因此便引起民族的誤解，這種實例實在是舉不勝舉。」見 Dewey's As the Chinese Think 我們由杜威這段議論，可知一個民族根據自己的思想情感去判斷別的民族的思想情感，或是拿自己行動的一種動機利目的去推測別國人民的動機利目的，已屬免不了民族的誤解，何況由愛國心發達過度的結果，至於成功一種帶有侵略性的軍國主義呢？可見「國拘」也是研究人生哲學的一種障礙。次論「流梏」何謂「流梏？」便是說在一羣裏面，必定含有許多流品：富貴的歸在富貴的一流，貧賤的歸在貧賤的一流，雇人的歸在雇人的一流，受雇的歸在受雇的一流，做父兄的歸在做父兄的一流，做子弟的歸在做子弟的一流；既已歸入一流之後，便成功那一流的思想習慣，固結不解。譬如做婆的虐待媳婦，但到了媳婦做婆的時候，她又虐待她的媳婦；媳婦做主人的輕視奴僕，到了奴僕做主人的時候，他又輕視他的奴僕；這都是由於自己不覺察入了那一流，便受桎梏於那一流的裏面，這就是所謂「流梏」。近來無產階級每每痛恨有產階級的專制，但無產階級得了勢，就馬上成功無產階級的專制：這更是「流梏」的一個好例。斯賓塞爾在「流梏」一章裏面，說某夫人著了一部書，名曰生世不諧錄（The Greatest Plague in Life）。內容專是暴露那些做傭奴媼婢的如何狡悍可恨，可知他那部書所說的生世完全是主人的生世；倘若在那些做傭奴媼婢的看來，怕也要著一部生世不諧錄，專暴露那些做主人的如何狡悍可恨。可知兩種人的生世不諧，雖是描寫兩面的人生，却都非人生的真相。所以「流梏」也是一種障礙。次論「政惑」

「政惑」與「國拘」「流梏」理正相類，不過所說的方面不同。國內有幾個政黨，自然各黨有各黨的主張，各黨有各黨的立脚點；譬如左黨主張唯物史觀，而右黨却主張唯心史觀。這兩年我國關於人生觀的論戰，甲派主科學，乙派主玄學，這也未必不帶幾分「政惑」的色彩，所以「政惑」也是研究人生哲學的一個大梗最後論「教辟」宗教在西洋歷史上演成數百年的戰爭，這是「教辟」很顯然的；即在東洋，又何嘗不是各教互相排斥？由科學發達的結果，宗教的支配力驟受打擊，以為人類直無須此種，這又未免矯枉過正，而卒亦不脫「教辟」之嫌。須知宗教所關於人生至大，宗教哲學與人生哲學實互相表裏，因為都是想找到人生的一個歸宿。不過拘泥一宗以排斥他宗，甚且演成流血的慘劇，以終身作儀式的傀儡，以人體作妖魔的傳舍，而盡失信仰的精意，這又是何等愚蠢的事呢？所以「教辟」更是研究人生哲學的一個大梗。

總上所述八項，可知各種思想習慣所表見於羣學者，無一不表見於人生哲學，而且猶不止此；所以研究人生哲學的困難，比研究他種學問大有不同。唐擘黃先生近著吾國人思想習慣的幾個弱點一文，首項所舉，即為受道德和功利的觀念所束縛，語多「鞭辟近裏」。吾國人每每由道德和功利的觀念束縛之故，至於對真正的人生，失了正當的評價。可知吾國人研究人生哲學，第一當注意的，便是思想習慣上的障蔽。戴東原有一句話說得好，他說：「學者當不以人蔽己，不以己自蔽。」可知東方人研究西方人的思想，一面不要上西方人的當，一面也不要上自己的當。無論是何種樣式的思想，我們都要認爲有存在的價值，便是阿Q正傳（見魯迅著的「吶喊」）裏面所表現的阿Q的思想，誰也不能保證其必無。所以研究人生哲學，要當找出那種人生哲學的本來面目，方可得到人生的正當評價；而於研究資料之選擇與整理，也不至陷入上述八種障蔽之中。以後請專論人生哲學的研究法。

研究法之進步

在論人生哲學的研究法之先，不可不一述研究法上的程序。研究法普通分爲二類：一，演繹法（deductive method）；二，歸納法（inductive method）。前者爲亞里斯多德（Aristotle）、笛卡兒（Descartes）、斯賓挪莎（Spinoza）、來布尼疵（Leibniz）諸人所主張，後者爲培根（Bacon）、洛克（Locke）、休謨（Hume）、穆勒諸人所主張。就性質言，前者主總合（synthesis），後者主分析（analysis）；前者由原理推到箇件，由一般的原理推到特殊的原理，其思索的順序爲前進的，故又稱爲前進的方法（progressive method）；後者由箇件回到原理，由特殊的原理回到一般的原理，常向後面去找根據，故又稱爲後退的方法（regressive method）。然自又一方面考察，前者由最簡最高的原理出發，漸漸論到那些從屬的原理，故又稱爲下降的方法（descending method）；後者由各種最淺近的事實及原理出發，漸漸達到最簡最高的原理，故又稱爲上昇的方法（ascending method）。梁任公、劉中叔先生從南北地勢劃分老孔學派，這是演繹法的好例；（劉中叔主張老南孔北，見他所作南北諸子學不同論。梁任公倡導尤早，詳見中國古代思潮。近人柳翼謀先生撰「論近人講諸子學者之失」一文，嚴加指斥，以爲老南孔北之說出於日本人，任公不察，從而和之，遂形成今日南北對峙之局。實則自我看來，老南孔北之說，亦自有根據，當不如柳氏所譏之甚。）梁漱冥先生把論語所記的許多事實，歸在十三類，去定出孔子的真面目，這是歸納法的好例。（見孔子人生哲學大要講演稿。）演繹歸納二者在研究法上好像兩大石柱，互相撐持；沒有歸納，演繹便行不通；沒有演繹，歸納也行不通。亞里斯多德說星永遠存在，故其運動亦爲永遠的運動；然唯一的永遠運動爲圓運動，故星爲圓運動而環繞地球，這便是由前提不確實所生的謬誤。如果把前提訂正，令前提常從經驗出發，那就這些毛病一概免去了。這不是演繹法還要靠歸納法做補助麼？邁爾(Mayer)在爪哇(Java)行醫，看見患病者靜脈血呈鮮紅色，因而聯想到熱帶地方的人比寒帶地方的人，只須稍許酸化，就能維持體溫，而靜脈血下澄。假如邁爾當日僅僅觀察到這些事實裏面，那就一輩子也不能有所發見；所以終須從演繹法的規則，而將所觀察的擴張到各方面，成功一種勢力說。這不是歸納法還要靠演繹法做補助麼？祇是演繹法比歸納法終須輸一籌，因為不拿出一種事實，早就不能叫人家信服；而在歸納法縱不能事事去經驗，尚可成功一種赫胥黎氏的存疑主義(Agnosticism)。但嚴格論之，歸納法所得，亦不過出於一種類推或比論 (analogy)；而所謂歸納法的原理，與其說牠含有必然性 (necessity)，毋寧說牠帶有蓋然性 (probability)，所以又須他種研究法以濟其窮。於是不能不提出所謂直觀法 (intuitive method) 與辯證法 (dialectical method)。直觀法係不假推理而能直接洞察事物的真相之謂。直觀正與洞識 (insight) 之義相同。我們平常理智分別的作用，每每限於局部，而於達觀宇宙的作用，不免欠缺，惟有直觀法最能彌補這個缺憾。所以普通用肉眼觀察事物，直觀法却用心眼觀察事物。王陽明說：「天地萬物與人原是一體，其發竅之最精處，是人心一點靈明。風雨露雷，日月星辰，禽獸草木，山川土石，與人原只一體，故五穀禽獸之類，皆可以養人；藥石之類，皆可以療疾。只為同此一氣，故能相通。」見王陽明答朱本思書。這便是用心眼觀察事物的結果。直觀往往起於頓悟，這在日常生活裏面很容易看見。我們遇着一個難題，往往數日不解，但一頃刻之間，心機豁悟，即便透澈瑩明。他如大詩人、大美術家、大科學家，這種頓悟的機會更多。在哲學上尤不鮮其例。叔本華 (Schopenhauer) 說：「哲學的發達，便是合理說 (Rationalismus) 與頓悟說 (Illuminismus) 的消長。」可見頓悟說在哲學上的功用。惟頓悟說與神秘說 (Mystizismus) 不同。神秘說在意義上雖也有種種不同的解釋，但大抵以西洋中世神秘學者如囂俄(Hugo)、褒那溫圖拉(Bonaventura)、愛克哈特(Eckhart)諸人的解釋最爲流行。囂俄以爲人的知性作用可分爲三段階：第一是思惟 (Cogitatio)，係以肉眼認識外界；第二是考察 (Meditatio)，係以心眼洞察內界，第三是瞑想(Contemplatio)，係以第三眼觀察超越界。褒那溫圖拉、愛克哈特等亦主張第三作用，其着重點即在與神冥合。這種神秘說由近世心理學發達的結果，已完全打破。而所謂頓悟說，則在始即由理智分別作用所無能爲力而不得不訴於想像，在終即以想像的結果而取證於事實，故毫無神秘之可言。如化學上的原子說，物理學上的引力說，數學上的根本原理，莫不出於頓悟，即莫不由於直觀。潘卡勒（Poincaré）以為直觀係出於精神的性質之肯定，柏格森（Bergson）尤極力闡明直觀之本於直接意識，所以直觀法大可以濟演繹歸納之窮。次論辯證法。辯證法為分析與總合之交互使用，雖在希臘時代已早有人注意，但組織成功一種顯著的研究法的却是黑格爾。黑格爾以為凡事都必依三段順序而發達：先有第一狀態的「正」（thesis），必生第二狀態的「反」（antithesis），然後再生第三狀態的「合」（synthesis）而第三狀態的「合」又為新第一狀態的「正」。如此正反合三者循環演進，永無休止。譬如樂天觀的反動為厭世觀，二者各走極端，於是有淑世觀出而調和；然淑世觀總不免有所偏倚，積之既久，又生反動，又生調和，如此循環演進，便成功一種「辯證論的人生哲學」。由正生反，便有分析，正反對立，便生總合，所以辯證法是分析與總合交互使用的結果。祇是這種方法不免陷於牽强附會之弊，因為拿事實嵌入這種方式裏面，便有許多不合；若離開事實單論概念，便不無自相矛盾之處。譬如「生」的概念自身，決不會產生「死」的概念，可見這種方法尚多缺點。陸宰（Lotze）的「論理學」和翠德倫布爾（Trendelenburg）的「論理研究」批評最詳，可參考。不過由分析與總合交互使用的結果，對於演繹歸納補助的地方正多，也未可一概抹煞。

總上所述四種研究法，可知各有各的功用，均未可漫加拒斥。惟演繹法傾向於獨斷，歸納法傾向於懷疑。獨斷與懷疑，本不是科學演進史上必經的階段，然亦是哲學演進史上必經的階段。在哲學史上有所謂獨斷派(Dogmatismus)與懷疑派(Skeptizismus)，即與哲學相終始。如西洋希臘初期哲學大半傾於獨斷；而自詭辯派出，即走入懷疑。後來斯多亞派、伊壁鳩魯(Epikulus)派哲學上的主張，大都傾於獨斷；而自皮倫(Pyrron)出，又走入懷疑。中世紀的哲學為神權所左右，達於獨斷的頂點；而自笛卡兒出，又走入懷疑。笛卡兒之後，在歐洲大陸如斯賓挪莎、來布尼疵、沃爾夫(Wolff)等，在英如培根、洛克等，均不免一種獨斷的態度；而自休謨出，又走入懷疑。可見獨斷與懷疑，無時不與哲學為緣。在獨斷派與懷疑派各走極端之時，即有折衷派(Ekletizismus) 或混合派 (Synkretismus) 產生，任調和的職務，但是效力總是微弱。直至康德出，始建立批評派 (Kritizismus) 一個名目，而哲學乃有比較確定的基礎。所以在態度上，有獨斷派、懷疑派、折衷派、批評派之演進，正猶在方法上，有演繹法、歸納法、辯證法、直觀法之演進。態度起於獨斷與懷疑，而方法則起於演繹與歸納，可見態度與方法原不無相互的關係。孟子言性善，荀子言性惡，揚子言性善惡混，告子言性無善無不善這在中國幾乎成了一個不能解決的問題，但在我看來，只是各家思想的態度和方法之不同。性善說似獨斷派的議論，近於演繹法；性惡說似懷疑派的議論，近於歸納法；性善惡混說似折衷派的議論，近於辯證法；性無善無不善說似批評派的議論，近於直觀法，這樣看來，態度與方法，實在處處有相即不離的關係。現在請進論人生哲學的研究法。人生哲學的研究法，究竟是怎樣的一種程序，這不能不先將人類知識的演進說一說。孔德（Comte）把人類的知識分作三種階段：一，神學的階段；二，形上學的階段；三，實證哲學的階段；我以爲人生哲學研究法上的程序，頗不出孔德三階段說所指示。惟孔德乃是按照他自己所處的時代而立言，所以僅論到實證哲學的階段而止，但到了二十世紀，學術上的方向又轉變了。并且孔德所提倡的實證哲學，其根本精神專貫注在社會學，而所謂心理學，不過看作社會學之一部分；但到了二十世紀，心理學却成爲一種主要科學了；所以我以爲要增加一種階段，

名曰生命哲學的階段於是可用這種見地先劃作一個簡表

一，神學的階段——演繹的研究法

二，形上學的階段——辯證的研究法

三，實證哲學的階段——歸納的研究法

四，生命哲學的階段——直觀的研究法

上表所列，有兩處須加說明：一，生命哲學確為二十世紀哲學的新傾向。如實用主義的哲學、新理想主義的哲學以及柏格森的直觀哲學、杜里舒(Driesch)的生機哲學，莫不最富於生命派、行為派、具體派的色彩，而與前此的理性派、抽象派恰立於正反對的地位。他們最鮮明的主張，便是實在的進化，真理的進化；所以從前的哲學是靜的、消極的，而他們的哲學完全是動的、積極的；從前的哲學，是醉倒在理性裏面，而與生命為絕緣的，他們的哲學，是從理性解放，而欲進一步捉住生命的根柢的。這種活動、自由的天地，不僅開闢在哲學界，并已擴張到科學界。像赫克爾 (Haeckel)、阿斯特瓦德 (Ostwald)、洛治 (Lodge)、勒布 (Loeb) 等，莫不注意到生命問題。并且他們治科學、也最注意自身批評、像潘卡勒、馬黑(Mach)、羅素等都是、也就和從前的科學界、大不相同了。所以生命哲學的階段，確是實證哲學以後的產物。」各種階段下面所附的各種研究法，是單就那個時代的着重點而說的。譬如神學的時代重演繹而輕歸納實證哲學的時代重歸納而輕演繹；并非神學時代沒有歸納實證哲學時代沒有演繹。所以各種研究法的演進，雖然另有一種程序，而此處不妨單就各時代的着重點而立言。本來我們人生的開闢，是循着一定的途徑而前進的。費爾巴黑(Feuerbach)有句話說得好，他說：「上帝是我們最初的思想，理性是我們第二步的思想，人類是我們最後的思想。」這句話顯然指示我們人生開闢的途徑，是由「上帝」的思想走向「理性」的思想，由「理性」的思想走向「人類」的思想，與由神學的階段到形上學的階段最後到生命哲學的階段那種順序相符合。中世紀舊約聖經創世紀的思想，完全是「上帝」的思想。這種思想的力量在中世紀甚是偉大，以為人是由上帝產生，那一切人間的法則更不必說了。但是達爾文(Darwin)種源論出世以後，人人相信人是由各種動物進化而來，循優勝劣敗物競天擇的公例，於是對於創世紀的說法頓生疑念，而「上帝」的思想遂大減殺其勢力這麼一來我們人與自然界的地位也就分辨了。其後斯賓塞爾出，本達爾文進化論的思想，更加擴充，輔以孔德的社會學，乃從生物的進化推到社會的進化，於是進化論的力量愈益增加，而我們人與人的關係也就分辨了。再後柏格森出，更本斯賓塞爾進化論的思想擴而充之，輔以詹姆士的心理學，乃從生物的進化推到心理的進化，於是進化論的力量益不可及，而我們自身的價值也從此分辨了。這樣推論下來，進化論由生物學到社會學，更到心理學，愈推擴而愈精深，主張進化論的，由達爾文到斯賓塞爾，更到柏格森，人生的途徑乃愈開闢而愈廣遠。那「上帝」的思想，到這個時候，簡直無立足地步；不僅是「上帝」的思想立足不住，便是「理性」的思想到了此時，也無時無刻不生動搖，——柏格森便是打破理性的唯一的饒將——然則，此時所剩下的完全是「人類」的思想了。所以在豎的方面說起來，我們人生的開闢，是由「上帝」的思想到「理性」的思想，由「理性」的思想到「人類」的思想；在橫的方面說起來，我們人類由了解人與自然的關係到人與人的關係，由人與人的關係到自身的價值；現在可以說到了人生開闢的盡頭。嚴格說來，人生哲學要到這個時候才有真正人生哲學可言，而人生哲學的研究法，也要到這個時候才有真正的標準可定。譬如在神學的階段，直可從神學上的主張演繹到人生哲學；在形上學的階段，直可從本體論或宇宙論推見人生哲學；這種人生哲學的研究法，究少可採用的價值。在上述四種研究法之中，當然以歸納法爲最重要。歸納的研究法本無論在何種時代何種階段裏面，都不可缺，不過在實證哲學的階段，實爲更切要；所謂生物學的研究法、心理學的研究法、社會學的研究法、經濟學的研究法等等，實在對於人生哲學的研究有莫大的貢獻。直觀的研究法、不過意在濟歸納的研究法之窮；雖可離歸納的研究法而獨立，然終須借歸納的研究法以爲事後的佐證。牠在生命哲學的階段，實在有必要。至於演繹的研究法、辯證的研究法，在現在更完全是居於補助的地位了。在思想的態度說來，也以懷疑派批評派的態度爲可貴，尤其是批評派爲不可缺少，至於獨斷派、折衷派，亦早已無存在的餘地了。這樣兩兩比較，可知方法與態度處處對立，在我們研究人生哲學的人，是不可不特別留意的。

第二章　近代人生問題概說

第一節　人生問題的起原及變遷

人生問題之發生及其發生的原因

人生是怎樣開闢出來的，上面已經論過。但人生成為問題，換句話說，對於人生發生驚訝或疑懼，這是二千年以前就有的現象。蘇格拉底常到公共市場，見人就盤問人生的意義，有一次他遇見一個人去打官司，他便問為甚麼要打官司，那人說是為公理，他再問甚麼叫公理，那人便瞠目不能答。又有一次，有人告他的父親不信國教，他便盤問甚麼叫國教。諸如此類，不斷的向人生發生疑問；以為未經考察過的人生，是不值得生活的。釋迦牟尼做太子的時候，頭一次出遊，看見農人赤體辛勤，被日炙背，塵土坌身，喘呷汗流；又看見牛縻犂端，時時捶掣，犂稿研領，鞅繩勒咽，血出下流，傷破皮肉，便心動情搖，不能自已。以後第二次又在城東門遇見老人，第三次在城南門遇見病人，第四次在城西門遇見死人，益發悲傷不能自已。因為眼見衆生的生活都是無常，便不能不對人生發生疑懼。莊周對於生死總算是最能達觀的，但他的妻子死後，終不能無慨然於懷。（莊子曰：是其始死也，我獨何能無槩然。見「至樂篇」。）彼在當時又何嘗不對人生發生一種疑懼？總上三方面——西洋、印度、中國——觀之，可知人生成爲問題，是二千年以前就有的現象。康德嘗有一句話，他說：「我們最値得驚嘆的，便是天空的星辰和心內的良心的命令。」以康德那樣富於哲學的思想的人，尙且不免對於天體和良心的存在，發出一種驚嘆之語，何况在智識未進步的古代呢？解決這種不可思議的問題的便是天文學與倫理學。天文學研究關於外界的一種不可思議的天體，倫理學研究關於內界的一種不可思議的良心，這是一種何等有趣味的研究；但人生問題的研究，實兼二者而有之，因爲宇宙觀和人生觀本來不容易拆開，（天文學可算是討究宇宙觀的，倫理學也必有一部分論到人生觀。）要兩面合看，纔能找出人生的真相。然則人生問題的研究，豈不是一種更有趣味的研究麼？所以蘇格拉底、釋迦牟尼、莊周諸人所經歷的現象，或者更值得我們驚嘆。現在且就人生問題發生的原因略爲概說：本來討究人生問題，不能不溯及人類的原始，因爲在原始時代的人類，我們不能決其必無人生問題可言；不過那時代的人類，縱有人生問題可言，然以意識陷於昏睡狀態，即有亦不顯。自人智稍稍啓發，便漸漸感觸到衣食住之外，尚有可欣慕或是可疑懼的一境，而人生問題即於此發端；自後知識更進，那可欣慕或是可疑懼的一境便感觸愈切，而知識乃成爲憂患之媒。可見人生問題發生的原因，以知識之發達爲最顯著。因爲知識發達之後，便無時無地不成爲問題；所以講究養生的人，總想做到一個「無懷氏之民，葛天氏之民」。詩經也贊嘆道：「隰有萇楚，猗儺其枝。天之沃沃，樂子之無知！」這些思想，也許帶有別種意味，却正可見知識發達爲人生問題發生的主因。次之，便是衰老病死的痛苦。因爲知識既已發達，便對於衰老病死的現象，常易感觸到人生之無常。所以身體虛弱與多病早夭的人，每每流於厭世思想；反之，身體强壯與年高壽永的人，每多富於進取思想。可見衰老病死也是人生問題發生的一個重要原因。再次之，便是天災人禍的襲擊。如一九二三年日本大地震，罹災市民百十三萬，死亡者十六萬，財產損失七十億。這不是亘古未有的天災麼？又如一九一四年至一九一八年的歐洲大戰，利用科學的能力，常於數分鐘內，演成殺人千里流血成河的慘劇；計五年之中，爲戰爭而死的在千萬以上，因戰爭所惹起的災阨以至陷於死亡的近二千五百萬，因災害與營養不良以至於衰弱不振的，亦在千數百萬。這不是亘古未有的人禍麼？當這種阨運的人，試想他對於人生的感想如何，所謂「有生之樂」，到那時候恐怕甚麼也沒有了。所以天災人禍，也是人生問題發生的原因之一。再次之，便是社會待遇的不平。如在殷實之家，不僅揮金如土，還要藉金錢作惡，又能藉金錢護惡，在貧苦的人，不僅衣食不完，便自家性命也不知結果在那一條險道；又如生長貴族之家，縱知識上如何淺陋，總不願與平民爲伍，生長平民之家，縱情愛上如何濃厚，總不能與貴族締婚；這些事實，都是人生問題的導火線。所以社會待遇的不平，也是人生問題發生的一個原因。再次之，便是政治理想的變遷。如黑格爾以爲國家對於個人有絕對權，個人從屬國家，乃是個人的第一本務。國家既爲絕對的實在，則個人以國家之一員始爲客觀的存在，而產生真理與道德。(Dewey's German Philosophy and Politics pp. 28-29) 在這種政治理想之下的人生是怎樣？又如羅素以爲個人應有的範圍被威權侵犯的時候，反對威權的人，無論怎樣遭社會上的冷眼，但他們總算是替社會做了一番事業。(Russell's Political Ideals, chapter 4) 在這種政治理想之下的人生又是怎樣？可見政治理想的變遷又是人生問題發生的一個原因。以上所舉五項，都是關係最大的。此外如國際關係之變遷、交通機關之發達、科學之進步等等，都不能說和人生問題沒有直接或間接的關係。所以談到人生問題發生的原因，與談到人生問題研究的資料，是一樣的寬泛不着邊際，姑且擇其重要的舉述而已。

人生問題的變遷

人生問題是伴着知識發達而生變遷的，上面已稍稍論及，不過牠也伴着感情和意志的發達而起變化。大抵在古代或中世紀，在知、情意二方面，都不過粗具端倪，而比較注重的乃在於情意的方面。如在古代，所謂人生問題，就完全着重在人情的管束上面。但人情的管束，不能不靠道德做護符；這無論在中國在西洋，大都是一致的。譬如希臘所倡的四元德，（智慧、勇氣、節制、中和。）中國所倡的三達德，（知、仁、勇。）及五德、（仁、義、禮、智、信。）六德、（知、仁、聖、義、忠、和。）四德、（元、亨、利、貞。）九德（寬而栗、柔而立、愿而恭、亂而敬、擾而毅、直而溫、簡而廉、剛而塞、彊而義。）等，莫不是想用道德來管束人情的。那時代的人生觀念，以為畢生能夠實踐各種德目所詔示，便算達到圓滿的人生。後來到了中世紀，這種觀念便漸漸變了；不過這種觀念之變，是就西洋而言，若在中國是仍然沿用道德說的，并且永久不生變化。西洋自基督教興，人生問題便轉向一個新方向，雖然也顧到人情的管束上面，却是一般人的眼中，特別看重人生的歸宿。以爲人生要得到一個歸宿，然後靈魂有所慰藉；因此宗教的精神特別發達。如脫離苦海、超昇天國的信念，在基督教中幾成爲一種首要的道德；基督教雖以愛、信、望三主德管束人情，却是牠的主眼，仍以信賴全知全能的神爲至高善。所以那時代的人生觀念，以服從神的命令，得達到超自然的彼岸，爲人生絕大的幸福。就古代和中世紀而觀，所謂人生問題，都像着重在情意的方面。不過嚴格說來，所謂情意的方面，究不無缺憾，因爲古代便爲父權說所浸淫，中世紀又爲神權說所左右，父權與神權交相施展，所謂人權，簡直無形中消滅盡了，人權不得，尙何情意的方面可言，尙何人生問題可言。人權的伸展，直到近世紀才稍有眉目。自盧梭(Rousseau)天賦人權說、達爾文人猿同祖說昌明以後，一方面人權得了一重絕大的保障，一方面父權與神權受了一種重大的打擊，於是人生問題更換了一副新面目，與向日的道德說、宗教說完全異趣。最初一步便想嚴格的找出生命的實質。而欲找出生命的實質，不得不求助於科學；所以科學的發達，是人生問題裏面一個絕大樞紐。遠如史來登的細胞學說之發見，近如薛佛(Schäfer)的生命人造說之宣傳，大可以喚醒一般神秘論者的迷夢；又自生理學解剖學日見進步，而生命構成之基本的要素所謂生命的實質者，莫不昭然若揭，更無可以「自騙自」之處。赫胥黎(Huxley)最鍾愛的兒子死了，他的朋友金司萊(Kinsley)用靈魂不朽的話去安慰他，赫胥黎以爲沒有充分證據的東西，都不值得信仰，都不能使我安慰。可想見一般人用靈魂不朽去自騙自的，都由於沒有用嚴格的條件去考察生命的實質。不過這樣冷枯的對待人生，不僅常常帶有行尸走肉之感，叫我們不能往下生活，並且用這種嚴格的方法，終於不能解決人生的奇秘，結果必至發見人生許多的缺憾，而不得不走於自殺一途。如弗羅伯爾(Flaubert)由極度自然主義的思想一轉而成虛無的思想，因爲自然主義極度發展的結果，必至於無理想、無感情、無道德乃至一切皆陷於毀滅虛無之境。弗羅伯爾有一段最悲痛的話，他說：「在現代想尊崇舊的信仰，是辦不到了，但想建立新的信仰，也一樣的辦不到；我用盡方法想找到一個比較可以存在的觀念，但結果終於失敗。」他這段話，何等酸楚痛苦，人生到了這種境地，試問怎樣往下生活。於是哲學界科學界又起了一種大反動，以爲這種苦肉計的方法，終於不能找出人生的眞相。生命固宜用嚴格的條件考察牠的實質，但生命仍須借別種方法去表現牠的本來面目；於是向日以爲僅用科學足以完其職責者，至是終不得不借助於藝術。這便是現代藝術特別發達之由。也是藝術的人生所以特別見重於現代之由。於是可括上述各端而列成次表：

古代	以道德爲中心	人情的管束	人倫本位
中世	以宗教爲中心	人生的歸宿	靈魂本位
近世	以科學爲中心	生命的實質	肉體本位
現代	以藝術爲中心	生命的表現	生活本位

由上表所述，可知人生問題之變遷上的程序。古代中世都注重情意的方面，近世則注重知的方面，若在現代，乃在謀知情意之調和發達。所以現代的人生問題，不是枝枝節節的靈魂問題，肉體問題，乃是生活全體的問題。討論生活問題最眞切的無過於藝術。尼采(Nietzsche)以爲藝術卽是生活，眞正的藝術沒有不是拿最高的生活

做背景的藝術和道德宗教科學，都有相卽不離的關係，而已進步的道德宗教和科學，又必以藝術爲骨子，否則便成功一種呆板的道德、迷信的宗教、殺人的科學。這樣看來，藝術的人生可算是一種最高貴的人生了。關於這點，且容後面詳細論述。

第二節　近代人的外部生活

外部生活的說明一

欲談人生問題，要到近代才有真正的人生問題可言，上面已經說過。所以近代人的外部生活和內部生活須有一番考察，方能得到人生的真相。本來外部生活和內部生活的區分，不過爲說明之便，尤其是近代人的生活，從內外兩方面去觀察，更易探得生活的真髓；實則外部與內部並無界判可言，生活本來是整個的，是渾然一體的，若勉强拆開，又如何說得上生活。此義既已辨明，便知此處分別論述的本意。現在且就近代人的外部生活分條說明，而先從西洋人的外部生活加以觀察。西洋人外部生活的特徵，便是物質文明之發達。自孔德實證論、達爾文種源論出世以後，物質方面的進步，比其他精神方面、社會方面的進步更有一日千里之勢；可以說從希臘時代到十八世紀之末這二三千年間的物質的進步，抵不上最近百年間的物質的進步。這種進步的原因雖是很複雜，但由自然科學發達的結果所產生的諸種的發明，要算是一個主要的原因。就中交通機關和製造機械的發明，尤其是近代物質文明的主腦。任是自然力如何偉大，但人力總可以設法征服一部分。征服陸上的有電信、電話、汽車、電車、自動車之類，征服水上的有汽船、水上汽車、水上脚踏車、海底隧道以及一切水上電信電話之類，征服空間的有飛行機、飛行船、飛行電車之類，這都是就交通機關而言。至關於一切製造機械，征服炎熱的有電扇、冰箱、冷室之類，征服寒冷的有暖爐、電爐、溫室之類；凡視力所不及的，有顯微鏡、望遠鏡、X光線之屬以救濟之；聽力所不及的有蓄音機、擴音器、無線傳音器（Broad-cast）之屬以救濟之。其他一切日用飲食，幾乎沒有不可以由製造機械以分其勞力或增進其效力的。物質文明之發達可以想見。一八六九年蘇彝士運河和一八九五年奇尼爾運河，長至六十餘哩乃至九十哩，深至三十餘呎乃至五十呎，不可謂非物質文明的產物；其後更深的如一九〇〇年尼爾威託拿威格運河，最廣的如一九一四年巴拿馬運河，莫不相繼而起；最近如薩哈拉(Sahara)大沙漠之闢爲運河，玆德海(Zuider Zee)之填充田地，更莫不令人嘆物質文明之偉大。若就各種建築而言，則所以發揮物質文明者，更遠非前此所能夢見。德國式的建築以花樣翻新著稱，美國式的建築以層級高聳著稱。從前所豔稱的上古七奇，（一埃及的尖塔、二巴比倫之架空園、三希臘羅士島的鐙明臺、四魯達氏的愛普盧神巨像、五依肆時的帶拿神殿、六哈利嘉尼的加利王陵、七飛突拿士所造的斜畢達像。）中古七奇，（一羅馬大戲院、二亞力山大的瑩穴、三中國萬里長城、四君士坦丁的聖梭斐亞寺院、五中國南京磁塔、六英吉利沙利啤斯的石址、七壁撒的斜塔。）到近代幾乎毫不成爲問題。可想見近代物質的進步之速。近代所號稱七奇，另是一個方向，而建築並不在其列；所謂近代七奇，便是無線電信、電話、飛行機、鐳錠、防腐劑與抗毒素、分光、X光線七種；足見這時代的自然科學者，比從前另是一番氣象。到近日來，所謂世界科學家更立三大宏願：一，控制日光；二，控制海潮；三，控制火山熱力。無論此種宏願是否得達，而物質文明之日進無已，自可預斷。近代人的外部生活，消磨於物質文明之中的，幾於無處不爾。既受了這樣急激的大變化，自然人生觀也不能不受一種重大的打擊，所以近代人對於物質的生活之努力，比古代中世那種悠游自得的時代要勝過十倍乃至百倍。因爲智識的發達足以促進物質的文明，而物質的文明又足以誘導智識的發達，互爲因果，所以近百年間物質的進步超過二三千年間物質的進步。這是近代人外部生活最著明的第一點。

外部生活的說明二

物質文明既已逐漸發達，於是一般人的生活狀態漸近於人工的而遠於自然的；積之既久，遂漸漸的厭棄鄉村生活而欣慕都市生活；因此都會日益膨脹，而鄉村日益縮小。又由上面所述交通機關和製造機械發明的結果，而工商業日益發達，都會成了產業的中心，於是都會遂爲各方視線所共同集射之點。一方面從經濟狀態言之，因貧富間大相懸隔，土地盡爲地主所併，農民不甘心局促於田舍，不得已棄鋤鍬而集中於都會，出於一種消極的意味；一方面從活動能力言之，在鄉村不容易自由發展特具之能力，而在智識已啓不甘爲習慣所束縛的人，此種發展慾特別旺盛，因此相率麕集於都會，出於一種積極的意味。尙有一種原因，便是近代各國特重中央集權，因此首府日益繁華，便是小都會也不難佔據一個重要的位置。這都是都會膨脹的由來。都會膨脹的結果爲人口的激增，這由歐美各國最近的統計便可以知道。其最顯著的便是英國首府倫敦的人口直比蘇格蘭全體的人口增多，英國各都會的人口約佔全人口的什分之八，這是一件何等可注意的事！美國當一八九〇年的國勢調查之際，在人口三萬以上的都會中所住居的人口，不過佔全人口的什分之一，而由最近的國勢調查觀之，即已達全人口的半數。可想見都會人口增加之猛烈。現在爲考察各大都會人口增加的趨勢起見，特列出一種數字如左：

市名	一八〇〇年	一八三〇年	一八五〇年	一八七〇年	一八九〇年	一九一〇年	一九二〇年
倫敦	九五九、三一〇	一、六五五、五八二	二、三六三、三四一	三、二六一、三九六	四、二二七、九五四	四、五二一、六八五	(一九一九年)七、五六二、二二四
紐約	七九、二一六	二四二、二七八	六九六、一一五	一、四七八、一〇三	二、五〇七、四一四	四、七六六、八八三	五、六二〇、〇四八
巴黎	五四七、八〇八	七八五、八六二	一、〇五三、二六二	一、八五一、七九二	二、四四七、九五七	二、八四七、二二九	二、九〇六、四七二
芝加哥	—	(一八〇四年)四、四七〇	二九、九六三	二九八、九七七	一、〇九九、八五〇	二、一八五、二八三	二、七〇一、七〇五
伯林	一九七、一一三	二八九、一六三	四一二、一五四	八二五、九三七	一、五七八、七九四	二、〇七一、二五七	三、八〇一、二三五

由上表所列，各國都會人口的逐年增加，形勢極爲顯然。倫敦在十七世紀的時候、不過僅有五十萬的人口、現在

已經達到七百萬以上的人口、增加到十餘倍。又全歐洲在十九世紀初頭、都會人口滿十萬的、不過僅有十四處、而在十九世紀之末、已經達到一百四十處、恰好增加到十倍。都會膨脹的影響，自然是產業的進步，而一切文化的發達要亦爲不可掩的事實。不過都會愈膨脹，鄉村便愈縮小，而一切豐富的日光、清潔的空氣、新鮮的食品便不免因都會膨脹的緣故而不容易自由取得。比利時詩人魏爾哈冷（Verhaeren）寫了一篇觸手的都會，Les Villes Tentaculaires 說近代由都會膨脹的結果，漸漸把許多清潔的鄉村都弄髒了，像製造場鐵道等等，把那些很美麗的田園腐蝕幾遍，好像動物的觸手一般。由他這段話，可想見都會所給與我們的壞影響。況且既已加入都會，便不能不營都會生活；既已加入都會生活，物質的欣慕便隨之而起，而生活程度即不能不提高；但生活程度雖已提高，而物質欣慕之情却不因之而減少，且轉而增劇，於是生活上不得不感受種種困難或痛苦。當生活程度未能提高的時候，不能不出之以競爭，而黃金崇拜的心理，權力屈服的事實，遂隨競爭以俱進，結果只求達到物質上的滿足，其他皆在所不計，這可算都會生活中一種最普通的現象。既已加入都會生活而爲物質上的競爭，自然日處於繁劇匆忙之中，無片刻之安暇。但在這時代的人，不在取得「安暇，」轉在取得「迅速。」以爲文明之先進後進，卽由迅速之度而決定；凡事物之效力，卽以迅速之度而判其大小。靡物不曰物靡而曰迅速，良藥不曰藥良亦曰迅速，因爲愈迅速則效力愈易呈現。吾人一生美滿的事業，常以先他人爭取得一着爲絕大條件，可知迅速關係匪輕。於是迅速中復求迅速；通信求迅速，至用飛行機投遞；出版求迅速，多用法國式裝訂發行。近來歐美各國且由電話機數的多寡覘文明的進步，紐約以一都市而達八四五八九〇機數，比他國總機數多至數倍乃至數十倍，芝加哥亦以一都市而達五五四一一四機數，這又何嘗不是求迅速的結果。可見求迅速又是都會生活中一種普通的現象。旣已加入都會生活而日處於繁劇匆忙之中，便無時不受刺戟。車聲、馬聲、機械聲之雜沓，電燈、白熱燈之强烈，這是當然免不掉的一種刺戟；而在激烈的生存競爭之中，由惡戰苦鬪的結果，身體上不免常感着疲勞或倦怠，非有一種興奮劑不足以振刷固有的精神，於是生出一種求刺戟的心。而種種刺戟物、睡眠劑、興奮劑、麻醉劑等等都莫不應之而起。刺戟物最流行的便是煙酒，近代歐洲各國每年煙酒費激增，就是這個緣故。由諾爾導（Nordau）所舉述，法蘭西煙草消費額，在一八四一年每個人不過爲〇・八瓩的比例，但到了一八九一年，每個人便達到一・九瓩的比例，不到半世紀，遂增加了一倍。據一九〇四年最確實的調查，世界各國煙草的產出額與消費額，以美國爲最大，產出額達六六〇四六一〇〇〇磅，消費額達四四〇〇〇〇〇〇〇磅，每個人的消費量，達五・四〇磅，每個人的納稅額，達一・六〇圓；若到現在，更不知增加至何數量。至論到酒，因爲想求高度的刺戟之故，且要求 absinthe 那樣强烈的飲類。這種酒具有一種特質，服後易起一種奇異的幻覺，所以爲各國所嚴禁；但嗜酒的人非此不足以遂其求刺戟的心願，正猶近年美國禁酒，而嗜酒的人遂用酒精以爲替代，且喜酒精刺戟力强，與嗜 absinthe 的人出於同一的心理。以上是就煙酒說。煙酒而外，如鴉片、hashish、催眠劑之屬，也逐漸增加了。其他凡足以增進刺戟的食品或飲類，莫不同時激增。於是由貪求刺戟而神經益麻醉，因神經麻醉而貪求刺戟之心益切，互爲因果，不知不覺日陷於病的狀態之中。尤其是在物質享樂的都會裏面，諸事反易感着平淡寡味，於是有求一種不自然的人爲的刺戟當作一種快樂的，幾乎可以說拿一種苦痛當作一種娛樂。譬如使費許多金錢和時間，特地去看悲劇，掬一把傷心淚以為絕大快事這不是拿苦痛當作一種娛樂麼？可想見近代人貪求刺戟的熱狂。至於那些貪求肉感的刺戟、官能的刺戟的，更不消說了。可見求刺戟又是都會生活中一種普通的現象。

都會生活的繁劇匆忙，既已如上所述，而生活的壓迫，物質的欣求又緊逼於後，於是不得不競起於黃塵萬丈之中以與各方面決鬭；但以過度疲勞、過度刺戟、過度壓迫、過度悲傷的結果，而患病者、精神不具者、犯罪者、自殺者等等，遂同時增加。這由各國都會的統計，便可以知道。本來患病者、精神不具者、犯罪者、自殺者等等，固有許多由於遺傳的原因，但環境的原因關係更大。尤其是處於都會的環境之中，這種險象愈易呈露。生長於都會的人，大抵早熟早老，體質易流於衰弱，所以都會的死亡率比全人口的平均要增加到四分之一。近代有所謂「都會病」，其原因固多由於生存競爭的激烈，而神經所受各種強度刺戟的影響，要亦為有力的原因。神經上既受了重大的打擊，所以各種病患都乘之而起。正猶終日勞動過度，入晚遂百病叢生，四肢無力，五官失靈。所謂「世紀末」(Fin de Siècle)，正是這種情況。「世紀末」是說十九世紀之末以過度活動的結果而呈一種特殊的現象，到了這個時候，甚麼毛病都防止不住；都會也正是如此。可見患病者、精神不具者、犯罪者、自殺者等等的增加、又是都會生活中一種普通的現象。總之，都會膨脹以後，好影響固屬不少，但一般人的生活總難免成功一種機械的生活、肉感的生活、不安定的生活、不自然的生活，事實如此，何可諱言。這是近代人外部生活最著明的第二點。

外部生活的說明三

物質文明既已發達，都會生活又已開展，自然種種舊習慣舊信條不容易維繫人心，而據有某種優越地位者，尤不容易聽其太相懸隔，令人勿相侵犯。因爲智識已啓，人權天賦之義已明，不僅從前種種牢籠政策，到這時候都不適用，便是不用牢籠政策，也難叫他人信從，更難使他人心服。所以近代的政治運動和社會運動都特別的猛進。政治運動和社會運動本來沒有多大的區別，因爲都是被壓迫階級對於壓迫階級的反抗或鬬爭。馬克思(Marx)和安格思(Engels)在共產黨宣言裏說：「所有過去社會的歷史，都是階級鬬爭的歷史，」可想見他們所說的階級鬬爭，意義是很廣泛的。不過我這裏所說的政治運動和社會運動，是就運動的方面不同而言：政治運動是無權階級對於有權階級的一切解放運動，社會運動是無產階級對於有產階級的一切解放運動；前者爲政治的平民主義的運動，後者爲產業的平民主義的運動，所以寧以分別說明爲便。所謂政治運動，大約可分作二項說：一政治改良，二政治革命。政治改良復可分作二項說：一行政改良，二憲法改良；此爲近代國家所常有的一種運動，不必具舉。其最足使吾人注意者，卽爲政治革命。政治革命最顯著的，無過於法蘭西大革命。法蘭西大革命的原因，雖不一而足，但反抗當時僧侶、貴族之專政，要爲一主要的原因。所以這種革命運動，完全是無權階級對於有權階級的一種反抗運動。其後有所謂七月革命，亦與一七八九年的大革命性質相同，結果把貴族院議員的世襲權利廢止，貴族的特權從此遂不復見。所以這種階級鬬爭，可說是關於權利的階級鬬爭。但不幸法國當時這種階級鬬爭，完全成功一種第三階級對第一第二階級的鬬爭。自十四世紀至十八世紀之間，隨新大陸之發見與一般貿易之隆盛而工商業特別發達，於是成功一種以工商業者及紳閥爲中心之第三階級。在法蘭西大革命和七月革命的時候，這種第三階級雖然也藉着第四階級（即一般勞動者）的援助而成功革命事業，但他們却居指導的地位、主人的地位。所以這兩次的革命運動，無異爲第三階級——商紳階級——的革命運動。當法蘭西大革命發端，有所謂國民議會者，即由第三階級人民組織。當時曾作一度人權宣言；但所謂人權，無異爲公民權，即第三階級的權利，並未普及到一般平民。其後七月革命，雖廢止貴族特權，而選舉權之財產制限依然存在，所謂議員的資格須以直接稅五百佛郎爲條件；這樣，政治上之權利豈非仍集中於第三階級？所以當時這種階級鬭爭，完全成功一種第三階級對第一、第二階級的鬭爭。自一八三七年至一八四八年之間，英國有所謂 chartist 的運動，（一名普選舉運動。）勃然興起。如科柏特 (Cobbet) 鄂康諾 (O'Connor) 諸人，即爲此種運動的主倡者。彼等在政治上主張實行普通選舉，在社會上則主張建設共產社會，其勇往的精神，雖十年如一日。後雖於一八四八年卒由第三階級的壓迫而失敗，但即在此年中而法蘭西的二月革命又起，與 Chartist 的運動可謂具同一的精神，因爲都是無產階級對於有產階級的反抗運動。自二月革命告成，而一切政治運動與社會運動始判然爲二種不同的形式。

二月革命完全爲一種第四階級對第三階級的革命，與法蘭西大革命和七月革命的性質大不相同。可以說法蘭西大革命和七月革命是一種中等社會(bourgeoisie)的革命運動，二月革命是一種下等社會(proletariat)的革命運動。前者爲純然政治的革命運動，後者爲政治的兼社會的革命運動。自此以後，一切的政治運動和社會運動，幾乎佔了近代人生活的全部。政治運動不必盡爲第三階級所特有的一種運動，卽第四階級亦莫不羣策羣力以共圖政治之日上軌道。因此，近代憲政之進步與共和國之增加爲近代政治史上一種特別的紀錄。至論到社會運動，更有一日千里之勢。自桑西門(Saint Simon)、費爾湼(Fourier)、倭文(Owen)三大空想家散布社會思想的種子以後，於是法國的普魯登(Prouhden)、卡培(Cabet)，德國的威特靈(Weitling)，俄國的巴枯寧(Bakunin)等，莫不被其影響而爭爲此種思想之宣傳。至馬克思、安格思二人出，更把此種思想放大至若干倍。此二人者，不僅求之於思想的宣傳，并欲見之於事實的運動，因圖萬國勞動者之團結。至一八六四年之際，此種萬國勞動者同盟居然成立，因有所謂「第一國際」(First International)。自第一國際成立後，勢且延及於德、英、比、瑞、意、西諸國之間；當時「第一國際」這個名詞，在英看作一種勞動組合，在德看作社會民主黨，在南歐看作無政府主義，各派分途並進，情勢日益緊張，但不幸因內部的分裂與外面的壓迫之故而卒歸消滅。其後各國社會主義運動續續興起，復於一八八九年之頃，得開成萬國社會黨大會一次，是爲「第二國際」（Second International）。惟當時各國社會黨以在議會能得多數同黨議員出席爲運動的主力，因有所謂議會政策。自此種傾向發生後，而前此革命的精神遂漸失，且有進一步與紳閥政黨握手的企圖，於是內部的組織又生變化。其時有所謂軟派硬派，卽修正派與正統派。所謂正統卽表明馬克思一派原有的面目；大抵此派對於妥協的態度，如所謂議會政策者，必出於反對，而主張直接的行動。於是有應這種目的而起的一種運動，爲法國的工團主義（Syndicalism）的運動。此種主義可謂對於馬克思派之右端修正派而起的一種左端修正派。自後社會主義的派別雖日益發展，而運動的傾向則莫不日趨於硬化。由一九一四年的歐洲大戰而有非戰派與主戰派的分裂，由一九一七年的俄國革命而有過激黨（Bolshevik）的產生。過激黨以「勞動階級之獨裁政治」爲標幟而樹立所謂蘇俄政府（勞農政府）從攫取國家政權、斷行勞動階級獨裁之點觀之，雖與工團主義有別，而自以純粹勞動者爲本位之點觀之，實與工團主義毫無不同之處。若在英國，則盛倡所謂基爾特社會主義（Guild Socialism），此爲國家社會主義（中央集權的社會主義）與工團主義之折衷，然亦可云英國式的工團主義。其在德國復有所謂斯巴達克派（Spartacists）的運動，與過激黨幾具同一的態度。又在美國，雖分社會黨爲二派而有所謂國民的社會黨與共產黨，但共產黨至今已成爲一種過激黨；彼之革命的勞動團體所謂I.W.W.（The Industrial Workers of the World）者，本爲一種美國式的工團主義，但至今亦成爲美國式的過激黨。其他瑞典、意太利諸國，莫不由社會黨取得選舉之最大多數，而日趨於硬化的傾向。總上各派觀之，可知各國的社會運動，無論其爲工團主義化，或爲過激黨化，但在硬化一點言之，並無多大差別。於是各國社會黨共謀所謂「第三國際」（Third International）之實現。自此以後，曾作數度之國際的會合，結果乃有在莫斯科所組織的國際共產黨之成立。從實質言之，此種國際共產黨，實爲過激黨之國際的團結；所以第三國際比所謂第一國際第二國際，規模又大有不同。惟對此第三國際復有懷異議者，因而更有第四第五國際之出現。總之，近代的社會運動，已隨人類的自覺而日進不已；又自物質文明進步和都會生活發達的結果，所以造成這種社會運動的原因者亦日益增多，於是近代人的生活幾無日不消磨於開會結社呼號奔走之中。現在試就勞動組合與同盟罷工之實際的狀況觀之，便可知道近代參加社會運動者之有加無已。單就英國言，英國全勞動組合員數，在一八九九年，不過爲一八六〇九〇三人，而在一九〇七年卽增加到二四二五一五三人；十年後爲一九一六年，卽驟增至四三九九六九六人。至同盟罷工，當一九〇三年，罷工數爲三八七起，直接參加罷工之勞動者數，爲九三五一五人；十年後爲一九一二年，罷工數卽驟增至八五七起，直接參加罷工之勞動者數，卽驟增至一二三三〇一六人。這都是就英國一國而言。英國而外，如德如法，更莫不呈激烈的變化。可以知道近代人對於社會運動之熱狂。合上所述政治運動和社會運動，雖歸着點不必一致，而其爲平民主義的運動則一。這是近代人外部生活最顯著的第三點。

外部生活的說明四

以上三項——物質文明之發達都會之膨脹、政治運動和社會運動之猛進——都是就西洋人的外部生活而言，現在請換一個方位，考察東方人的外部生活。大抵上述三項，無論在日本在中國，都莫不粗具規模。尤其是在日本，當明治維新以後，無論何方面，莫不翻然改觀。就物質文明言，日本雖然尙在幼稚時期，但在東洋却是比較有希望的；至都會的膨脹，無論在日本在中國，固同有此傾向；至就政治運動和社會運動而論，亦莫不同具雛形。總之，東方人的近代生活，可以說都是朝着這三條路向而進。日本自經過日俄戰爭以後，因外患稍紓，所以能專心壹意，整理內治；若在中國，便大相反。中國人的近代生活，完全爲外患所轉移，恐怕將來在中國歷史上要劃爲一種特別的時代。本來所謂外患，那一國沒有，那一時代沒有，不過在近代人的眼中，外患的意義不是從前那種小規模的窺伺或覬覦，乃是大規模的吞併或征服。一國與一國相侵伐，本來不算甚麼稀奇的事，但在近代，除征服一國之外，再想進一步征服一洲，更想進一步征服世界。歐洲之二大陸——亞細亞、阿非利加——之征服，事實上已無可避免。一九一四年的歐洲大戰，雖出於所謂大斯拉夫主義與大日耳曼主義之接觸，但以凱撒（Kaiser）的霸氣橫溢，在當時未嘗不作征服世界之想。現今有所謂東方二大問題：一爲近東的巴爾幹，一爲遠東的中國；一九一四年的歐洲大戰，不過爲對於近東問題之解決；至遠東問題之解決，則尚在準備中。中國以數千年文明的古國，至今不免爲他人競爭的目的物，這是一種何等可痛心的事；但大勢所迫，已不容不猛自覺悟以圖存。中國惟其負有數千年文明古國的資格，故自尊心甚强，而保守性卽因之牢固不破；但經屢次的挫敗，已痛自反省而一變向來鄙視外夷的態度。惟彼帝國主義者絕不因此而稍減其侵略之野心，且更挾其經濟的勢力，以爲進一步的侵略。於是我國人創鉅痛深，不得已出於一種愛國運動。所謂愛國運動，大約可分作兩種說：一爲消極的愛國運動，卽排外運動；一爲積極的愛國運動，卽歐化運動；此兩種運動在近數十年中幾乎佔了我國人生活的中心。入民國以後，此兩種運動的形式，更翻然改觀；徒以內憂未已，故不能有何種顯著的進步。在東方人的愛國運動之中，其收效最大者，莫過於甘地（Gandhi）的不合作運動。當時有所謂愛國運動之三大問題——卡里弗（Caliph 卽回回教主穆罕默德之相續者）位置恢復的問題、洛拉特法案（Rowlatt Act）的問題、班賈普（Punjab）大虐殺的問題——者，可算是印度國民反對英國政府的三大武器。以此三大問題爲口實而採用甘地所主張的不合作的手段，——一，辭謝名譽職及一切官階；二，辭謝政府一切有報酬的位置；三，拒絕關於巡警及軍事上的任命；四，拒絕納稅——居然能使英政府驚惶失措，居然能使全印度積不相能的二億五千萬之印度教徒與七千萬之回回教徒作種種共同的防禦戰，可想見愛國運動有時亦爲一種極有效用且極有價值的動作。近來朝鮮亦不乏志士以効死於愛國運動者，雖其效甚微，但其影響實甚大。總之，東方人的近代生活，要不能不以愛國運動爲其標幟，而在我國人尤莫不日惟亡國是懼。所以愛國運動又爲近代人的外部生活最著明的一點。

外部生活的說明五

此後請單就中國人外部生活上的特徵，試加論列。中國一面受外患的壓迫，一面又受內憂的擾亂，所以弄成一個百孔千瘡的局面。加以人口衆多，國民生計不易調節，地方寥廓，國民智識尤不易普及，於是各隨其際遇所遭，致生種種懸隔。際遇適者蔚爲上智，際遇不適者淪爲下愚，於是各方面僅得遂其不自然的生活而成功一種畸形社會。因此社會上怪象百出，在他國所不常經見的，而在我國率以爲常，毫無足怪。尤其在鼎革以前，國民一面受專制的壓迫，一面又受列强的玩弄，因此在社會間所產生的畸形生活，尤足予他人以半開化民族的口實。但入民國以後，方向又爲之一變，而爲一種新畸形生活的運動。從前的畸形生活，尙有許多是由勞作而得的；因爲在積威之下，不由勞作便不易昇進自己的地位或發展個人的富力；不過勞作的結果，乃適爲他人的方便，故不免陷入畸形。現在不然，現在的畸形生活是由不勞作而得的；因爲大家認爲在共和之下可以由不勞作而得昇進自己的地位或發展個人的富力，於是各視其奔競鑽營之巧拙，又復成功一種畸形。所以無業游民的增加與民國年度的增加爲正比例。彼無業游民既純恃其奔競鑽營之巧拙以爲生，故今日雖空拳赤手，明日或不難暴富或暴貴。於是羣趨於僥倖一途，而軍閥與官僚政客之增加亦莫不由是。這便是畸形社會之所由成。曾憶昔年梁任公先生在國風報上撰有僥倖與秩序一文，所以描寫吾國畸形社會之原於僥倖者，無不淋漓盡致，讀之更可以澈悟畸形生活發達的原因。現將該文摘述如下：（節略）吾始以爲凡地位居我上者、其聰明才力歷練必有以逾於我、夷考其實、則不過與我等耳、或反乃不如我、似此而欲生其敬服之心爲、決不可得也。與我等者或反不如我者而反居我上、欲人人安其遇而忠其職焉、決不可得也。求其故而不得、則曰是命耳、運耳、此種種迷信之所由生也。夫命與運則常在不可知之數者也、彼命運能如是、是安知吾命運不能如是、於是人人生非分之求、此僥倖心所由生也。吾先哲有言曰：自求多禍、在我而已。四哲亦言、人人恆立於其所欲立之地。此最顯辟近之言也。若夫迷信運命者、則異是、以謂命運常能制我、而非我所得自爲也、於是乎委心以聽諸制我者、則倚賴根性所由生也。倚賴人則常畏人、畏人則惟勢利是視、而所以諂瀆者無所不用其極、此寡廉鮮恥之風所由生也。夫在治安之國、學焉然後受其事、能爲然後居其職、無學無能、則終身爲人役、人亦孰敢不自勉。今也不然、不知兵而任兵、不知農而任農、不知法而任理、不知教育而任教育。不寧惟是、一人之身、今日治兵、明日司農、又明日司理、司教育。不寧惟是、一人之身、同時治兵、同時司農、司理、司教育、在其人曾不聞以不勝爲患、而學國亦視爲固然、莫之怪也。是故孰途人而命之割雞、則謙讓未遑者、什而八九、何也。以吾未學操刀、吾患不能也。孰途人而命之爲宰相、爲大將軍、爲方鎮、爲監司守令、則夫人而敢承、何也。舉國人共以此爲不學而能者也。夫既已盡人不學而能、則吾即學焉而所能之有以加於彼者幾何、即有加於彼者、曾不足以爲吾身之輕重、然則吾之勵於學徒自苦耳、此不學之風所由生也。無所謂職、故無所謂溺職、無所謂事、故無所謂償事無所謂紀故無所謂干紀、人人各自適其私而已、此不尊重法度之習所由生也。不學而可以能溺職僨事干紀而可以無罪、則人亦何必忠於職、故相率縱情於飲食男女絲竹博奕、此荒嬉怠惰之習所由生也。荒嬉怠惰恆苦不給、則必求自進其地位、而地位之所以進、不學、不恃能、不恃忠職守法、而別有所恃、則鑽營奔競之所由生也。人皆鑽營奔競、而有限之地位、終不能盡應其所求、不得、則排他人以自伸、此陰險傾軋之所由生也。傾軋而不得、則嫉妒之所由生也。嫉妒之初起、則以施諸與己偪處者而已、及其蘊爲習尚、而惡根性深入於人心、則凡見人之有一技者、必媢惡之、其立身行已稍有殊於流俗者、則視若九世之仇、必屠殺之而始爲快、屠殺之不必其有利於己也、當前適意而已、此涼薄狠毒之風所由生也。稍自好者、稍有技能者、稍忠於職務者、終已不能自存於社會、則亦惟頽然以自放、此厭世思想之所由生也。賢者既末由潔其身、能者既末由用其長、馴善者既末由自安其業、相與皇皇惴惴、不知安身立命於何所。彼寡廉鮮恥、鑽營奔競、嫉妒傾軋者流、其用盡心血所得來之地位、亦不知被人攙奪之當在何時、其皇皇惴惴常若不自保、則亦無以異於人也。擧國中無賢無不肖、無貴無賤、無貧無富、而皆同此心理、常泛舟中流不知所屆、此全社會杌隉不寧之象所由生也。（後略）

彼文中所謂全社會杌隉不寧之象，即便是畸形社會的寫真。而此種杌隉不寧之象，入民國以來則尤甚。所以畸形生活的運動，又爲我國人近代生活最著明的一點。

第三節　近代人的內部生活

內部生活的說明一

上面已經就近代人的外部生活擧述大略，現在請一論近代人的內部生活，仍先從西洋方面加以觀察。近代人內部生活的變化，正和外部生活相應，與古代中世相比較，大有天壤之別。上面已經論過，人生問題的起原由於知識的發達；而在近代，知識的發達殆已達於最高點。無論在自然科學與精神科學的任何方面，知識上之進步，皆莫不一日千里。上面所述物質文明的發達、都會的膨脹、及政治運動和社會運動的猛進，尤莫非知識進步後的產物。但知識發生之處，卽懷疑發生之處；知識愈發達，則懷疑之念愈深；懷疑之念愈深，知識乃愈發達，互爲因果；故知識發達無已時，懷疑亦無已時。近代人心的特質，卽爲懷疑的精神。所謂懷疑的精神，最初不過爲學術上的懷疑，然後次第延及於宗教上的懷疑、道德上的懷疑、法律上的懷疑，乃至一切生活無往而不陷於懷疑之境。懷疑的結果，卽爲信仰的破壞，於是人人的心中一切爲懷疑的烈焰所充塞，舉不知有所謂信仰。學術上的信仰早已動搖，因而宗教上的信仰又動搖，道德上的信仰又動搖，法律上的信仰又動搖，乃至一切生活無時不在風雨飄搖之中，於是內心的不安日甚一日，遂不知不覺醞釀而成一種劇度的苦悶。本來思想這種東西，自從希臘達雷士(Thales)以來，不知生了多少變化；直到黑格爾時，人心所受思想的影響，亦不知經幾許之懷疑與苦悶；但變化之激烈與懷疑苦悶之達於劇度，實以近代爲最顯著。故近代人之懷疑與苦悶，實佔古今思想史上一個重要紀錄。笛卡兒輩叫我們常常拿住一種懷疑的態度去對付各種事實，固然是一種很可珍重的教訓；但近代人的內部生活，由新事實之發生與新問題之不斷的湧起，便不受笛卡兒輩的暗示，也不能不走入懷疑一途。於是由懷疑而欲求解決，因求解決而懷疑之事乃愈多。法國芮農（Renan）有一句話形容得最好，他說：「我們的內心總是不安的，便是真理發見了，而我們更想作一種進一步的新研究。」"That unrest of mind which, even when truth is found, sends us forth on a fresh search for it." 可見這類的懷疑永無解決之望。懷疑既不得澈底的解決，於是苦悶亦成爲一種慢性的苦悶，而近代人的內部生活遂完全走入不健全的黑暗的一方面。梅特林克（Maeterlinck）謂人生問題有兩種最不容易解決：一是「死」的問題，二是「愛」的問題。梅特林克的作品，幾乎完全是向着這兩種問題用力的，結果承認「死」與「愛」具有一種神秘力，遂成功他的一種神秘的宿命論。我們爲着死與愛的問題之解決，不知演成了許多運命的悲劇。試問這種問題遺留到知識發達的今日，究竟得着圓滿的解決麼？這真不能不使我們永遠陷於懷疑或苦悶之境了。鄧南遮（D'Annunzio）在他的名著死的勝利（Il Trionfo della Morte）裏面描寫主人公佐佐（Giorgio）如何爲懷疑所苦，裏面有一段說：「當他（指佐佐）看見一個死屍的時候，他必定叫喊着：「死者！你多麼幸福啊！死了之後，甚麼懷疑也沒有了啊！』」可見懷疑的苦悶，佔了近代人的內部生活一個主要傾向。由上面所述各端，一面由懷疑而使一切信仰盡行打破，致不得不陷入於苦悶；一面由懷疑而使一切問題永無解決之望，致終久不能自拔於苦悶；於是懷疑與苦悶，遂結一個不解緣，由懷疑而苦悶，由苦悶而愈進於懷疑。好像沉溺在水中的時候，更竭力搔住那些水藻，結果沉溺轉愈深。這是近代人的內部生活最著明的一點。

內部生活的說明二

近代人的內部生活，既已為懷疑的苦悶所彌漫，於是人人每惴惴不能自安，起視前途，覺盡呈暗澹悲哀之色彩，因相率而趨於厭世一途。日人廚川白村著近代文學十講，內有一段敘述近代的悲哀，極為詳盡，現在不妨摘要舉述。廚川氏分近代人的悲哀為四種：第一，是幻影消滅(disillusionment)的悲哀，亦可謂絕望的悲哀。大抵說在從前浪漫的時代所懷抱的那些空想，所期望的那些烏托邦，一到近代，由自然科學發達的結果，把自然人生的事實和那些事實裏面所含孕的一切赤裸裸的真相，盡行暴露無有隱藏，乃知道從前所做的原來是一場春夢，從前所想望的都不過是些鏡花水月，從前所描寫的怎樣的美怎樣的自由現在纔發見是一種可驚的醜，可怕的壓迫和束縛。好像莫泊三(Maupassant)在一生(Une Vie)這部小說裏面所描寫的那個女主人公。她原來是一個妙齡的純潔女子，在未出閣的時候，心中切望一位理想的郎君，以爲可以共同培溉養護熱烈的愛苗，因此涉想到結婚一事是何等神聖而甜蜜的一種美舉。誰知一到結婚之後，乃發見男子是一個淺薄醜陋的肉慾者，登時萬念俱灰，百感交集。傷心之極，乃悟到世間之無趣，人事之無聊。這是幻影消滅的悲哀一個好例。又像弗羅伯爾在勃懷麗夫人(Madame Bovary)這部作品裏面所描寫的愛瑪(Emma)。愛瑪本是一個民間好女兒，也曾在尼姑庵裏受過一些浪漫的教育，甚麼聖者和中世騎士的美談，當時聽了，心中也着實歡喜；平素又喜歡看保羅(Paul et Virginie)的愛情小說和斯科特(Scott)的浪漫小說，因此把戀愛看作再神聖再幸福也沒有的事，於是心中起了一種特別的幻想。有了這樣「熱烈的情愛」的女兒，一朝被鄰近的醫生勃懷麗(Charles Bovary)愛上了，遂做了他的妻子。誰知不到多久工夫，便發見勃懷麗是一個極平凡的呆漢，每日和他只是過的一些極單調的生活，甚麼浪漫的趣味也沒有，於是從前的幻想都成泡影。當這樣孤芳獨賞最難熬受的時節，偏偏有種種誘惑來攪擾心情，於是纖纖弱質，終成了他人的情婦，幷從此日陷於墮落的淵藪而沉於人類的悲境。這又是幻影消滅之悲哀一個好例。總之，在浪漫時代爲一般人所捧場的安琪兒，到這時候才發見原來都是一些母夜叉。試問這種絕望的悲哀，誰復更能忍受？再進一步說，人爲萬物之靈，這是幾千年傳下來的一句古話，現在經自然科學的考查，知道宇宙間無論是有機物無機物，都要受自然法則的支配，就令替人類把法螺吹得極大，結果也不過表明人類是許多太陽系中的一個太陽系裏面的一個行星所謂地球者之中的一個生物，那就所謂萬物之靈，其靈性也有限；況且是否賦有靈性，不和一切禽獸草木受同一的待遇，這是毫沒有把握的。由達爾文、赫胥黎一派的進化說之所示，知道人類完全是由生存競爭優勝劣敗的結果而來，這樣看來，人類不過是比禽獸草木更兇惡的一種劊子手，那裏有甚麼靈性！因此可知所謂神呀，信仰呀，理想呀，都不過是些好聽的名詞，容易引人入勝的名詞；老實說，這都不過是「南柯一夢！」所以幻影消滅的悲哀，是近代的悲哀裏面最顯著的一種。第二，是由懷疑的傾向所產生的悲哀。這種悲哀也許比前一種更來得暗澹。本來懷疑就是一種不安定的狀態，尤其對於人類的感情上常予以一種絕大的不快。上面所述的懷疑的苦悶，尚不過出於一種希望的懷疑，或則藉懷疑打破固定的信仰，或則藉懷疑以促進新問題之提出，所以這種懷疑雖是不免陷於劇度的苦悶，却仍不能不說這種懷疑是出於希望的心理。若至懷疑已達於悲哀或厭世之域，更復有何希望可言。已達於悲哀或厭世的懷疑，差不多比甚麼否認世間的人，心緒還要惡劣；因爲到這時候甚麼生氣甚麼活力都沒有了，可以說簡直早沒有解決這種懷疑的勇氣了。髣髴在學校裏面正當試驗完畢之時，能及第不能及第，心中已復忐忑不安，乃一聲報道早落孫山，試問此時的心境，此種懷疑後的苦痛，此種迷離惝怳的悲哀，豈復人世所能忍受。這是第二種的悲哀。第三，由個人的主我的傾向所產生的悲哀。這是因爲近代人特別尊重個人的意志、主我的情感以致常易引起與外圍衝突的悲劇。易卜生(Ibsen)在社會劇裏面所描寫的人物，便是陷入於這種悲哀的一例。以近代人的徹底的銳進的理智之眼來看近代的社會自然容易發見許多的缺陷或矛盾，既已發見之後，又安能阿順曲從，勢不得不出於積極的反抗，或激烈的破壞。否則便須事事取讓步的妥協的態度，或爲鄉愿式僞善家式的生活。試問在權威上既已解放知識上既已啟發的近代人，誰復甘心落於此種卑賤的心理。於是自覺的生活與順應的生活，主我的傾向與喪我的傾向，澈底的態度與妥協的態度等等，無時無刻不交戰於近代人的腦中。在個性終久不得發揮而外圍的勢力又復着着進逼之際，於是一面痛恨外圍的毒菌之囂張，一面更感傷孤獨的暗影之淒慘。尤其在個性堅卓的人，這種感覺特別銳敏，結果亦自不得不陷於悲哀或厭世一途。德國小說家霍卜特曼 (Hauptmann) 曾在他的作品寂寞的人們 (Einsame Menschen) 裏面，描寫約翰涅斯 (Johannes Vockerat) 的二重生活的悲哀。約翰涅斯當初曾說過一句話，他說：「我是對於我自己尙負有某種義務的，」"Du Kannst doch nicht leugnen, dass ich gewisse Verpflichtungen gegen mich selber habe." 他說了這句話之後，終有感於自身對於自己的母親和妻子之家庭生活與對於精神上的戀人安那 (Anna) 之戀愛生活之不能兩立，遂投水而死。這便是二重生活的悲哀。霍卜特曼又在他的作品沉鐘(Die Versunkene Glocke)裏面描寫一種更沉痛的二重生活。一爲山上的生活，卽譬說自由和戀愛與藝術的世界，一爲山麓的生活，卽譬說基督教的束縛的世界，而主人公亥因理希(Heinrich)以妻子在山麓之故，終日徘徊於山上生活與山麓生活之間而不得解決，卒以苦悶過度而亦歸於破滅。這又是二重生活的悲哀。總之，這種二重生活的悲哀，都是由個人的主我的傾向所產生的結果。這是第三種的悲哀。第四，也是由個人的主我的傾向所產生的悲哀，但與第三種的性質完全不同。第三種立於積極的個人主義之見地，此則立於消極的個人主義之見地。在積極的個人主義之見地，常想由個人的力量去打破環境，或者進一步創造環境，雖是目的沒有達到，但這種精神却是抵死不休的；在消極的個人主義之見地乃是深感到個人的力量之薄弱，髣髴宇宙間另有一種不可思議的力量支配我們，任你怎樣會翻筋斗，總跳不出牠們的法寶，結果不得不承認一種宿命論。於是一般人全走入頹廢的傾向，尤其是那些神經銳敏的詩人，此種頹廢的氣分特別濃厚。幾乎認此世間的苦痛，決非個人的力量所能解除，於是僅求瞬間的人爲的刺戟以減除此種痛苦，像頹廢派（decadent）的行徑。甚麽目的甚麽理想都沒有，只設法如何渡過此日，正是「做一日和尙撞一日鐘」的設想。尙有一種人，覺得像現世這種乾燥無味的功利的生活，毫無留戀的價値，不特不宜留戀，而且宜設法忘却，忘却之法，只有別闢一種理想的天地，如高隱於所謂「象牙之塔」正是「衆人皆濁我獨淸」的設想。這種消極的個人主義的悲哀，是爲第四種悲哀。以上所述的四種悲哀，確乎是近代人所患的一種不易醫治的痼疾。尙有一個生物學者所說明的近代的悲哀，便是日本的丘淺次郎。他曾著有人類的將來一篇論文，頗引起一般學者的注意。丘淺次郎認定文明的進步雖然是一種可喜的現象，但文明進步的背後卻伴着一種極大的悲哀。他因爲天文學家能夠預測某月某日某時有日蝕，某年某月有某種彗星出現，總算對於將來能夠推定幾分；那末生物學家對於人類的將來，就難道完全不能推定嗎？因此他拿生物學上及地質學上的成例做基礎，以定人類將來的命運。他以爲人類比別種動物佔優勝的便是腦和手。腦能夠運用言語，手能夠使用機械，這就是人類戰勝其他動物、文明人戰勝野蠻人的唯一的武器。腦可以助手，的使用，手亦可以助腦的運用；於是腦與手漸漸的進步，達到今日這樣優勝的地位。但動物界有一種可驚的先例，便是某種動物到了占絕對優勝的時候，卽不免於滅亡。這就因爲某種動物種屬的自身裏面伏了自滅的原因，一到內因與外敵和合，卽召滅亡之禍。這種例子，隨時也不難舉出。凡事有一利就有一害，我們發見某種性質是某人的長處，但也就是某人的短處。（章太炎先生有一篇「俱分進化論」，可與此處相發明。）所以超過了一定的程度，或是筋力太强了，或是爪牙太利了，反是生存競爭的一個缺憾。因爲筋力和爪牙，都不是單獨發達的，凡戴角的頭骨，配牙的顎骨，運用頭骨顎骨的筋肉，養這筋肉的血管，培養這血管的資養料，都有聯帶的關係，所以筋力和爪牙越發達，這動物的擔負越重，結果反不利於競爭。况且由備具某種性質以戰勝其他種屬而獲得絕對優勢地位的動物，後來總不免要用這性質，自家互相競爭。以筋力占優勝的種屬，後來在自家種屬裏，就用筋力相爭；以爪牙占優勝的種屬，後來在自家種屬裏，就用爪牙相爭，結果非達到滅亡不止。又身體越變化到專適於某種一定的生活法，勢必弄到越不適於他種生活法，於是越弄到身體發育不完全，而招滅種之禍。在地質學上各時代占優勢地位的各種動物，後來忽然滅亡了，都是由於自家種屬裏種了可亡的原因。人類正恐不能逃出這個公例。人類雖是由腦和手的發達，得戰勝其他動物，占了絕對的優勢地位，但因腦和手的動作進步，就弄到今後貧富太相懸隔，生計越發困難，身體退化，神經衰弱，不平懷疑的心念越深，私慾越重，勢必至不能逃出各優勝動物所已陷的悲運。丘淺次郎這種觀測，我們很不容易加以非難，因爲一九一四年的歐洲大戰爭，確乎是腦和手發達的結果，而且正是用腦和手的優勝武器在自家種屬裏相爭。這樣看來，人類的將來究竟怎樣，恐怕誰也不能保證。丘淺次郎又在煩悶與自由一書上撰了一篇現代文明之批評，也是從生物學的研究，說明人類之退化，大有一讀之價値。總之，丘淺次郎所說的雖是出於一個生物學者的見解，但一般人所提出的證據，便是近代人確乎是日日走向退化的一條軌道上，眼睛比從前退化，所以帶眼鏡的人日多了，腦力比從前退化，所以患不眠症的人又日多了，況乎近代有所謂都會病學校病，以及各種新起的怪病險症，所有一切壞的徵候，更是層出不窮。所以有一部分人對於人類的前途抱悲觀，因此不知不覺的沉溺於厭世的悲境。這又是悲哀之一種。這又可以說是近代人所患的一種不易醫治的痼疾。總上所述各端，可知悲哀與厭世，成爲近代人的特別標幟，西人用「世紀的痼疾」(Le Mal du Siècle) 一個名稱表明這種標幟，很有可以細玩的價値。世紀的痼疾，本是說從十九世紀之初到十九世紀之末所潛伏於歐洲各國人之內心的一種懷疑厭世的傾向，但這種傾向，實以最近代爲最顯。

內部生活的說明三

上面已經把近代人內部生活的特徵說明了。一面因內部生活的不安，一面又因外部生活的壓迫，於是近代人無論在體質方面、感情方面、道德方面，莫不呈劇烈的變化；尤其是那些思想家，這種變化愈加激烈。所以有一部分學者說近代的思想家有許多是高等變質者 (dégénérés supérieurs)，因爲他們的神經作用，全呈病的狀態，可以說是介於常人與狂人之間的一種病的狀態，譬如尼采、莫泊三這些人，就是這一類，可知這種觀察亦不爲無見。其中有一個代表這種觀察而發爲驚人的議論的，便是著名病理學家諾爾導。諾爾導著述頗富，從種種方面批評近代文明，頗爲一般人所注目。其最膾炙人口的，便是他的變質論 (Degeneration)。全書皆從病理學的見地說明近代變質者之病的特徵現在請介紹這部書裏面一段中心文字。諾氏認爲從「世紀末」之疲勞所生的變質者共有七種：第一，肉體上與常人相異的特徵。卽顏面或頭蓋的左右發育不平均，或耳形不完全，或兩目斜視，或門齒臼齒不整，凡此種種，皆屬身體上的不具者。但既爲身體上的不具者，同時卽爲精神上的不具者；如常識之缺乏、道德觀念之薄弱、善惡之無差別等皆是。於是身體上的原因同時卽爲精神上的原因。第二，情緒變動的特徵。卽遇事容易動感情：容易笑，容易哭，容易發怒，容易發嘆，便是看到一種極平凡的詩文或繪畫，或是聽到一種極平凡的音樂，都很容易受到激烈的感動，而在本人且常以這種感覺的銳敏自誇，謂爲一般庸俗所不解。第三，意志薄弱的特徵。卽由環境的壓迫而或流於銷沉，或陷於恐怖，或甘於暴棄。第四，嗜寂靜的特徵。因腦力缺乏、意志薄弱之故，常貪安逸而惡銳進，然好用超然的寂靜主義 (quietism) 以自解嘲。第五，嗜幻想的特徵。因腦力減退，故不能集注全神，以盡判斷推理之能事，只得爲散漫的、斷片的、無秩序的以及茫然漠然的幻想。第六，懷疑的特徵，由懷疑走入虛無(nihilism)的思想。第七，神秘狂(mystical delirium)的特徵，由神秘狂走入宗教的信仰。以上七種，是變質者之病的特徵。諾爾導又舉歇私特里亞(Hysteria)患者之病的特徵，約有三種：第一，易受暗示的特徵。即遇事工模仿，在極不足介意的事物，而彼等一度受入印像，即自行仿效。尤其對於文藝作家所暗示的新傾向，更特別的易加仿效；常自比擬於作中人物，凡作中人物的態度以至服裝，莫不盡成他們模仿的好資料。有一次，法國一個時髦的女優着了黃色的服裝，為一般人所喝采，只一夜之間，巴黎的社交界盡變成黃色的服裝。他們容易受暗示，正和流行服裝沒有兩樣。第二，自我中心的特徵。遇事以「自我」為標識；其最淺陋的，即在一言一動之間，亦必設法示異於人，以引起一般人的注目。第三，黨同伐異的特徵。便是常喜標榜主義以圖取得最大多數的贊同；譬如文藝，本屬純粹的個人活動，但近代人常想藉文藝以為號召。以上三種，是歇私特里亞患者之病的特徵。總之，近代人由內部生活的不安與外部生活的壓迫，已呈種種病的特徵，於是體質方面、感情方面、道德方面，莫不與古代中世生一極大的懸隔。所以研究近代各種事物，幾乎沒有不可以從病理學的方向去決定的。近來日人永井濟著醫學與哲學，想從醫學上的見地解決哲學上的問題；換句話說，想從病理學上的見地解決宇宙觀和人生觀的問題。他這種企圖，我們不能不認爲具有特別的識解。意人羅姆布洛索(Lombroso)且謂近代的變質者爲促進人類一般的文明進步之活力。所以像諾爾導一流人從病理學去觀察近代人的生活，當然要認爲有一種獨具的眼光。惟近代人內部生活的全體，是否盡依病理學所指示，這似乎尚有愼重考慮之必要啊！

·

內部生活的說明四

上面已經把西方人的內部生活說明大略了，現在請換一個方向，觀察東方人的內部生活。大抵日本人自明治維新以後，一面沿用中國的舊禮教，一面參酌歐美的新倫理，於是日本人的內部生活另成一種輪廓。其最顯著的便是由天皇尊重的心理，演成生活上一種特別的色彩。上面所述的幾種悲哀，在日本人，並沒有甚麼銳敏的感覺；即有亦屬最近代之事。所以自殺者的增加，以最近代爲最顯著。至於中國人的內部生活，似乎可以說變化極少。在好的一方面說，中國人是一種最古的民族，髣髴年歲較大的人，遇事總持重些，不肯輕舉妄動；在壞的一方面說，中國人是一種粘液質，興奮力弱而維持力又弱，非受一種極大的刺戟，不容易發生反抗；卽反抗亦不容易維持，所以有老大之稱。雖至最近代由歐化輸入的結果，有少數人因自覺心的發達而發見人生的路向的，但極大部分尚爲固有的信條所維繫，決不容易發生大的變化。孟德斯鳩(Montesquieu)在「法意」上說：「東方之國、有支那爲、其風教禮俗、亘古不遷者也。其男女之防範最嚴、以授受不親爲禮、不通名、不通問、閫內外之言語不相出入、凡如是之禮俗、皆自孩提而教之、所謂少儀內則是已。文學之士、其言語儀容、雍容閑雅、此可一接而知者也。守其國前賢之遺訓、而漸摩之以嚴師、故一受其成、終身不改、此禮俗之所以不遷也。」本嚴譯第十九卷第十三章。上面已經論過，現代的中國人尚爲古代的道德說所支配，尤其是儒家的道德說，尚隱然支配一般人的內心，所謂宗教、科學、藝術這幾個階段，在中國並未曾做過「新踏瑪」(Syntagma)。Syntagma是希臘語、近來倭伊鏗最愛使用、卽以一不完全的理想支配人生的全部之意。所以說中國人的內部生活變化極少。惟其變化少，故上面所述的幾種悲哀和所謂變質者與歇私特里亞患者之病的特徵，都不容易發生；並且既已一切受制裁於古代的道德說，也無發生的可能。這在好的方面說，中國人固然可以減少這些悲哀的事實，但在壞的方面說，中國人完全在固定觀念(fixed ideas)中討生活，而精神上的見解，轉無從發抒；孟德斯鳩又云：「東洲之民、以根器輕懦之故、其受感於外物甚易、然由此其心之能力亦衰、多所靜受、少所奮發、是以神明之地、常有其先入者以為之主。一誤之餘、求其天明內振、以自拔於所誤者、蓋不能矣。此所以其國之法令德行風俗、甚至不足重輕之事、如衣飾者、皆一受於前人、不變以終古。有遊其土、所見於今者、大抵皆千歲之所流傳也。」—本嚴譯「法意」第十四卷第四章。因此在一部分人便流於保守主義，而在他一部分人則流於低級的享樂主義。所謂低級的享樂主義，乃是說以物質的享樂為唯一的目標，而物質享樂的後面，並無哲學的背景。這也由於中國本來是一個專制古國，原不許人有精神上的見解，所以那種享樂主義，當然無哲學的背景可說，當然只能達到低級的享樂主義。試問在現在中國人裏面，有幾個能逃出保守主義與低級的享樂主義的範圍？這不僅和西方人的內部生活大不相同，便是和日本人的內部生活相比較，也有些微的區別。

內部生活的說明五

中國人尚有一種特殊事實，形成生活上特異的色彩的，便是家族制度之尊重。這不僅西方人所夢想不到，便是日本人亦萬萬望塵莫及。嚴幾道說：「支那固宗法之社會，而漸入於軍國者。綜而覈之，宗法居其七，而軍國居其三。」見所譯甄克思(Jenks)「社會通詮」頁十九。又在社會通詮的譯序上說：「由唐虞以訖於周，中間二千餘年，皆封建之時代，而所謂宗法亦於此時最備。其聖人，宗法社會之聖人也，其制度典籍，宗法社會之制度典籍也。……乃由秦以至於今，又二千餘歲矣，君此土者不一家，其中之一治一亂常自若，獨至於今，籀其政法，審其風俗與其秀桀之民所言議思惟者，則猶然一宗法之民而已矣。」據甄克思的解釋，宗法社會有三個特徵；一，男統，這時候始注重族姓；二，婚制，這時候始嚴夫婦之別；三，家法，這時候始奉父爲一家之統治者。徵諸中國的歷史，這種宗法社會的痕迹，實在沒有一頁不給我們一個充分的佐證。惟其如此，所以中國人的生活，完全是家族制度下的生活，因爲宗法社會的特徵，便是家族制度之尊重。因此中國人所日夜努力的，凡「父以傳子，兄以勗弟，師以訓徒」的，便是做成一個家族制度的保護者或犧牲者，而光宗耀祖的觀念，買田宅，長子孫的計劃，遂盤踞於全中國人的腦中。孔子是宗法社會的產物，其學說又復助宗法社會張其烈焰，後世君主更利用孔子的學說以恣一人的私慾，於是中國人永無脫出宗法社會的機會。孔子說：「吾志在春秋，行在孝經，」這句話不管是不是孔子的自白，但孔子確認孝爲人生的根本要素。有子說：「孝弟也者其爲仁之本歟？」足見孔門之推崇孝弟；換句話說，足見孔門之推重家族。由孝弟觀念之擴充，而「大家族制」遂爲一般人所重視，「無後」遂爲一般人所鄙棄，因此家族制度益見尊嚴。家族制度既立，於是一般人永遠只圖做到一家族的孝子順孫而止，永遠不容易超出家族的範圍；便是超出家族的範圍，也當由家族的觀念出發，或是由家族的觀念擴充。孟德斯鳩說：「支那立法爲政者之所圖，有正鵠焉，曰：四封寧謐，民物相安而已；彼謂求寧謐而相安矣，則其術無他，必嚴等衰，必設分位，故其教必諦於最早，而始於最近共有之家庭。是故支那孝之爲義，不自事親而止也，蓋資於事親，而百行作始。彼惟孝敬其所生，而一切有近於所生，表其年德者，將皆爲孝敬之所存。則長年也，主人也，官長也，君上也，且從此而有報施之義焉；以其子之孝也，故其親不可以不慈，而長年之於稚幼，主人之於奴婢，君上之於臣民，皆對待而起義。凡此之謂倫理，凡此之謂禮經，倫理禮經，而支那之所以立國者胥在此。」（見嚴譯「法意」第十九卷第十九章。）由他這段話，可想見中國人的生活沒有不是從家族的唯一觀念引伸而出的。現在要談到人生問題，便可知中國人離開家族觀念，實在沒有甚麼人生問題可言。不是圖揚名顯親，便是想長依膝下；不是爲後人種福，便是爲前人爭榮。這種觀念，亘數千年而無變化，這便是中國一般人的內部生活。雖最近受歐化的影響，所以求內心之慰安者不無多少變更，但最大部份尚不能逸出家族觀念的範圍。這又是和西方人的內部生活大相懸隔之點。

第四節　近代生活上的兩難論法

第一種兩難論法

統觀近代人的外部生活和內部生活，可以知道近代人的特徵是古代中世所萬萬想望不到，抑且萬萬不敢作此想望的；所以談到人生問題，非到近代，決無真正的人生可言。所謂近代人的特徵，尤以最近百年間爲最顯著。如果從世紀劃分，便是十九世紀以後。以十九世紀之中葉爲界，在十九世紀上半期，一般人的生活，泰半受法蘭西革命的影響，在十九世紀下半期，泰半受自然科學的影響。本來這種整然的區分，未必盡符事實；但在十九世紀之中影響最大的要不能不承認這兩種事實，並且不能不承認一表現於上半期、一表現於下半期。我嘗以爲歐洲從十九世紀以後，方才走向人類解放一條路子；在十九世紀以前，雖思想上不乏啟導的人，但事實上絕少效果可見。所謂人類解放，大抵可分作三方面說：一，精神方面；二，物質方面；三，社會方面。精神方面的代表，要首推盧梭。因爲自由平等的精神，自從盧梭倡導以後，纔瀰漫到世界。法蘭西大革命受這種思想的影響，自不消說；便是以後美洲各國的獨立，希臘的獨立，比利時的獨立，以及所謂七月革命、二月革命等，沒有不是直接或間接受這種思想的暗示的。所以關於精神方面的解放，不能不推盧梭爲主要的代表者。物質方面的代表，要首推達爾文。自從達爾文的種源論出世以後，宗教上的信仰漸漸的不敵科學上的信仰。因爲科學的對象是物質，宗教的對象是精神；物質可以處處找證據的材料，而精神却是不容易顯出。所以達爾文和他的同調赫胥黎、克里福(W. K. Clifford)等只問證據不尙傳說，因此科學的宇宙觀，完全戰勝了宗教的宇宙觀。從此以後，學術界幾乎完全是自然科學的領域。自然科學可分作二大類：一，物質的科學；二，生命的科學。物質的根原曰原子，生命的根原曰細胞；由原子的性質和功用說明物質科學，由細胞的性質和功用說明生命科學，遂成爲自然科學上的二大鐵則。原子和細胞，皆爲一種可觀察可實驗的物質，毫不受傳說的操持。這種學術上的大革命，皆由達爾文有以啓之，學者至稱一八五九年以後爲達爾文時代。所以關於物質方面的解放，不能不推達爾文爲主要的代表者。社會方面的代表要首推馬克思。自從馬克思科學的社會主義宣揚以後，世界的勞動潮流遂一發而不可遏。上面已經論及，所謂「第一國際」即由馬克思發端，直至現在的「第三國際」聲勢遂益見浩大。今日歐美的社會主義，雖千差萬別，但其中最有勢力的社會主義所根據的學理，要不能越出馬克思一步；無怪近代學者稱馬克思爲社會主義之父。馬克思的階級鬭爭說，永遠爲後世造一種「不平則鳴」之因；所以關於社會方面的解放，不能不推馬克思爲主要的代表者。由是以談，盧梭、達爾文、馬克思三人，雖所致力不同，而所以促成人類之解放則一。可以說盧梭、達爾文、馬克思三人是人類解放的三使徒。近代文明之蒸蒸日上，可以說都是受這三人的恩賜。但由近代人的生活觀之，似乎處處都含着一種極濃厚的悲觀的色彩，甚或帶一種極暗澹的厭世的情調。不是由自由平等的絕唱所生的反響，便是由自然科學的背景所種的惡因；不是由腦與手的過度使用所得來的痼疾，便是由人口過剩和供給不足所傳來的疆耗。數者必居其一，有其一即足以陷人類於悲境。這樣，人類縱得解放，而解放後轉促人類日即於絕滅。是盧梭、達爾文、馬克思諸人昔所奉爲功首者，今或反成罪魁。以上所述的幾種原因，雖似出於一二人的杞憂或瞽說，但事實上也未嘗不可以找出一些證據。如所謂自由平等，或謂事實上終久不可得，不過留爲歷史上一種好聽的名詞而已；因爲像上面所述的幻影消滅的悲哀、個人主義的悲哀等，都是試探自由平等而卒歸失敗的絕好證據，可見自由平等云云純屬粉飾耳目之具。或謂自由與平等畢竟不能聯爲一詞；因爲真正的自由必不平等，真正的平等必不自由。或謂自由平等縱可完全達到，但自由平等的性質愈進化，服從性便愈退化，而服從性乃是同心協力的根本要素。本來團體生活的型式可別爲二種：一，平等型；二，階級型。這就動物的團體生活觀之，便可以了然。蟻與蜜蜂的團體生活屬於前者，（團體內各個體、一切平等。所謂蟻王、蜂王、不過就生殖專門的職工說、並不含有階級的意味。）猿猴類的團體生活屬於後者。從化石學、解剖學、生理學之所示，人類的團體生活，在原始時代，固與猿猴類的團體生活無甚差別，亦屬於階級型。這無論在圖騰社會爲然，便在宗法社會，更進而至於國家社會，亦不脫階級型的痕迹。惟團體生活愈擴大，則小團體間自然淘汰的機會愈少；自然淘汰的機會愈少，則服從性愈退化；服從性愈退化，則同心協力的精神愈弱減；結果與服從性相反的自由平等的性質雖乘機而發達，但同心協力的精神却是無法使其擴張。現在世間一切「甚囂塵上」的政治問題、經濟問題、勞動問題、思想問題等，那一種不是由同心協力的精神之弱減而來。所以自由平等的性質之發達，結果反給與人類以一種不治之症。這都是由自由平等的絕唱所生的反響。又如所謂自然科學，一切自然界的現象，歸之於物質與運動，謂宇宙與人生都不過是物質的盲動；人類解釋自身，也除物理的、化學的乃至生理的方法之外，別無可以解釋之處；尤其是邁爾(Robert Mayer)一派的「勢力不滅說」宣傳以後，人類益發感受自然界之機械的法則之偉大，雖一言一動，不敢謂有自由意志之存在，於是人人抱一種機械的宿命觀。像上面所述的幻影消滅的悲哀與懷疑的悲哀等，都是這種宿命觀的產物。充機械的宿命說之所至，人間不必有愉樂與哀慟，因爲依自然科學的解釋，笑不過是一種筋肉的運動，與手足口鼻的運動相同，哭不過是一種劇度的分泌，與汗液尿液的分泌相同，並沒有甚麼情緒可言。又人類的身體亦不必强生差別，因爲照依某科學家所指示，蚯蚓的生殖器和拿破崙的頭蓋骨，正不容易評斷價値的高低。人人知不能逃出機械的宿命說之支配，因而全走入消極一途；且既已確認人生與一切物質無別，這塊然的軀殼行即變成槁木死灰，因此生活的前途益充滿陰霾愁慘的空氣，而絕望自殺的險象遂無形增加。這都是由自然科學的背景所種的惡因。至於所謂腦與手的過度使用，與夫人口過剩或供給不足所給與人類的悲哀，便比上述二項更是無法解除。近代文明的進步，雖原因於腦與手的使用；但近代文明的缺陷，其原因亦正相同；這便所謂自家中毒。譬如由腦與手的使用而使近代社會的組織日益發達，即由腦與手的過度使用而使今後的社會益陷於貧富懸隔的狀態。據上面所述，腦運用言語，手使用機械，自言語發達而產生知識階級，自機械發達而產生貧富階級，這是一種很顯著的事實，如果腦與手過度使用，將各種階級益見懸隔，不特永無打破之望，而且使佔優勢的階級愈益囂張。因此所給與人類的痛苦，永無法解免。至於人口過剩和供給不足，這是倡導於馬爾薩斯 (Malthus) 的人口論。馬爾薩斯謂增加的人口常超過由死亡而減少的人口，而維持人類生命的食物，却不能比例於人口之增加。換句話說，人口是等比級數卽幾何級數的增加，食物是等差級數卽算術級數的增加。所以人口每二十五年卽增加一倍，而食物却不能與之並增，因此自然界發生種種悲慘，人類社會的貧困及一切罪惡，都無法制止，結果只有促人類日走於絕滅一途。馬爾薩斯這種推測，無論其與事實是否完全符合，但所以暗示人類前途之不幸，致羣趨於悲觀厭世則有餘。雖近頃有所謂新馬爾薩斯派如山額夫人(Mrs. Margaret Sanger)的生產制限說之提倡，與夫克魯泡特金(Kropotkin)的由科學方法增進食物之說之提倡，但殊未足與人類以確實的保證。

近代人深慮都市的人口膨脹，致社會日趨於惡化，而思所以預防之策，結果，種種的嘗試無一不遭失敗，而都市的流毒轉深。人口過剩預防之不易容許吾人樂觀，亦正猶是。所以近代人的生活，無論從何方面觀察，沒有不是走的悲觀厭世的一條路子。況乎上面所述的幾種主要思想，竟有絕對不能相容者，如自由平等的思想，便與機械的宿命觀不相容，腦與手的發達便與社會主義的思想不相容。而提倡之者唯各視其力之所至，不顧彼此適相衝突，結果使近代人的生活益墮於悲觀厭世的深淵。今試就近代文明自身的缺點，而作一種兩難論法，以見論世觀化之不易。兩難論法一名兩刀論法，具有四種論式。姑取其第三式所謂「複雜構成的兩難論法」(Complex Constructive Dilemma) 者而示其論式與事例如左：

論式

若甲爲乙，則丙爲丁；又若戊爲己，則庚爲辛。(第一前提)

然甲爲乙，或戊爲己，二者必居其一。(第二前提)

故丙爲丁，或庚爲辛。(斷案)

事例

若求文明則人類解放，但結果至陷人類於悲觀厭世，而日卽於絕滅；若不求文明則悲觀厭世可以減少，但結果又限人類於野蠻。

現在要問求文明不求文明，二者必居其一。

故結果非人類卽於絕滅，卽人類流於野蠻。

西洋有句諺語「沒有老婆，不樂；有了老婆，便苦。」這更是複雜構成的兩難論法的絕好事例。現在要問求文明不求文明，正和問要老婆不要老婆沒有兩樣，但結果非不樂即苦。近代的人生問題，因這一層障蔽，所以終久陷於無法解決的狀態。這是第一種兩難論法。

第二種兩難論法

第一種兩難論法，可以說是單就西方而言，現在請就東西兩方面的文化而試加論列。我們東方人常感觸自身種種方面的不進步，而羨慕西方人之一日千里，因起一種仿效或崇拜的心理。最近數十年間的歐化運動，未嘗不是這種心理的表現。但西方人自經十九世紀之末自然科學的試驗，與夫一九一四年歐洲大戰的打擊以後，對於東方的文化，也未嘗不存一種崇拜甚且仿效的心理。其最大的表示，便是最近對於中國文化之熱烈的追求。自從一九二〇年美國教育學家杜威來華講學以後，於是英國哲學家羅素、德國哲學家杜里舒及科學家愛因斯坦、美國教育史家孟祿（Monroe）、社會學家狄雷（Dealey）、古生物學家葛拉普（Grabau）、昆蟲學家吳偉士（Woodworth）、植物學家卡德（Coulter）、人類學家奧斯朋(Osborn)等，皆莫不聯袂來華，他們雖然是應講學之召而來，但骨子裏未嘗不存幾分考察中國文化的心理，甚或此種心理是他們來華的主要動機。如德國哲學家倭伊鏗卽曾有此種表示，徒以年老未遂所願。至於泰戈爾(Tagore)係同屬東方人，對於中國文化之熱烈的愛慕，更不必說。所以他初到上海便說：「我此番到中國，並非是旅行家的態度，爲瞻仰風景而來；也並非是一個傳教者，帶着什麼福音；只不過是爲求道而來罷了！好像是一個進香的人，來對中國的古文化行敬禮，所持的僅是敬愛兩字」。見泰戈爾演說詞。由他這段話也有幾分可以推測一般學者高興到中國來的心理。最近歐美各國對於東方學術之提倡，與夫各種中國學院之設立，更足以表示其崇拜中國文化之熱狂。就中最重視中國文化者爲德國，其次爲法國，其次爲俄奧英美波瑞諸國。當歐洲大戰告終，一般道德哲學家幾失憑依，乃爭爲中國道家儒家學說之宣傳。尤其是巴黎的中國學院成立以後，各國爭闢漢學講座於各著名大學，而中國學術遂在西洋學術中佔一最高之位置。所謂中國學院，現正分三路進行：一，西伯利亞線；由法京巴黎經比京不魯塞爾、德京柏林、波京瓦薩、俄京莫斯科及中國滿洲里而達北京。沿路線先設漢學講座於巴黎大學、柏林大學、維也納大學、羅馬大學、比京大學、瑞士大學、住立克大學、捷克國京城大學、羅馬尼亞大學、以瑞典國王家大學、丹麥京國家大學、挪威京國家大學、匈牙利京大學、希臘雅典大學、及波蘭京自由大學、莫斯科大學等處。二，美國線；由巴黎至倫敦、紐約、芝加哥、舊金山、檀香山、經日本而達北京。沿路線先設漢學講座於哈佛大學、哥倫比亞大學、芝加哥大學、百克類大學、檀香山大學、耶耳大學等處。三，紅海線；由巴黎穿埃及經印度、暹羅、安南、而達寶東。沿路線先設漢學講座於君士坦丁大學、埃及舊京大學、印度哥倫布之佛教大學、加而固玉大學、暹羅京之邦克哥大學等處。三路線均以巴黎爲起點，以北京、上海、廣東爲終點，由西而東，使不至受中外政潮之影響，可見其對於中國文化之尊重。但歐美諸國，所以突然提倡中國文化，最近最切的原因便是歐洲大戰的打擊。以爲西方百餘年來，提倡積極的哲學、進取的哲學，不遺餘力，結果致陷人民遇事趨於極端，希望奢而滿足少，故不得不出於相爭，因相爭而殘殺，此必然之勢，故非換一個方向竭力提倡中國文化不可。彼輩心目中之中國文化，便是道家的善勝不爭與儒家的仁義禮讓。所以巴黎大主教某君說：「到這時候，才覺得中國儒家貴中的倫理及道家主柔的道德爲可持久。」他們主張中國文化的動機，可以說僅注重在「弭爭」一點，這或者也由於中國文化另具一種精深博大的精神，一時不容易領會。直至最近，梁漱溟先生發表他的東西文化及其哲學，更把中國文化推崇達於極地，尤其對於孔家哲學讚嘆不置，幾乎要拿孔家哲學代表全中國文化，所以他說：「我又看着西洋人可憐，他們當此物質的疲敝，要想得精神的恢復，而他們所謂精神又不過是希伯來那點東西，左衝右突，不出此圈，真是所謂未聞大道，我不應當導他們於孔子這一條路來嗎！」見前著自序。因此推論「世界未來文化就是中國文化之復興，有似希臘文化在近世的復興那樣。」一百九十九頁。這是出於全盤的主張中國文化之動機。總之，中國文化在現代確乎有不少的人把他看作一種渡世的慈航。但中國文化究竟能否滿足一般人的希望，這是毫沒有把握的。如果照梁君的解釋，所謂中國文化不能不拿孔家哲學做代表，那末，孔家哲學究竟在中國是否行之而無弊？梁君謂「中國由孔子所遺糟粕形式呆板教條以成之文化，維繫數千年以訖於今，加賜於吾人固已大，」一百四十五頁。言下有如果拿出孔子原來的態度，則中國可以無問題，世界從此亦無問題之意。第五章完全發揮這個意思。我以為在此處有幾重疑障：一，謂孔子所遺糟粕形式呆板教條以成之文化，維繫數十年以訖於今，加賜於吾人固已大，請問所賜為何物？如因其維繫之久而指為所賜甚大，則須知一種學說適應於世間，不能以推行的久暫為評價的唯一標準。因為愈能錮民心智者則反動愈緩，愈能啟發心思者則變化愈速，基督教之在中世紀，亦已維繫六七百年之久，試問可否卽以此定為評價的標準？清代厲行科舉制，以便其愚民之私，亦延長至三百年之久，試問可否卽以此定為評價的標準？如僅求推行之久遠，不顧民智之蔽塞，則世間何貴有文明？更何貴有進步？二，由孔子所遺糟粕形式呆板教條以成之文化，確乎予我國人以一種極强度的保守的性質和階級的習慣，致不易自拔於蒙昧的狀態，而招半開化民族之譏。則所謂加賜於吾人者，並不在其學說的推行，而轉在推行後的流弊。三，謂拿出孔子原來的態度，則中國可以無問題，世界從此亦無問題，這不過是一種希望，與一般相信共產主義無政府主義以及其他各種政制之能推行無弊者，同屬一種希望。非經一度試驗，不能定其價值，亦不能使人相信。以上所說，都是假定梁君的主張合理而施以討論，然已不能保證其無弊；況乎孔子所給與我們的成績，已有二千年來的史蹟具在；梁君說：「數千年以來使吾人不能從種種在上的威權解放出來而得自由，個性不得申展，社會性亦不得發達，這是我們人生上一個最大的不及西洋之處。」（頁二百五）試問數千年來個性不得申展，社會性亦不得發達，不是受了孔子的影響又是誰的影響？孔子爲宗法社會的產物，其所主張一切又復足以助宗法張其烈焰，於是習俗儀文法典宗教，舉不能脫宗法的束縛；處此束縛之下，安望個性之能申展，更安望社會性之能發達。（嚴幾道說：「當爲宗法社會之時，其必取所以治家者以治其國、理所必至、勢有固然。民處其時、雖有聖人、要皆囿於所習、故其心知有宗法而不知有他級之社會。且爲至纖至悉之禮制、於以磅礴淪綸、經數千年其治常若一成而不可復變也者、何則、其體幹至完、而官用相爲搘拄」。見所譯「法意」卷十九頁十九。）結果只有天演愈深，而己則愈形其退化。這樣看來，中國文化中之儒家號稱富有陽剛乾動的精神的尚復如此，其他更有何說。所以中國文化的產品，只有老大、不進步、興奮力弱而維持力又弱、保守性強而排他性更強。這樣推論的結果，可知中國文化的成績，殊未足予吾人以滿足之處。而彼歐美諸國方汲汲探求中國文化，以圖人生之解決，這豈不又是一種極矛盾的現象麼？今試更就東西文化之接觸而作第二種兩難論法，請取兩難論法中之第四式所謂「複雜破壞的兩難論法」(Complex Destructive Dilemma) 者而示其論式與事例如左：

論式

若甲爲乙，則丙爲丁？又若戊爲己，則庚爲辛。（第一前提）

然丙非丁，或庚非辛，二者必居其一。（第二前提）

故甲非乙，或戊非己。（斷案）

事例

東方人向西方求文化以求解決人生，但西方文化的結果至於悲哀厭世；西方人向東方求文化以求解決人生，但東方文化的結果至於老大不進步……。

現在想不淪於悲哀厭世，亦不甘於老大不進步……。

故不求西方文化，亦不求東方文化。

這種論法，至少要承認含有幾分合理性；但事實上是否可以不求西方文化，或不求東方文化，或禁兩方文化之接觸，這是不待討論而可得一個答案的。然則人生的前途，直無一處可以樂觀，事勢所趨，安能爲諱。這是第二種兩難論法。

上面所述的二種兩難論法：第一種爲複雜構成的兩難論法，第二種爲複雜破壞的兩難論法，雖似出於論理上的遊戲，然不能不說含有豐富的理由。這樣，人生問題似乎很少有解決的可能性，但東西哲學所以指示人生之途向啟導人生之歸趨的不一而足，然則欲求人生之解決，似不能不仍就東西哲學加一番縝密的研究。由東西哲學研究之結果，或者對於上述的二種兩難論法，不難設法施以解除。則人生的解決，固未可遽加否認。現在請進一步考察東西哲學對於人生問題之解答。

第三章　東西哲學對於人生問題解答之異同

第一節　西洋哲學方面之觀察

概說

自來談哲學的，十有九要談到人生的根本問題，所以關於人生問題之解決，不能不向東西兩方面的哲學去尋求。第二章所述的近代人生問題，可以說是人生問題裏面的難題，也可以說是人生哲學的中心點。因爲人類總脫不了物質的慾求，任你把人類說得如何冠冕堂皇，而人類總是要吃飯的，穿衣的，并且要吃好的，穿好的，其他一切慾望，都是如此。又人類總是走向知識一條路上去的，任你說中國人如何注重情意的生活，而後一代的人的知識總要比前一代的人要增加；從前只知道造騾車，現代便會造火車；從前只知道置郵傳，現在便會通電信；若說中國人只安於造騾車、置郵傳，而不想得到造火車、通電信的知識，恐怕誰也不肯作此種自誑語。人類有所謂已開化的、半開化的、未開化的，這都不過是知識的比較，而半開化、未開化的人類，總要走向開化的地點的。所以近代人疲命於知識，我們也不能一味謾罵。又人類總是希望解放的，所謂自由平等雖屬於近代的新學說，而人類縱不受此種新學說的鼓吹，也自然會緩緩的走向自由平等一條大道。因爲倡這種新學說的，便是人類自身。可見近代人要求解放，亦屬一種正當的要求。凡上所述，都是人生的必由之路，然又屬不容易走通之路。近代的人生已走到「此路不通」的地點，這時候只有回頭向哲學家尋求去路之一法。此章所論述的，便是種種不同的路由單。這些不同的路由單湊集起來，換上一個名稱，便是東西的人生哲學。現在爲敘述之便，分東西的人生哲學爲三方面：一，西洋方面；二，印度方面；三，中國方面。請先從西洋方面加以觀察。大抵觀察西方文化的，有兩極端派：一主希臘文化，一主希伯來文化。主希臘文化的，謂希臘的精神實開闢西洋二千年以來文明的局面，無論何種科學、哲學、美術、文藝，沒有不是由希臘開發的。他們所以主希臘文化的理由，便是因爲西方文化注重「征服自然」，而希臘的精神卻是以自然的研究爲中心的；又因爲西方文化注重「向前要求」，而希臘的精神卻是以「向前要求」爲主眼的。前者如日人北聆吉、金子馬治之流，後者便如我國梁漱冥先生。我以爲這兩種觀察，都有是處，但都有不是處。謂西方文化注重征服自然，其遠源卽存於希臘之自然的研究，這是無從非難的；但欲從希臘一直往下推，謂西洋全朝着「征服自然」一條路向，見金子馬治所著「東西文明之比較」及北昤吉所著「東西文化之融合」那便錯了。因爲中世紀的文化並不如是。無怪日本人作西洋哲學史，每每除去中世哲學一部分，而僅以敘述希臘哲學及近世哲學爲能事，這不成了一部斷爛的哲學史嗎？謂西方文化注重向前要求，其遠源卽存於希臘之現世主義、活動主義、淑世觀、樂天觀等等，這是無從非難的；但說希臘文化是向前要求，其後文藝復興仍繼續希臘文化屬於向前要求，惟有中世紀的文化乃翻身向後，入於所謂「第三條路向」，且疑遠與印度有關係，見梁著「東西文化及其哲學」頁五十六。那便又發生問題了。因爲中世紀的文化，正是進一步的向前要求，牠所採的是來世主義，除現世幸福之外，并進一步求來世幸福，何能說牠翻身向後？至謂與印度有關係，更屬駭異之談，因爲卽使印度是走所謂「第三條路向」——向後要求——而希伯來思想之傾向未來，完全與印度思想不同。如果照梁君的解釋，印度思想是走第三條路向，則印度思想爲「無生」，而希伯來思想却是「永生」。所以聯二者併爲一談，未免過於牽强附會。這是主希臘文化者之失。主希伯來文化的，謂希伯來的精神，實維繫歐洲千餘年以來之人心，這是沒有不承認的；但他們因重視希伯來文化的結果，至謂近代自然科學之勃興，出於當時教士的繁瑣哲學之力；或謂近代科學之起原，全出耶教天國說之暗示；前者如屠孝實先生，後者如馮友蘭先生；這兩種觀察，又未免過於看重希伯來思想。謂中世紀文化足以保存希臘羅馬故物以授之條頓民族，這是一種既成的事實；但中世紀文化如何能產生近代科學，據屠君說：「神學家往往借重哲學爲說明之具，哲學之思想遂於不知不識之間流傳北方，條頓民族至是始知運思求學之方法。」見所著「論希伯來思想」書屠君遂由此推定近代科學之勃興，乃由當時的繁瑣哲學有以植其基。屠君這種觀察，雖無從非議，但於近代科學所以勃興之故，實嫌說明不充分；余則以爲近代人之愛重科學，雖間接受神學家之影響，而直接固原於歐洲人之尊尙理性，其所以尊尙理性之故，自不能不探源於希臘思想。至謂爲知求知之義，不能求有當於人事；不知爲知求知，其所以求有當於人事之心益切，不過這個道理一時不容易講明。參看拙著「我的生活態度之自白」。見「李石岑講演集」。歐洲人所以看重科學，其重要關鍵實在於此。至馮君之天國暗示說，雖別具匠心，而與事實尤相遠。馮君以爲「耶教所說上帝有人格而全智全能因此暗示西洋近代進步主義遂有一根本觀念，以爲人可以知道及管理可知的(intelligible)及可治的(manageable)天然界。他們以爲在將來可以有個完善的境界在其中人可以不勞而獲，這也是耶教所說天國所暗示。他們本來受耶教之影響很深，不過他們見上帝專制太厲害；人既沒有自由可以回到天城，所以只可自己出力，建立人國。但人如欲開拓人國，對於天然，須有智識及權力。惟其如此，所以需要科學。」（見所著「一種人生觀」頁四十六。）照馮君的說法，近代科學之起原，完全「從歐洲中世紀蛻化而來。」他這種觀察，亦自有獨到處，因爲以人法天，本是人類的通性；況且培根建立「人國」(Kingdom of man)說，適在耶教風行之後，固不能謂與耶教天國說無關係；所以馮君這種解釋，可爲獨具匠心。不過近代科學之勃興，與謂出於耶教之暗示，寧謂出於耶教之反動；一般人說歐洲近代的文明基於反抗希伯來思想，便是這個道理。至科學之起原，顯係出於希臘思想；在希臘思想的前期後期，俱有科學發達的痕迹可尋；如培根的思想即直接受影響於亞里斯多德，不過把亞里斯多德的思想修正或擴大，換句話說，對於希臘思想的一部分加以修正或擴大而已。故近代科學之起原，仍不能不推本於希臘思想，若徒憑想像以擬「人國」於「天城，」未免與事實太不符合。這是主希伯來文化者之失。所以觀察西方文化，要把全體合看，若執着一部分，便發生錯誤，關係非小。我以爲觀察西方文化，總宜多量的採用客觀法，不可橫以主觀自亂其眞僞；便是上面所說的東方人研究西方人的思想，一面不要上西方人的當，一面也不要上自己的當。西方文化發源於希臘，這個大前提當然是對的，但何以會產生希伯來思想？何以希伯來思想產生之後又會重提出希臘思想？而在希臘思想盛行之時，更何以希伯來思想會與希臘思想並駕齊驅？這些關鍵不講解明白，便一切觀察，都無是處。我以爲這裏面有個重要處要首先講明。便是希臘哲學與基督教。希臘哲學是最不容易研究的，希臘哲學不論究明白，去講西洋哲學，猶之乎講中國哲學置先秦諸子哲學於不議不論之列。希臘哲學與基督教，爲古代文化與中世文化之樞紐，其間有無必然的關係，似乎不能不加一番審愼的考察。希臘哲學雖以自然的解釋爲始基，但希臘人所看的自然，與一般人所看的自然不同。哲學史家柏涅特(Burnet, Jno.)說：「自然」(φύσις)這個字，本來含有源始的基本的及永續的等意味。所以希臘人如果說到自然，便都帶有「永遠的根本原理」的意味。達雷士的思想，也須從這種動機去研究，方可了解。一般人以爲一說到自然，便是我們目擊的世界全體，或是和精神不同的所謂物質的存在之總和，其實這些意味，在希臘當時的人並未曾想到。想到物質和精神的區別，最初的一個人實在是柏拉圖。柏拉圖所講的自然，便是就生滅世界或現象世界說。所以只知道希臘哲學注重自然的研究，而不細心考察自然的義蘊，是不容易得着西洋哲學的真面目的。正猶孔子言命，一般人也只是隨和講說，其實命的解釋，正不似一般人的解釋那樣簡單，至少命要有幾種極明白的界說，因爲這是他向各級羣衆說法的重要工具。希臘人遇到什麼事物，總要歸到一個根源去說明他；這種思想，在最古的希臘人，常常喜歡用「敵愾」(Δίκη)一個字去代表。「敵愾」本來在希臘神話裏面，是一個女神，是常常在「佐士」(Zeus)神的旁邊報復不義的一個正義的女神；哲學者便以爲自然界也要由這樣的一個「敵愾」去支配，方能保全世界的秩序。這種思想，早已發端於米利都學派(Milesian School)的亞諾芝曼德(Anaximander)，但明白主張的便是赫拉克里特士(Heraclitus)。赫拉克里特士以「爭爲萬物之父，」爭故需要「正義，」故需要「敵愾」。換句話說，變化爲萬物之真相，但變化之中有一定之關係或法則，注重這種關係或法則，便是「敵愾」的精神；赫拉克里特士特提出「邏各斯」(希臘語爲 Λόγος 英、德、法概爲 Logos)一箇字代表這種精神，可以窺見他的學說的中心。「邏各斯」本來是言語或理性之意，或爲由言語所表出各種理性的活動，例如思想、教說、學術之類。故西洋各種學科，其西名多以「羅支」(logy)結響，「羅支」即「邏輯」(Logic)，「邏輯」即「邏各斯」一根之轉。「邏各斯」在希臘哲學及基督教神學中爲特殊之用語。在希臘哲學史中首先使用的便是赫拉克里特士，其後引用此語作哲學之中心觀念的，便是斯多亞哲學。自然界中雖然是流轉不定，却都循一定的理法，不出所謂「永遠的根本原理，」這便是「邏各斯」的作用，由是有所謂秩序與調和與美。人類的體軀由靈的指導而生活，自然界亦由「世界之靈」的指導而存在，此世界之靈又名神的原理，亦名神的理性，究其實皆就「邏各斯」而說。所以「邏各斯」觀念，便是希臘思想的中心要素。這不僅達雷士以來一般很老的希臘哲學家是如此，便是柏拉圖也就脫不了這種觀念的誘導。其後至斯多亞派，更至斐倫（Philon），而「邏各斯」觀念的發展乃有一日千里之勢。斐倫著作頗富，大抵受了柏拉圖及斯多亞派的影響；他以為神是世界的創造者，為一切生命及活動的原因，但神與世界的中間不能不有一媒介者，此媒介者通呼為「神的力」（dunamis），力雖有種種，而首要者卽為「邏各斯」；又「邏各斯」係由神產生，為神之長子，通呼為第二神。於是希臘思想與希伯來思想，換句話說，抽象的概念與人格的存在之觀念，乃連而為一。斐倫的思想對於基督教神學遂與以莫大之影響。在聖約翰（St. John）福音書序詞中已見其端。其最顯著的便是朱士丁那（Justinus）及其他基督教護教家；他們以基督為永遠的神之子「邏各斯」之實現，不僅關於世界創造，卽最高完全眞理之認識，亦舍基督莫屬。這種見解，至奧利振（Origenēs）遂達於頂點。總之「邏各斯」觀念在希臘哲學與基督教中為一絕大樞紐，在希臘哲學傾向於純理論，在基督教則傾向於主意說，雖一般哲學者對於「邏各斯」的解釋不必盡同，而其視「邏各斯」爲重要觀念則一，卽近代大哲黑格爾亦不能不奉爲哲學的中心要素。（嚴幾道云：精而微之，則吾生最貴之一物，亦名「邏各斯」，此如佛氏所舉之阿德門，基督教所稱之靈魂，老子所謂道，孟子所謂性，皆此物也，故「邏各斯」名義最爲奧衍。（見所譯「穆勒名學」引論。））由此可知希臘思想與希伯來思想之銜接，及希伯來思想產生之由來。從一方面說來，希臘思想因得希伯來思想而益相發明，所以克勒門茲 (Clemens of Alexandria) 說：「希臘人的哲學乃由接木於基督教之「邏各斯」而益發榮滋長，且見果實，有如一野生之樹；」（"Stromateis" VI, 15.）從他一方面說來，希伯來思想完全從希臘思想獨立而走於極端，所以後來竟完全走入神秘一途，而啓他人之譏議與反抗，這便是文藝復興之所由產生，與希臘思想之所以重行提出。自此以後，希臘思想之中心要素所謂「邏各斯」觀念者，乃分途發展：一方面抱着希臘的精神，而專注重於外面的研究，一方面仍抱着希伯來的精神而專注重於內面的研究；換句話說，一方面注重理知的研究，所謂肉的研究，一方面注重情意的研究，所謂靈的研究。不過對於中世紀宗教的權威之反動，而靈的研究終不敵肉的研究之盛，此近代科學之所以特別發達。（像唯物論、實證論、進化論等皆對於中世記宗教的威權、打破不遺餘力。惟靈的研究，固自不廢，且有時藉肉的研究之方法以證明靈的研究之可能，此所以希臘思想盛行之時，而希伯來思想亦得與之並駕齊驅。以上各種關鍵，既經講明，從此觀察西方文化，自無畸重畸輕之弊。可知專着眼希臘文化者，固未爲得，而專着眼希伯來文化者，亦豈無失。以上是概說西方文化源流。此後分說各時代關於人生的要義。

古代哲學之人生觀

西方文化源流，既如上述，則西洋人的人生哲學，便自不難推見。現在請述古代哲學關於人生的解釋。所謂古代哲學即指希臘哲學而言；希臘哲學關係之重要，盡人皆知，則欲說明希臘哲學之人生觀，決非短幅可盡。今請擇其最要者，述其大概。吾人欲論列希臘哲學之人生觀，開初的一人便不能不想到勃洛太哥拉斯(Protagoras)，因爲勃洛太哥拉斯是首先對於人生貢獻一種解釋的。勃洛太哥拉斯爲詭辯學派(Sophits)（Sophits應譯作「哲人」或「智者」，今從俗譯、取便認識。）之代表者，其學說的影響，足以使思想界發生一新局面。現在略述其關於人生方面之見解。

勃洛太哥拉斯

談到希臘哲學的人生哲學，我祇崇拜兩個人，第一個是勃洛太哥拉斯，第二個是亞里斯多德。我幷覺得勃洛太哥拉斯比亞里斯多德的魄力更大，其影響也比亞里斯多德更廣。我們知道希臘人一向注重自然的研究，專好講些形上的思辯和傳襲的道德；自從勃洛太哥拉斯產生以後，情形爲之一變。勃洛太哥拉斯不僅對於自然現象，取懷疑的態度，便對於習慣、法律、宗教等一切社會現象，亦莫不取懷疑的態度。勃洛太哥拉斯一面破壞前此客觀的世界，一面建設自身主觀的世界，而人事的研究遂在學術上開闢一個新領域。是即所謂「人生論時期」。勃洛太哥拉斯主義的標幟，是「人爲萬物的標準」（Man is the measure of all things）。我們由他這種標幟，可以想見他當時打破一切舊的偶像的魄力與夫誘進一切新的見解的勇氣。現在熱烈倡道的實用主義，何嘗不是由受了勃洛太哥拉斯的暗示而來。實用主義否認倫理學上有所謂善惡邪正的標準，而以爲一切皆出於人爲；勃洛太哥拉斯的根本精神，卽在於是。所以勃洛太哥拉斯的人生哲學，其出發點卽在「唯我主義」，我存則宇宙存，我壞則宇宙毀。勃洛太哥拉斯所以有這種主張，卽受赫拉克里特士學說的啓發。這便是希臘初期的人生哲學之由來。與勃洛太哥拉斯同時而從他方面闡發人生的要義者爲蘇格拉底。

蘇格拉底 蘇格拉底雖被一般人奉爲人生哲學之開祖，但其創造力實遠不如勃洛太哥拉斯之偉大。不過人生哲學從蘇格拉底以後更有一種比較嚴重的組織。蘇格拉底學說的標幟，便是「知識卽道德」。但他對於知識的看法和勃洛太哥拉斯的看法完全不同。他以爲我們是無知者，無知卽能求到真知；所以他每每用對話法，使他人自己覺悟是無知者，然後乘機促進他人探求真理之心，使他人知道真理是普遍的，是客觀的；惟其真理是普遍的，客觀的，所以不能以個人的苦樂或主觀的見解來說明，所以我們大家須尊重共同的真理。若依照勃洛太哥拉斯的說法，以人爲萬物的標準，那豈不是抹殺客觀的真理嗎？所以蘇格拉底以爲「人」都是富有普遍性、合理性的人，決非如勃洛太哥拉斯所說爲富有個性的人。這便是蘇格拉底對於「人」的看法，和勃洛太哥拉斯大不相同之處。以上都是由知識推論的結果。蘇格拉底關於知識的見解，既已講明，再進論其關於道德的見解。蘇格拉底哲學的特色，便是哲學卽倫理學，哲學中卽含有倫理學的要素，換句話說，知識中卽含有道德的要素。所以他說人生的目的，就在選擇并且實行普遍的善，而去其個人的善；此普遍的善，即知識的要素，亦即道德的要素。惟在此處可以發見蘇格拉底學說上一大弱點，即蘇格拉底一面主張服從客觀的真理，一面卻看重主觀的選擇和實行，不免自陷於矛盾。如果仍以主觀的選擇和實行爲重，是蘇格拉底的主張雖立於反對勃洛太哥拉斯之地位，實則自身即不脫勃洛太哥拉斯之窠臼。蘇格拉底的生死觀，主張靈魂離肉體而存在，靈魂爲主，肉體爲從，其見解即從其知識論而來。因此遂開展柏拉圖的觀念論。

柏拉圖 柏拉圖號爲希臘一大哲學家，實則組織力雖較强，而創造力實極微弱。柏拉圖的觀念論，不過爲蘇格拉底的知識論之擴大而已。蘇格拉底重普遍主義，客觀主義，柏拉圖即將普遍主義、客觀主義推演達於極端。本來哲學上除了普遍(unversal)、特殊(particular)、主觀(subjective)、客觀(objective)四者之關係，更無所謂哲學問題，即無所謂宇宙與人生的問題。吾友吳致覺先生稱之爲「哲學四大」以圖明之如次：

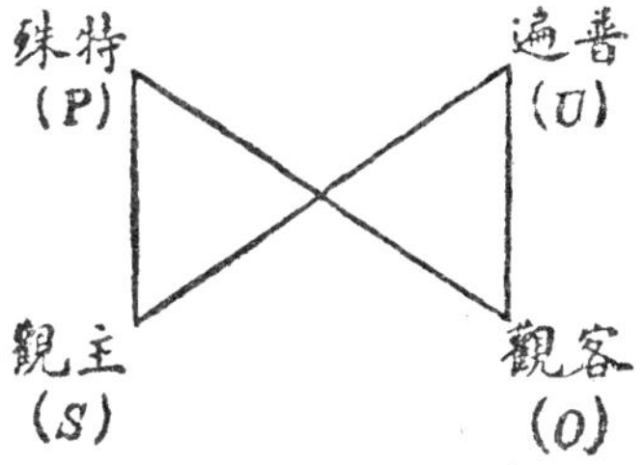

惟普遍與客觀、普遍與主觀，爲舊的哲學問題之中心；特殊與客觀、特殊與主觀，爲新的哲學問題之中心。主張普遍而客觀的，全是一種妄想；因爲所謂普遍的事物，實際上是一種概念，而概念是主觀的。然則普遍而客觀的事物，完全不能存在。普遍的事物雖是概念，屬於主觀的、特殊的，但就概念的作用（論理的法式）說，仍是普遍的。不過照此說法，所謂普遍而主觀的事物，也非真實存在。然則哲學上普遍與客觀，普遍與主觀的問題，根本不易成立；而不得不趨向特殊與客觀、特殊與主觀的問題了。若柏拉圖之哲學乃在闡明普遍之可能與真實及普遍與客觀的關係，而於普遍與主觀的關係即已語焉不詳，至特殊與主觀客觀的關係，更置而不論。由此可知其人生哲學，對於人生之意義與價值縱有所說明，而與人生實相距甚遠。彼謂人生不過爲觀念(Idea)之一幻影，人生之究極的目的，惟在返於理性的生活，以加入美的觀念界，則其對於人生的看法，與蘇格拉底的看法正不過爲二五與一十之別。無怪一般人稱柏拉圖爲完全的蘇格拉底派。因爲自蘇格拉底死後，繼承蘇格拉底學說者本有四派：一爲米加拉學派 (Megarian school)，二爲柏拉圖學派 (Platonian school)，三爲犬儒學派 (Cynic school)，四爲西列學派 (Cyrenaic school)。前二派爲哲學派，後二派爲倫理學派。四派中除柏拉圖派之外，餘皆對於蘇格拉底之見解有所批評，故一般人稱之爲不完全的蘇格拉底派。惟不完全的蘇格拉底派中所謂犬儒學派西列學派者，其影響實甚大：前者倡禁欲說，爲斯多亞派之先驅；後者倡快樂說，爲伊壁鳩魯派之先驅；二派之影響，遂由希臘末葉而達於近代，爲古來談人生哲學者之二大柱石。

亞里斯多德　勃洛大哥拉斯以後，比較的規模濶大者爲亞里斯多德，他在哲學上的影響，幾乎比任何哲學家大。不過他所受的根本暗示，似乎總不能不推蘇柏二氏。惟集諸說之大成，而組織成爲一種系統的主張者，實亞里斯多德所以成其爲偉大之處。亞里斯多德以爲人生之究極的目的，在於獲得至善。至善卽幸福。幸福卽伴於善的活動所生的滿足。所謂善的活動，卽調和的活動，調和的活動卽爲人性本具之能性之現實。萬物之目的皆爲潛在的可能性之現實化，人性亦何莫不然。這在一方面言之，人性具有植物性、動物性及理性，換句話說，人性具有獸性及神性道德以兼用獸性神性而存在。動物無道德，以缺神性故，神亦無道德，以缺獸性故，因此道德爲人性所特有。所謂人性本具之能性之現實者，卽不僅發揮獸性，亦不僅置重神性，乃兩性之調和的發展。更就他方面言之，人性中所特具者爲理性，理性乃對於諸性能完全居於指導之地位，結果產生調和的活動，此調和的活動卽合理的活動，這便叫至善。這便是人生努力的目標。

亞里斯多德的主張與柏拉圖完全相反。柏拉圖重普遍的世界、客觀的世界，亞里斯多德則重特殊的世界、主觀的世界；前者謂觀念世界離經驗世界而獨立，後者謂觀念世界卽內存於經驗世界之中。故前者以達到觀念的善爲人生的究竟，後者則以達到現實的善爲人生的究竟。前者以「知」爲達到觀念的善之方法，後者則以「行」爲達到現實的善之方法。這是兩家的根本不同之處。批評家史列格爾（Schlegel）說得好：「人生後非爲柏拉圖學徒，卽爲亞里斯多德學徒。」我們從西洋哲學史看來，尤其從英德二國的哲學史看來，確乎免不了這種情形。走向柏拉圖這條路上的，便會產生康德、黑格爾一流的哲學，走向亞里斯多德這條路上的，便會產生赫胥黎、斯賓塞一流的哲學。如果從人生哲學方面去觀察，前者屬於玄學的人生觀，後者屬於科學的人生觀。由此可以知道柏拉圖和亞里斯多德在希臘哲學上之位置。不過嚴格而論，柏拉圖與亞里斯多德之學說，出於蘇格拉底，蘇格拉底的「知識卽道德」論，便從勃洛大哥拉斯思想的反對方向而來，而勃洛大哥拉斯的思想又出於赫拉克里特士的啓發，所以希臘哲學，在我看來，全是赫拉克里特士所造成的局面。赫拉克里特士開其源，勃洛大哥拉斯承其流，亞里斯多德集其大成，明乎此，方可了解希臘人生哲學的真相。

以上關於希臘哲學之概略。希臘哲學的人生觀，約可括爲二派：一派是靜的人生觀、主知的人生觀、普遍性的人生觀、客觀性的人生觀、禁欲說的人生觀；一派是動的人生觀、主行的人生觀、特殊性的人生觀、主觀性的人生觀、快樂說的人生觀。這兩派的人生觀，遂隨時代變遷而分途演進；由中世紀的實在論(Realism)與唯名論(Nominalism)，進而至近世的純理論(Rationalism)與經驗論(Empiricism)，其關於人生的解釋，雖千差萬別，而要不能不推源於希臘哲學二派的人生觀。這就可想見希臘哲學關係之重要。

中世哲學之人生觀

希臘哲學不容易研究，上面已經說過；但中世哲學有時比希臘哲學更難於鑽研。因爲中世哲學，從一方面看來，不過爲神學的下婢；而從他方面看來，則又爲倫理學的根源。如對於耶穌的觀念，從一方面看來，直否認歷史上有所謂耶穌的人物之存在，幷斷定十字架爲生殖器之象徵；（近來不信耶穌是歷史上的人物的，在英國有 J. M. Robertson、在美國有 Benj. Smith、在德國有 Arthur Drews 和 Albert Kalthoff、在法國有 Paul Louis Couchoud。日人幸德秋水近著有「基督抹殺論」，中國有譯本，可參閱。）而從他方面看來，則謂耶穌爲有史以來具有獨一無二之人格者。如此紛糾複雜的問題，很不容易得到一個正確的答案。所以中世哲學的研究，有時比希臘哲學更難。所謂中世哲學，當然以耶穌的哲學爲正宗，雖自耶穌死後至九世紀之始，有所謂「教父哲學」，自九世紀至十五世紀，有所謂「經院哲學」，都屬中世哲學的重要學派，但對於人生哲學的影響實甚小，或幾等於零，現在祇有置而不論。就是研究耶穌哲學，也祇能單就其哲學本身加以考察，至於種種豫言奇蹟和他人對於耶穌所加的種種懷疑，也祇好置之不顧了。耶穌哲學的根本觀念爲愛，與孔子哲學的根本觀念爲仁，佛陀哲學的根本觀念爲慈悲。大體言之，實在沒有多大區別。不過進一步研究，三方面哲學的精神，又大有不同之處。耶穌哲學純然是一種宗教的哲學，孔子哲學純然是一種倫理的哲學，佛陀哲學乃宗教而兼哲學的哲學。歐陽竟無先生謂「佛法非宗教亦非哲學」、亦自具卓解。見民鐸雜誌卷三。現在單就耶穌哲學加以觀察。耶穌所昌言的「愛」完全以「信」爲條件。信卽信仰全知全能的神。信仰與懷疑相對待，懷疑的結果便產生知識，故信仰又與知識相對待。從前的人生思想，以爲知識卽道德，耶穌不然，以爲信仰卽道德。所以從勃洛太哥拉斯到柏拉圖，都特別看重知識，便是亞里斯多德也主張由正確的知識養成道德的習慣，可知希臘哲學總偏重在知識方面。但到了耶穌的時候，便完全變了。耶穌的人生思想，完全從信仰出發。信仰超乎知識之上，或與知識立於相反的地位，信仰上可有全知全能的神，若在知識上便不容易自圓其說。章太炎先生在「無神論」一文中論此甚精、略舉其說如次：「全知全能者猶佛家所謂薩婆若也。今試問彼教曰：耶和瓦者果欲人之爲善乎、抑欲人之爲不善乎、則必曰：欲人爲善矣。人類由耶和瓦創造而成、耶和瓦既全能矣、必能造一純善無缺之人、而惡性亦無自起。惡性既起、故不得不歸告於天魔。雖然、是特爲耶和瓦諉過地耳。彼天魔者、是耶和瓦所造、抑非耶和瓦所造耶、若云是耶和瓦所造、則造此天魔時已留一不善之根、以為惑誘世人之用、則與欲為善之心相刺謬也。若云此非耶和瓦所造、則此天魔本與耶和瓦對立、而耶和瓦亦不得云絕對無二矣。若云此天魔者、違背命令、陷於不善、耶和瓦既已全能、何不造一不能違背命令之人、而必造此能違背命令之人、此塞倫哥自由之說、所以受人駁斥也。若云耶和瓦特造天魔以偵探人心之善惡者、耶和瓦既已全知、則亦無庸偵探。是故全知全能之說、又彼教所以自破也。（章氏叢書別錄三）

耶穌惟其拿住信仰做哲學的中心，便一切破綻都不容易看出。凡耶穌所認為人生思想之極致，即以對於神之愛為始基。由對於神之愛而有對於人之愛，因為我們在上帝面前都是平等，上帝是我們的父親，我們是上帝的兒子，本來都是一家骨肉，又那有人我之別？這是博愛思想的出來。耶穌便拿這種思想做基礎，建設一種新社會，所有人類應履行的義務，與乎一切道德的價值，都由是發生。如說「有人打你的右臉、連左臉也轉過來給他」。又如說「要愛你們的仇敵、要為那逼迫你們的禱告」（均見馬太傳第五章）等皆是。近代社會主義的運動（如脫爾斯泰等）和共產主義的運動，（如一部分基督教徒）便不能不一部分歸到這種影響。其次為耶穌對於人類的運命所與一種之解釋。他以為人類本來是無罪的，惟自違背神的命令以後，遂永遠陷於罪惡的淵藪，然又無力可以自贖，結果必須仰賴他力，方始得救。所以人類第一要認淸自己是無能力者、待救者、弱者、賤者，如果能早自反省，便是獲救的朕兆，也便是幸福的源泉。耶穌拿住這種運命說，做他的人生哲學的開端。他登山第一訓便說：

> 心裏貧窮的人是有福的，因爲天國就是他們的。哀慟的人是有福的，因爲他們必得安慰。溫柔的人是有福的，因爲他們必承受世界。慕正義如饑渴的人是有福的，因爲他們必得飽足。憐恤人的人是有福的，因爲他們必蒙憐恤。淸心的人是有福的，因爲他們必得見上帝。使人和睦的人是有福的，因爲他們必稱爲上帝的兒子。爲正義受逼迫的人是有福的，因爲天國是他們的。馬太傳(Matthew)第五章。

由他這段教訓，可以知道他如何看重來世的生活，而輕視現世的生活。人類的運命旣已陷於罪惡的淵藪，則舍犧牲現世以求超生來世，更無其他的善法。所以耶穌竟對約翰說：

> 倘若你一隻手陷你墮入罪惡，你就把這隻手砍下，你缺了肢體進入永生，强過有兩隻手往地獄去裝入那不滅的火裏。倘若你一隻腳陷你墮入罪惡，你就把這腳砍下，你跛足進入永生，强過有兩隻腳被丟在地獄裏。倘若你一隻眼睛陷

你墮入罪惡，你就去掉牠，你祇有一隻眼睛進入上帝的國，強過有兩隻眼睛被丟在地獄裏。（馬可(mark)傳第九章。）

耶穌的來世主義，已經講述得很宣明了。現在更提出一段重要的教訓，以窺見他的人生哲學上的根本主張：

所以我告訴你們，不要爲生命憂慮喫甚麼，喝甚麼，爲身體憂慮穿甚麼；生命不勝於飲食嗎？身體不勝於衣裳嗎？你們看那天上的飛鳥，牠也不種，也不收，也不蓄積在倉裏，你們的天父尚且養活牠；你們不比飛鳥貴重得多嗎？你們那一個能用思慮使壽數多加一刻呢？又何必爲衣裳憂慮呢？你想野地裏的百合花，怎麼長起來，他也不勞苦，也不紡織。然而我告訴你們，就是蘇羅們 (Solomon) 極榮華的時候，他所穿戴的，還不如這花一朶呢？你們小信的人哪！野地裏的草，今天雖還活着，明天就丟在爐裏，但上帝還給他這樣的妝飾，何況你們呢？所以不要憂慮說：喫甚麼，喝甚麼，穿甚麼。這都是外邦人所求的，你們需用的這一切東西，你們的天父是知道的。你們祇要先求他的天國和他的正義，這些東西都要加給你們了。所以不要為明天憂慮，因為明天自有明天的憂慮，一天的難處一天當就彀了。（馬太傳第六章。）

我們讀他這段教訓，可想見他如何讚美帝力，小視人力。這雖不免伏有斷絕人類希望的弱點，然亦含有延長人類希望的優點。因為他的來世主義，正是誘導我們進入永生的方法。耶穌預先提出一個上帝，然後提出一個天國，然後提出一種來世主義，最後乃講到他的人生哲學。這個次序，凡是研究耶穌哲學的人，都應該知道的。總之，離了信仰則耶穌哲學直無研究下手之處。而既已立於信仰之上，則博愛與正義之二概念，在人生哲學中當然據有重要之位置。其尤在人生哲學中據有最高之位置者，則為靈魂之慰藉，使人生獲一歸宿之所。所以任現世如何陷入苦痛，如何走入悲慘，而由超生天國一念，不難化苦痛為歡樂，化悲慘為幸福。質直的說，常人所看到的人生，是把人生當作目的，而耶穌所看到的人生，乃是把人生當作手段；常人的人生觀念，是現實的人生，而耶穌的人生觀念是永生的人生，所以現世人生的幸不幸，在耶穌看來，都不成甚麼問題。

耶穌的人生觀，如從今日科學的眼光視之，當然可議之處甚多，但在耶穌所處的時勢言之，耶穌的見解，正自不易非難。（可參看屠孝實先生答梁漱冥先生論希伯來思想書。）惟耶穌死後有所謂教父哲學經院哲學者，從一方面言，雖從事於耶穌教義之闡發，而從他方面言，則所以破壞耶穌教義者實無往不用其極，流弊所屆，至有所謂「教會萬能主義」，釀成他日種種慘劇和一切欺世盜名之舉，而耶穌的真精神乃不復見。這是研究中世哲學的人所不可不特別留意的。

耶穌教義在當時固為維繫人心的一種重要工具，因為牠着眼在一般民眾，着眼在無能力者、犯罪者、賤者、弱者，所以影響特別的大；即在今日言之，耶穌教義固有其獨到的精神，如博愛與正義之欣求，永生之期望，皆為其精義入神，所未可一筆抹殺者，正不必因近代新文化發達之故，而曲辭以壞其原有之面目，反為耶穌哲學之玷，這是今日的耶穌教徒所不可不特別留意的。

耶穌的人生哲學，即從其來世主義和天國的思想而來，已如上述。但這種天國的思想，即完全受希臘中心思想所謂「邏各斯」觀念的誘導。（參看本節「概說」頁一〇八）「邏各斯」觀念在希臘醞釀成爲一種希臘思想，而在中世紀則醞釀成爲一種希伯來思想，因此遂開歐洲文化之二大潮流。近世哲學初期的經驗論與純理論，一面由希臘哲學種其因，一面更由二大思潮促其實現，因此遂產生歐洲哲學的花期。

近世哲學之人生觀

近世哲學本一般哲學史家的區分，約佔有六七百年之久，而其內容又異常複雜，所以很不容易講明。現在爲便宜起見，分作三期敘述：一，純理論與經驗論的人生觀；二，康德及康德學派的人生觀；三，唯物論、實證論、功利論、進化論的人生觀。

一，純理論與經驗論的人生觀　欲討論純理論與經驗論的人生觀，必先於純理論與經驗論之哲學的根據，論究明白。這兩派在西洋哲學史中都據有極重要的地位，幾乎可以說佔領西洋哲學史的全部。純理論的代表者當推笛卡兒、斯賓挪莎、來布尼疵諸人；經驗論的代表者當推洛克、巴克萊、休謨諸人。現在先將兩派哲學上的主張及其發展的途徑、敘述大略，然後依次論到牠們的人生觀。

兩派的主張對於認識的起源都有重要的貢獻。純理論說：我們的認識所以能夠正確，就由於我們本來具有一種理性(Reason)，如果沒有這種理性，只憑著感覺去認識，便不能得到這種正確。經驗論說：我們的知識，那一種不是由經驗(Experience)得來的結果，所以經驗就是認識的根源，倘若憑着所謂理性，那末所得的不過是一種空想而已。換句話說：前者的主張，注重先天的(a priori)知識，我們可以叫牠做先天論(Apriorism)；後者的主張，注重後天的(a posteriori)的知識，我們可以叫牠做後天論(Aposteriorism)。前者因注重理性之故，所以說認識有普遍性必然性；後者因注重經驗之故，所以說認識僅有特殊性與蓋然性。前者的主張近於獨斷的，後者的主張近於懷疑的。如從方法上觀察，前者因注重先天的知識之故，屬於演繹法，後者因注重後天的知識之故，屬於歸納法。這是兩派的主張根本不同之點。

純理論起於大陸，是爲大陸派；經驗論起於英國，是爲英國派。現在先就純理論發展的大略言之。純理論初起於法之笛卡兒，笛卡兒哲學之根本思想爲肯定「我」之實在，而我之實在，乃由其「我思故我在」(Cogito ergo sum)一個命題而來。笛卡兒由我之實在證明神之實在，更由神之實在證明物之實在。笛卡兒名此實在爲實體(substantiae)，於是以神爲第一義之實體（無限的實體）；我與物爲第二義之實體（有限的實體）。而實體之認識由其性質的不同，笛卡兒因名此實體之性質爲屬性(attributa)；於是我（精神）之屬性爲思惟，物之屬性爲延長。這是笛卡兒實體論之大略。其後斯賓挪莎卽本笛卡兒實體論之思想，而產生他的汎神論。惟與笛卡兒有一根本相異之點，卽笛卡兒有第一實體第二實體之別，而斯賓挪莎僅予神以實體之名。斯賓挪莎惟其僅視神爲實體，因此視神爲萬物的原因。所以斯賓挪莎的汎神論有兩個特色：第一是「實體卽神」(sabstantia sive Deus)，第二是「神卽自然」(Deus sive Natura)，這是斯賓挪莎汎神論之大略。後來到了來布尼疵，他的實體論又變爲單子論，但大部分仍不脫笛卡兒思想的影響。惟笛卡兒把實體看作是不變動的，看作是一的，來布尼疵不然，他把實體看作是一種活動力，看作是變的，看作是多的，就是說活動力的單元是無限的。他把單子分爲三個階級：最低階級之單子爲裸單子(Monades nues)，第二階級之單子爲靈魂(ames)，第三階級之單子爲精神(esprits)，單子的不同卽由其表象有明暗的不同，而一切單子皆有由一表象移於他表象之動向。這是來布尼疵單子論之大略。現在把他們的實體論的思想，簡單圖說如次。

笛卡兒

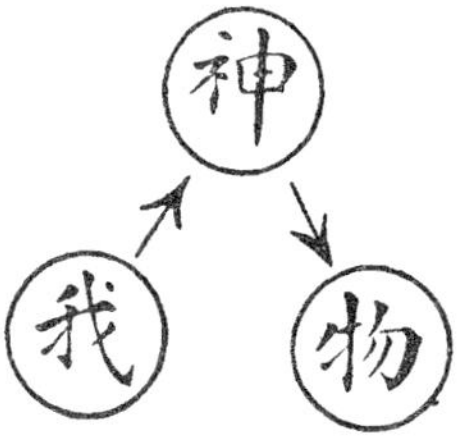

斯賓挪莎

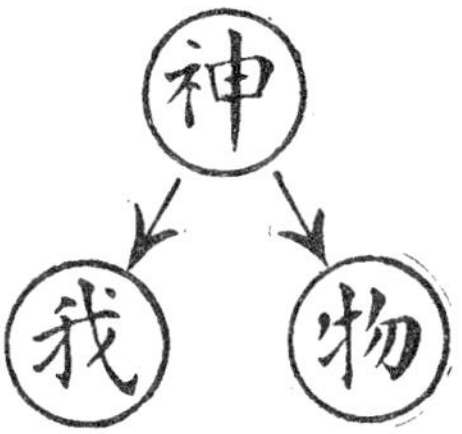

來布尼疵

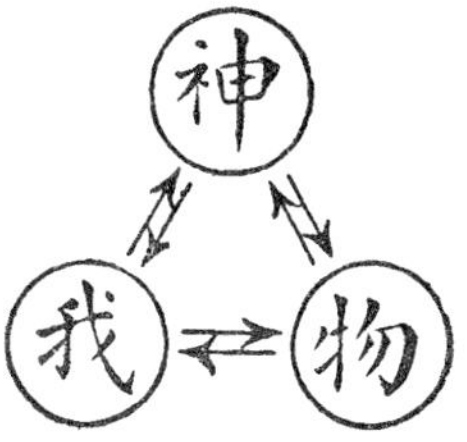

他們的實體論的思想雖有不同，然其使用演繹法以論定人生思想則一。大抵他們的人生思想，都屬於樂天的，這凡是偏重純理論的主張的，都不免有這種傾向。（此處尚須詳細說明，容他日爲文論之。）

笛卡兒以爲人類具有精神與物質二者相結合的要素。他這種思想即從其物我二元說而來。因此他說下等動物不過是一種自動機械，因爲牠只具有延長的屬性。若人類便不然，人類乃兼具延長和思惟二屬性者，所以人類不僅具有物質活動，幷具有精神活動，此精神活動得支配一切物質活動。惟精神活動必以神所賦與之理性爲根據，而吾人之意志又必從理性之所命，所以笛卡兒對於人生的看法，結果是樂天的。斯賓挪莎拋棄笛卡兒二元的說法，而一切歸之於汎神的一元，謂物與我都不過是神的發現，神是本體的，物與我都是現象的，換句話說，我們的身體與精神都是現象的。所以就個人言之，在現象上雖有生滅，而在本體上則無生滅，因爲都依存於神的本質之故。所以斯賓挪莎對於人生的看法，也是樂天的。至於來布尼疵的單子說，更完全是一種樂天的看法。他以爲宇宙是豫定調和的，現實的世界即爲神所選擇的最良的世界，而神與物我之不同，都不過爲單子的表象明瞭之度有不同而已，但都不能逃出豫定調和之外。所以來布尼疵對於人生的看法，比笛卡兒斯賓挪莎的看法，另是一番局面。總之，他們都是以本有觀念(Innate ideas)爲出發點，笛卡兒的本有觀念爲我，斯賓挪莎的本有觀念爲神，來布尼疵的本有觀念爲一切，所以他們的人生思想，都不會有多大的變化。

現在再就經驗論方面觀之。經驗論的主張與純理論完全立於正反對之地位，因之，其人生思想亦大生差別。經驗論的思想雖發於倍根，但集大成者實爲洛克。洛克否認純理論者所謂本有觀念之存在，以爲吾心譬如白紙，由經驗之印象始生觀念而成立知識，在經驗之先并無何種本有觀念。而在經驗則有內的經驗（反省）與外的經驗（感覺）之不同，由兩種經驗遂產生千差萬別之觀念。這是洛克經驗論之大略，其後到了巴克萊，比洛克的思想更作進一步的研究。因為洛克雖限制認識之範圍於兩種經驗所產生之觀念之中，排實體於認識之範圍外，但尚認有實體之存在，至巴克萊則并實體而放棄之。換句話說：洛克雖謂物質的實體不能認識，但尚認有物質的實體，至巴克萊則排斥物質的實體，只認有知覺物體之精神的實體。這是巴克萊經驗論之大略。其後到了休謨，更作一種澈底的主張，比巴克萊更是百尺竿頭再進一步。因為巴克萊雖否認物質的實體，但尚認有精神的實體，至休謨則并精神的實體而否認之。休謨以為凡實體的觀念，畢竟不過為印象之結合之日益強固者；

又由聯想律之關係，思其一必連類而及其餘，於是主觀的感情盡移於物質，遂覺有實體之存在。如見一几，若有實體存在，實則不過為形與色及其他種種印象之結合，而由吾心所生觀念之聯合以盡移於几，遂見几存。究其實不過為習慣上之想像物而已。這是休謨經驗論之大略。現在把他們的經驗論的思想，簡單圖說如次：

他們的經驗論的思想雖有不同，然其使用歸納法以論定人生思想則一。他們都特別看重事實，以打破固有的成見爲研究人生的法門。如倍根謂研究人生思想，須打破四種偶像：一，洞窟之偶像(Idola specus)，即防止由個人性癖及偶然的境遇而來之偏見；二，劇場之偶像(Idola theatri)，即防止由盲從古人傳說及流行思想而來之偏見；三，市場之偶像(Idola fori)，即防止由交際而來之偏見；四，種族之偶像(Idola tribus)，即防止由人類本性而來之偏見。由這種見解，可想見倍根如何打破固有的成見而看重當前的事實。洛克亦何莫不然，洛克惟其看重事實，故謂人心如白紙，一

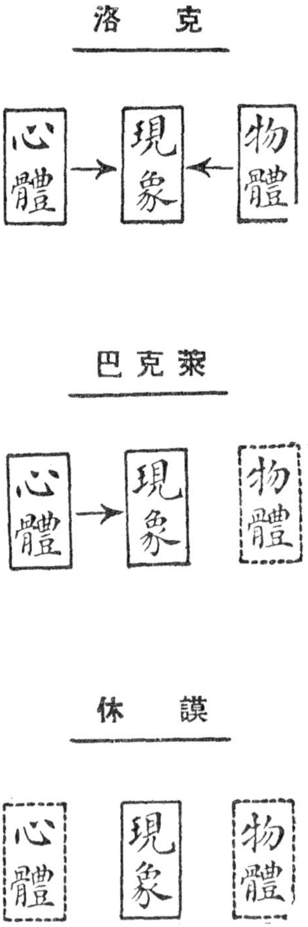

切都由經驗而決定。因此關於死生問題，置而不談。洛克謂人生思想，大抵由時與地與人之不同而生差別，但其間亦不無普遍的觀念之存在，如善惡的觀念是。（洛克尙是認二元的普遍觀念，是尙不脫笛卡兒的影響之明證）這種態度到巴克萊便完全變了。巴克萊以爲一種觀念縱可以代表他種觀念，但普遍觀念實無其物，因此遂倡極端的唯名論。唯巴克萊尙看重觀念，其態度仍不十分鮮明，（巴克萊後來忽然拖出一個上帝來，是自身又陷於矛盾之中）其後到了休謨，乃並觀念而嚴加區別，以爲觀念不過爲印象之再現或模寫，而印象乃爲究竟的一物。所謂自我，所謂人格，所謂靈魂，舉不外印象所產物。可以說無印象卽無人生。休謨卽本此經驗論的見解，應用到人生哲學上，以爲知識基於印象，而行爲則起於感情，凡吾人一切行爲，皆由快不快的要素相結合所生之結果。因此遂完成一種功利主義的人生觀，快樂主義的人生觀。

由上面所述兩方面的情形，可以看出純理論者與經驗論者關於人生思想上的重要區別。大抵純理論者注重普遍的人生，而經驗論者則注重個別的人生；純理論者注重客觀的人生，而經驗論者則注重主觀的人生；純理論者的人生思想，係從內界出發，而經驗論者的人生思想，係從外界出發。因此純理論者討論人生問題，係由神學問題、宇宙論問題、本體論問題轉到人生問題，而經驗論者便不然，乃由自然科學問題進論到人生問題。要而論之，前者由演繹的方法討論人生，後者由歸納的方法討論人生，這是兩派的重要分歧點。

二，康德及康德學派的人生觀　康德哲學乃爲純理論與經驗論之總調和。康德以爲我們的知識，不完全是先天的要素，也不完全是後天的要素。因爲僅有後天的要素，不過像建築家僅僅得了一些材料，而不知道牠們的用處，所以非先有一種設計不行；若僅有先天的要素，也不過像建築家僅有一種設計，所以又非有材料不行。這樣看來，兩種要素，實在缺一不可。不過所謂知識的材料，只能採自經驗界，換句話說：我們的知識只能知道現象，不能知道本體，像康德所說的「物如」(ding an sich)。所以康德的三個世界之中——主觀的，現象的 (phenomenal) 和本體的 (noumenal) ——本體的世界知識是管不到的。以上所說的是康德知識哲學的大略。康德的人生哲學，便從此處得了一個啟發，以爲人生哲學決不能立於知識哲學的基礎之上，從前的人生思想，其所誤全在此處。因爲知識旣管不到本體界，而我們的人生思想，又不能與本體界斷絕姻緣，所以講到人生哲學，非另立一個基礎不可，康德遂竭全副精神，闡明本體界在人生哲學上之重要。康德有三部名著，即「純粹理性批判」(Kritik der reinen Vernunft, 1781)、「實踐理性批判」(Kritik der Praktischen Vernunft, 1788)、「判斷力批判」(Kritik der Urtheilskraft, 1790)。這是人人都知道的，但最足以傳達康德的根本主張的，實在是實踐理性批判一書，因爲他把實踐理性看得比純粹理性重要，而且僅由實踐理性纔能達到本體界，纔能連本體與人生爲一氣。康德人生哲學上的特徵是在闡明道德律的嚴肅，由道德律的嚴肅知道人格的尊嚴，由人格的尊嚴知道人生在宇宙間的地位。康德謂普遍的道德律之成立，不由於經驗的事實，而由於意志之先天的形式；因爲宇宙間一切自然現象都脫不了因果的關係，惟有建立道德律之意志所謂理性的意志者，便不受因果律的支配，牠是不受任何條件及任何前提而能自己建立道德上的絕對命令幷且自己去服從的。所以道德律不是由機械的因果的自然現象而產生，乃是由超越自然現象之本體界而產生。

道德律旣由本體界而產生，復由吾人的意志而成立，因此意志與本體全相呼應。如果壹任意志去行動，便一人的法則同時可以爲萬人的法則，這便是道德律之第一形式。人類均須自律的服從道德，所以人格與一切物品不同，人格自具價値，物品以交換而得價値。所以我們要把人類當作目的看待，不可把他當作手段看待，這便是道德律之第二形式。社會乃由自具價値之人格相結合而成之團體，我們卽爲其團體之一員，便當努力使團體成立，這便是道德律之第三形式。第二形式由第一形式產生，第三形式又由第一第二形式產生，究其極皆立於意志之上，卽皆立於實踐理性之上。康德更由道德律的嚴肅保證意志自由、靈魂不滅與神的存在。我們由他這種道德律可以看出他本務觀念之重，由他尊重實踐理性與本體觀念，可以知道他特別闡發人格之尊嚴，正與孟子養吾浩然之氣充塞天地之間同一精神，則人生在宇宙間之地位與其價値，自非常義可擬。所以康德的人生思想另是一個系統，與前此立於知識哲學的基礎之上者大有區別，這是康德人生哲學的大畧。

其次論康德學派。康德學派關於人生思想的闡發頗不一致，現在只就影響最大者簡要述之可得三人：一，失勒(Schiller)；二，黑格爾；三，叔本華。

失勒　康德以後，哲學界的領域逐漸擴大，但總脫不了康德三部名著的影響。就中最顯著的如失勒的哲學受判斷力批判的影響，黑格爾的哲學受純粹理性批判的影響，叔本華的哲學受實踐理性批判的影響，這是任何人無從非難的。失勒本來是一個詩人，但在人生哲學上的貢獻可是不小。可以說浪漫派的人生大半是受了失勒的啟發。失勒以美的生活為人生最高之目的，而人生最高之狀態為美魂(der Schönen Seele)，所謂美魂即感性的衝動之純化。因為康德和菲希特一流的嚴肅主義每每把道德的衝動壓迫感性的衝動，失勒便起而反對，以謀感性衝動之伸展，因此他的人生哲學的標幟即為「美的人本主義」(der Arthetische Humanismus)，這是失勒人生論的大略。

黑格爾　繼失勒而起給予吾人一種新人生觀的便是黑格爾，黑格爾的哲學雖在近代——尤其是現代——頗招一般人的反對，但在當時實在據有莫大的勢力。德國人受他的感化的固不必說，便是德國以外的歐洲人，也莫不異常信仰。最近一九一四年的歐洲大戰，其遠源何嘗不由於黑格爾的國家哲學？（關於此點，余已有說明。）黑格爾的人生哲學雖不發生何種勢力，但他的國家哲學却早已代人生哲學而暗施其權威，所以一般人的流行心理，沒有不視服務國家爲人生的第一天職。黑格爾受柏拉圖學說之影響，由理性絕對而主張國家萬能，謂國家爲各個人的目的，而各個人不過爲國家的手段吾人僅由國家纔能達到至高善，纔能達到理想的人生。所以黑格爾的國家哲學簡直就是一種人生哲學。換句話說，黑格爾的人生哲學是把國家哲學做中心觀念的，所以他說國家是人倫發現的最高階段。這句話可以說是他的人生哲學的結論。黑格爾的哲學系統非常博大，可惜此處不便詳述，但卽此已可見他的人生論之一斑。

叔本華 黑格爾注全力於知識哲學，叔本華便注全力於意志哲學，二者適立於正反對之地位。若單就人生哲學言，則叔本華的人生哲學不僅黑格爾有所不及，便是康德亦不能不却步。叔本華以康德真正之承繼者自任，因爲他很看重物如與現象之區別，不過康德謂物如爲不可知，而叔本華則謂物如固可類推而得。叔本華卽由自身體認到一切萬物，因為自身可分為內外二部，外部即肉體，內部即以衝動、本能、努力、欲求等而發現之意志。凡吾人肉體之發育皆由意志為之先驅：意志欲攫物則手指增長，意志欲食物則胃囊擴大。推而至於牛欲拒敵則角生，虎欲捕敵則爪利，更推而至於植物欲取得光與熱則向上生長，水欲取得水平位置則四方泛濫，可知宇宙一切現象皆不過為意志之發現，而意志本身即物如。其顯而易見者則吾身為意志之發現，而意志乃為吾之真我。這樣看來，宇宙本體都不過是一種意志，叔本華名此為「生活意志」(Wille zum Leben)。他的人生哲學便從此出發。他以為意志為一種盲目的努力，此努力即欲求，欲求即起於缺乏之感，所以無缺乏之感之處即無欲求，無欲求之狀態即為意志之消滅。但世界的本質既為盲目的意志，則缺乏之感雖可一時免去，而無如他種欲求又生，是缺乏之感實無永遠免去之可能，而缺乏之感即苦痛的變名，所以世界是一種永遠的苦痛的世界。叔本華見到此處，因提出解脫的方法，而有一時的解脫法與永久的解脫法之不同。何謂一時的解脫法，即截去個性專以理想(Idee)自娛；然此為常人所難能，僅藝術和哲學的天才纔能達到。何謂永久的解脫法，卽完全否定生活意志，一面對個性不起執着以發展同情（Mitleid），一面更對生活不生貪戀以斷絕意根，如此則解脫可期，而痛苦可免。這是叔本華人生哲學的結論。叔本華的思想也許受了印度思想的啓發，所以他的人生哲學帶有很濃厚的厭世的色彩。

以上爲康德及康德學派的人生觀。雖主張不必盡同，然大體仍猶是偏於純理論的思想，如在中世紀，則偏於實在論的思想，如在希臘，則偏於柏拉圖派的思想。經過這個時期以後，歐洲的思想界纔產生一個新時期。這雖在康德以前所謂啓蒙哲學的時代已見端倪，但由康德一派哲學的風行，而牠們的反動更大。所謂反動便是實證論、唯物論、功利論、進化論的哲學之勃興。

三實證論、唯物論、功利論、進化論的人生觀　自十八世紀之末至十九世紀之初，完全是黑格爾的知識哲學與叔本華的意志哲學相對峙的時代。直至十九世紀中葉，纔發生一種大變動。但變動的方向不必相同，而其反對傳統思想則一。現在分說於左：

實證論(Positivism)　霍夫丁(Höffding)說：「十九世紀精神生活的特色，便是兩種精神的傾向：一種是浪漫主義，一種是實證論。」（見所著「近世哲學史」第九編開端。）他所說的浪漫主義便指從菲希特(Fichte)到叔本華一羣的唯心論者，他所說的實證論便包括孔德哲學及穆勒、達爾文、斯賓塞爾一派的功利論、進化論以及黑格爾學派分裂後之唯物論。可見實證論的範圍是很廣泛的。實證論的含義因此亦頗不一致。德國實證論的思想既與英國不同，而英國實證論的思想復與法國異致。不過對於傳統思想的反抗却是沒有分別的。實證論的特別標幟便是「事實的法則」之尊重。（經驗論重事實、實證論便重事實的法則。）此近代科學之所以特別發達因爲科學的功用首在闡明物質的因果關係，若在人事則闡明人事的因果關係，所以實證論對於人生的看法大抵不出所謂機械主義、自然主義，因爲人生不過爲自然界之一部，當然不能不受自然法則的支配。實證論惟其看重事實的法則，故於現實的人生問題非常注意，至於人生究竟有何意義有何價值等等問題，爲吾人經驗所不能證明者，實證論者務擯棄之而不談。他們這種排斥形而上學的思辨之精神，正是他們對於人生哲學別具識解之處。

唯物論(Materialism)　唯物論雖可列入廣義之實證論，然其精神究有不同。近代唯物論之勃興，實由於黑格爾學派之分裂。黑格爾學派可分爲三黨：一，左黨；二，右黨；三，中央黨。左黨的在宗教方面有斯特老司(Strauss)費爾巴黑諸人，在社會和政治方面，有馬克思、拉薩爾(Lassalle)諸人，他們便是唯物論的中堅分子。右黨和中央黨都沒有甚麽可敘述的地方。斯特老司的基督傳(Leben Jesus)，便是黑格爾學派分裂的開端，對於傳統思想攻擊不遺餘力。費爾巴黑的基督教的本質(Das wesen des Christentum)，也具有同樣的勇氣。費爾巴黑的思想比斯特老司更傾於唯物論的傾向。所以他說「食物便成血液，血液便成心臟及腦髓、思想及精神物質。因此食物便是人文及思想的基礎，」他這種主張遂開馬克思唯物史觀的端緒。馬克思的唯物論在人生哲學上開闢一個新領土，這是一般人都承認的；但同時比馬克思的思想更作進一步的研究的，尚大有人在，就中最顯着的便是一八五四年赴格丁根(Göttingen)自然科學大會(Natural Science Congress)的一般唯物論者。就中尤以佛格特(Vogt)、倖雷斯珂(Moleschott)、畢希諾(Buchuer)三人為最有聲色。他們對於人生的看法與對於一切物質的看法，毫無異致。他們以為心的現象都可還元到腦髓之生理的機能。所以佛格特說：「思想之於腦髓，猶膽汁之於膽囊，尿之於腎臟」。倖雷斯珂也把宇宙間一切現象歸到物質的運動，以為無物質即無力，無有機體，無精神現象，所以他的結論是「無燐即無思想」。由他們這種赤裸裸的主張，可以知道他們完全否認有所謂「人生之奇秘」「人生之謎」。這便是唯物論的人生觀之特點。

功利論(Utilitarianism)　功利論雖屬實證論之一種，然亦有分別敘述的價值。因為功利論在人生哲學上具有絕大的權威，其影響且及於現代。功利論為英國倫理學上一個重要的學派，其淵源甚遠，在希臘詭辯論者之哥爾期亞(Gorgias)即已啟其端緒，其後至西列學派、伊壁鳩魯學派，益復張大其說；至英國功利論之開祖，論者不一其辭，有推為昆布蘭(Cumberland)者，有推為塔克(Tucker)、帕勒(Palay)者，實則嚴格而論，具有一種學術的組織者不能不首推邊沁(Bentham)。由邊沁而穆勒父(James Mill)子(John Stuart Mill)而薛知微(Sidgwick)，功利論的主張遂益表著於世。功利論在人生哲學上的特別標幟，便是以快樂爲人生最高的目的。不過所謂快樂非僅圖個人的快樂，乃更圖他人的快樂，卽圖獲得快樂的最大量，所以功利論的口號便是「最大多數的最大幸福」但利己之外何故復求利他，關於這種說明，便是許多功利論者的主張所以不同之處。邊沁歸之於經驗，（謂由經驗知道謀公益可以獲最大幸福。）詹姆士穆勒歸之於聯想，（謂由聯想的法則可視他人的快樂與自己的快樂同。）約翰穆勒則謂快樂上有性質的區別，薛知微則謂快樂上有直覺的基礎，各執一說以相非難。不過他們的根本主張，所謂謀最大多數的最大幸福，却是一致。由此可知功利論者的人生思想，與實證論者的人生思想，正多暗合之處。因爲實證論者謂人生卽屬一種物理現象，故人生不能逃普遍的法則之支配，功利論者則謂人生雖屬精神現象，然亦正如物理現象不能逃普遍的法則之支配。人類利己之外復求所以利他，非受普遍的法則之支配而何？所以功利論的人生觀，亦可以說是實證論的人生觀之一種。

進化論(Evolutionism)　進化論亦由反抗傳統思想而起，亦屬實證論之一種，因爲牠最重觀察實驗，并且反對「最後之因」和實證論排斥形而上學的思辨正同。進化論的主要代表者不容說是達爾文、拉馬克（Lamarck）、赫胥黎、斯賓塞爾一班人，他們可以說都是新人生哲學的建設者。達爾文的種源論，便叫我們對於人種由來的觀念發生一個大革命，此外如拉馬克的動物哲學，赫胥黎的存疑主義，斯賓塞爾的倫理學原理，都對於人生問題貢獻一種大膽的議論，關於人生的意義與價值，都對於從前的說法起了一個大翻案。就中主張最激烈的便是赫胥黎，他把人生的歸宿和靈魂不朽這些問題都加以嚴格的攻擊，認為沒有充分的證據的東西，都不值得信仰。達爾文晚年也持這種態度。所以他們的主張都是和宗教立於正反對的地位。赫胥黎的存疑主義便以基督教為攻擊的目標，達爾文的種源論更打破千餘年前創世紀的舊說，所以他們的思想在人生哲學上都建了廓清摧陷的殊勳。自從他們的進化論發表以後，個人的地位、人與人的關係、人與自然的關係，都有一種澈底的解釋。所以生存競爭優勝劣敗以及生物學上應有儘有的事實，幾乎沒有不可以適用到人生。由拉馬克、達爾文取例於自然界，由斯賓塞爾推演到人事界，而我們的人生觀遂一變而為進化論的人生觀、生物學的人生觀。這是十九世紀末葉新人生哲學建設的潮流中一種最可紀念之事。

以上關於實證論、唯物論、功利論、進化論的人生觀，已述其大略。我們可以得到兩種感想：一，自從中世哲學以後，基督教的勢力並未大減，且隱然扶植於一般思想家之中。便是近代初期哲學所謂純理論者的思想，總不免要拿住「神」做他的哲學的中心觀念或最後觀念，卽經驗論者亦未敢否認神的觀念，尤其是巴克萊，他幷把神的觀念看得十分重要。後來到了康德，由康德而菲希特，而謝林(Schelling)，而詩來爾馬哈(Schleiermacher)，而黑格爾，而叔本華，幾乎沒有不拿住神當作根本的假定，雖然他們對於神的解釋有不同，對於神的價值之估定有不同，或爲解決最後之困難而造有神，或爲聯玄學與神學爲一氣而造有神。二，自從實證論、唯物論、功利論、進化論產生以後，基督教的勢力便根本動搖。本來在近世初期經過加里略(Galileo)、培根、牛頓一羣人提倡科學之後，基督教已經失了最大的優勢，而自實證論昌明，基督教遂一蹶不振。實證論首倡者孔德便極力排斥神的觀念。此外像拉斯(Lass)、黎爾(Reihl)、馬黑諸人，更把感覺看得極重，完全不承認有超感覺的東西。還有一些實證論者雖然態度稍為和緩，但對於神的觀念卻大概是排斥的。至於唯物論者，他們的態度更來得激烈，所謂無神論者便是由他們裏面產生的。像近世初期的拉美脫理(La Mettrie)、何爾巴哈(Holbach)這些人，一面是唯物論者，一面又是無神論者。若在十九世紀中葉發生的唯物論者像斯特老司、費爾巴黑這班人，他們完全把基督看作是想像的東西。一八五四年在格丁根的那一場筆戰，便是為反對聖書上人類創造說而起。可見唯物論更是把「反對神的存在推翻基督教」做目標的。功利論者的根本精神，在闡發人我的關係、自利利他之結合，雖然老早有所謂神學的功利說，但到了邊沁便極端排斥神學的觀念，其後詹姆士穆勒也對於神的發生懷疑，這都是受了時代思潮的影響。至論到進化論者，他們便專拿基督教當作攻擊的對象，他們一面消極的攻擊基督教，一面更積極的建設生物學的世界觀和人生觀，所以他們的影響特別的大。總之，十九世紀中葉以來，基督教的勢力幾全失墜，這完全是科學發達的影響。由上所述兩種感想而加以考察，可知近世哲學的人生觀，其影響最大的，沒有不受科學的支配。由是中世紀宗教的精神完全為最近世紀科學的精神所壓迫。所以單就人生哲學而言，人生思想的變遷乃由道德而宗教，由宗教而科學與孔德所定的人類知識發達的順序微有不同。

現代哲學之人生觀　現代哲學也和近世哲學相同，牠們討論的範圍非常廣闊，單就人生哲學而言，如果要作一種較詳細的紀述，就非出一部專書不可，所以只能選擇其中對於人生問題貢獻最大的稍加論列；至於在哲學上位置雖高而關於人生問題很少發表的，只好置而不談。現在為敘述之便，分作五段講明：一，實用主義者的人生觀；二，尼采的人生觀；三，柏格森的人生觀；四，倭伊鏗的人生觀；五，脫爾斯泰的人生觀。

一，實用主義者的人生觀　實用主義乃是繼續實證主義而起的，乃是根據實證主義已有的結果，進一步研究實際的人生問題的；換句話說：實證主義所重在感覺，實用主義則乘重情意，這是牠們的根本不同點。實用主義的首倡者雖然是皮耳士(Peirce)，但影響最大的却不能不推詹姆士、席勒(F. C. S. Schiller)杜威 (Dewey)三人。就中尤以詹姆士的規模為最闊大。本來實用主義的思想，發生於希臘的勃洛太哥拉斯，（勃洛太哥拉斯主張「人爲萬物的標準」。）而啓導於近代的康德，（皮耳士自述其主張係由康德的「純粹理性批判」而來。）大體以情意爲學說的中心，以人生爲真理的鵠的。這凡屬實用主義者無不同此主張。雖然皮耳士所揭櫫的是實驗主義(Pragmaticism)，詹姆士所揭櫫的是根本的經驗論(Radical Empiricism)或實用主義，杜威所揭櫫的是工具主義(Instrumentalism)或試驗主義(Experimentalism)或直接的經驗論(Immediate Empiricism)，席勒所揭櫫的是人本主義(Humanism)或人類主義(Anthropomorphism)，以及頡布遜(Gibson)，何維遜(Howison)一班人所揭櫫的是人格的唯心論(Personal Idealism)，塞士(Seth)所揭櫫的是倫理主義(Ethicism)或倫理的人本主義(Ethical Humanism)，但他們根本的主張，却是沒有甚麼大不同的。不過詹姆士的實用主義，比旁的人影響更大，所以這些人都叫做實用主義者。實用主義本來是認識論上一種方法，但牠的認識論却是與人生哲學相關最切的。牠的認識論可分作兩方面講：一方面不承認宇宙間有絕對不變的真理，他方面却以爲真理的建設，是由於實際的人生；前者是消極的方面，後者是積極的方面。可想見牠的認識論是把人生哲學做前提的現在因爲實用主義涉論的範圍很廣闊，且分作三項說明牠的人生觀。第一，實用主義最大的貢獻是關於「真理進化」之主張，牠以爲真理完全立於情意之上。換句話說，真理完全立於價值之上，所以席勒說：「真理是論理的價值，」

Schiller's Studies in Humanism, p. 7.

這樣，不僅世間的善惡美醜沒有一定的標準，便是真僞也沒有一定的標準，不僅日常生活視牠在人生行爲上所發生的效果爲轉移，便是科學的法則，也視牠在人生行爲上所發生的效果爲轉移。那麼，我們的人生便是真理的建設者，便是世界的主人。這是實用主義者所見的人生的價值。第二，實用主義最看重的是奮鬬的精神。牠的唯一的口號是「幹！」「幹！」所以和皮耳士同時的布倫得爾（Blondel），他便把實用主義看作「行爲的哲學」(Philosophie de l'action)。詹姆士發表一篇信仰的意志(The Will to Believe)，便是專爲說明「幹」的道理而作的。詹姆士以爲信仰就是行爲的意志，沒有信仰，意志是不肯出力的。許多人笑詹姆士，以爲信仰由於證據，沒有證據那裏會有信仰？詹姆士很不以爲然，他說：「倘若什麼事都要有了充分的證據才去信仰，那便什麼事都不能幹了。凡事祇有先有了信仰然後去找證據的。譬如這個世界究竟是好的還是壞的，這個問題兩方面都找不到充分的證據。所以我們還是確定一個方針，向前幹去，倒看牠是好的還是壞的，却決不能因爲找不出證據，便不去做發明的事業。」他這種信仰的態度，一面可以打破遲疑觀望的心理，一面又可以免去坐失時機的損失，這便是「幹」的道理，這便是奮鬬的精神。所以實用主義者的人生觀，乃是一種奮鬬的人生觀。第三，實用主義完全是一種創造主義，牠用這種主義創設一種宗教。牠對於絕對與神的觀念，不認爲先天的存在，而認爲吾人人格最後的表現，申說一句，便是創造的過程。所以詹姆士謂實用主義之神爲人格最發達的東西，就是說我們「最後的人」便是圓滿周遍的神。所以叫做「人性的宗教」(Religion of Humanity)。最後的人永遠在可達到而未達到的境界，所以我們的人生無時無刻不在創造之中。這便是創造的人生觀。合以上三種說明，可見實用主義對於人生的看法，是另具一副眼光的。實用主義是一種「新淑世觀」(Neo-Meliorism)，自實用主義出世，而新人生、新生命、新生活的創造皆爲一種不可掩的事實。所以實用主義實開現代人生哲學的新曙光。

二，尼釆的人生觀

席黎 (Thilly) 著哲學史，把尼釆列入實用主義者，這當然是對的，不過尼釆的思想却另有一種特色。尼釆的思想是由三種影響湊合而成的：一，希臘的言語學；二，叔本華的意志哲學；三，瓦格納(Wagner)的音樂。由希臘的言語學而得到希臘的兩種精神上的潮流，由叔本華的意志哲學而啓發權力意志的思想，由瓦格納的音樂而促進藝術上的趣味。他生平的著述很多，但發表他的人生觀的便是悲劇的發生 (Die Geburt der Tragodie)。這部書是他第一部著作，可以說是三種影響的結晶。他拿希臘兩個神代表他的思想，一個是美神阿婆羅 (Apollo)，一個是酒神爵尼索斯 (Dionysos)。美神所代表的是觀念的世界，是樂天的、幻想的、靜美的世界；酒神所代表的是意志的世界，是酣醉的、興奮的、衝動的世界。尼釆以爲一般人因感着世間苦惱，便藉美神以爲安慰，換句話說，苦惱是想用觀念去替換的，由是在觀念裏面希望幸福和安逸，不知這種想法完全錯了，因爲這種希望畢竟不過是鏡花水月，那裏有現實的時期？而且這樣廉價的肯定人生，也不會叫人生朝着創造一條路去。尼釆以爲這個時候，便不能不提出酒神來，換句話說，這個時候只有强烈的意志才可以救濟。人生是流轉變化的，在流轉變化之中全賴意志以謀統一。意志是一種填不盡的慾壑，所以常伏有破壞和創造的性質，與一味希望幸福和安逸者不同，這便是酒神的人生所以異於美神的人生之處。尼采以爲真正的人生，要在脫去觀念的世界而代以意志的世界，便是用最大的苦惱和努力以發見人生的究竟。結果雖不免產生人生的悲劇，而此種悲劇乃是在藝術中佔有最高的地位的，所以最高的藝術便是悲劇的藝術。吾人應對於悲劇的藝術而加以極端的讚美，由悲劇的藝術所成就的人生，方爲高貴的人生。這便是救濟人生的唯一的途徑。這樣看來，凡是美神式的人生，都應一律排斥，因爲這不過是平凡的、頹廢的、無勇氣的人生之表示，不過對於人生加以一種廉價的肯定而已，其結果只有陷人類於墮落。所以人生的第一要義，是對於人生取挑戰的態度，結果非藉酒神的魔力不可。換句話說，非有賴於權力意志不可。這便是尼采的人生觀。尼采的超人哲學完全從這裏出發，他的名著查拉圖斯屈拉(Also Sprach Zarathustra)便是用象徵的筆法描寫這種思想的，可惜此處不便作一種詳細的介紹。

三、柏格森的人生觀

柏格森也被人家稱為實用主義者，因為他和詹姆士的態度很有相同的地方，不過嚴格說來，他思想上的特質，特別顯著，當然不能和實用主義者併為一談。柏格森是生命哲學的首倡者，是新浪漫派哲學的寵兒。現在無論何方面幾乎沒有不受他的思想的影響的。他雖然也是進化論的系統，卻是和達爾文、斯賓塞爾的思想完全不同。正猶尼采雖然倡超人哲學，卻不是由達爾文生物學上的進化觀念可以說明超人的。達爾文一派的進化論是把因果關係之機械律做根據，柏格森便極力排斥關於進化之機械觀的說明。他以為進化僅由根本的創造活動，才有可能，所謂根本的創造活動，便是「生的衝動」(Elan vital)，這種「生的衝動」便是宇宙創造的原動力。柏格森便拿住這種觀念建立他的創造進化論(L'Evolution Creátrice)。他關於人生哲學雖不曾具體的發表，但由他的創造進化論卻是很可以捉住他的人生思想的。柏格森哲學的根本觀念是綿延(Durée)，綿延便是一種溶和滲透之內質的變化之連續，這不僅吾人意識的真相是這樣，便是宇宙的真相也是這樣。所以宇宙是刻刻變化刻刻創造的。柏格森就拿住這個意思做他生命哲學的開端，所以說「生命是以發育的有機物爲媒介，由一胚種移於他胚種之潮流」，可知有機物不過是全生命的潮流之一時的假現，換句話說，有機物不過是全生命潮流裏面一個細流。人類當然是細流之一。從外面看人類各個人的觀念及自意識的發生，不過是生命進行中一個分歧，因爲人類負有物質的成分，便不免爲物質所遮斷；從內面看人類，人類乃由知力的活動遮斷生命的流動，因取某部分爲一個人格。從全體看人類，人類不過是自無始時來一個非人格的大生命之流；從部分看人類，人類乃是主張自我而爲一個性化之人格的生命。所以各個人之死不至使生命全體減少，各個人的創造的努力卻可以使生命全體擴大。所以柏格森說人類不是大生命的完成點，乃是大生命活動的頂點。因爲人類由精神的活動，可以征服物質，脫習慣的羈絆，常常繼續新創造的工作，而一切動物及植物却不免沈滯於固定的狀態，這就可見人類在宇宙間的地位。柏格森的人生觀便由這裏出發，大約可以歸納幾點：一，我們是對於生命進化負責任的，我們如果努力去開展精神，便生命進化的方向更擴大；因爲生命的綿延具緊張弛緩兩方面，緊張之則爲精神，弛緩之則爲物質，所以我們努力與否是與生命進化發生直接關係的，這就可見人生的價值。二，宇宙是一刹那間一刹那間流轉變化的，我們人生也是一刹那間一刹那間流轉變化的，惟其流轉變化之速，那我們的努力便無時無刻不轉入新方向，我們的生命也無時無刻不在創造之中，質直的說，我們時時刻刻在破壞我裏面，建立一個創造我。這是何等有意義的人生。三，我們的努力只是向前面去努力，却沒有一個努力後的歸着點，就令有個歸着點，也是假設的，也是暫時的，到了歸着點的時候，那歸着點又移遠了；所以我們的行事是沒有目的的，就說有個目的，那個目的總在途中，決不在途的盡端，這就可見我們的奮鬭是永無休止的，這便能做到創造的進化。柏格森的人生觀大約不出這幾層意思。柏格森也最重藝術，他所倡的藝術是生命的藝術，直觀的藝術。他以爲由藝術可以捉住人生的真髓，開拓人生的真價，只可惜此處不便詳說了。

四，倭伊鏗的人生觀　倭伊鏗在現代可以說是研究人生哲學的第一個人，他對於人生的意義與價值，研究不遺餘力，曾有種種專著發表。他從哲學史上發見哲學家對於人生的意義與價值的解答，有六種型：一，宗教；二，內在唯心論；三，自然主義；四，知識主義；五，社會主義；六，個人主義。在一與二，他認爲是最舊的解答，由三至六，他認爲是比較新一點的解答。他所以選這六種而不採懷疑論及不可知論那些議論，便是因爲牠們不曾肯定人生的緣故。他以爲宗教是一件最舊的東西，從前的人都想在宗教裏面討個安心立命，所以信仰來世；但這種信仰不能由經驗證明，由經驗證明的東西都是否認來世的，縱不否認，也不免要存一種懷疑的見解，所以經驗決不會教我們信仰的。這麼一來，從前由信仰來世以解脫現世的動機，一變而爲經驗現世以改造現世的動機。這是宗教的解答不可恃的一點。至於內在唯心論，與柏拉圖一派之絕對主義相似，完全把生活的基礎放在不可見的實在裏面，不過和宗教把不可見的實在放在彼岸者不同；他是以爲不可見的實在是和內面精神界相交通的。因爲有這種信念，所以能抑制自然的衝動，促進精神的活動。我們內面精神界既然和不可見的實在相交通，所以由理想發出來的現實都是合理的、調和的。這麼一來，我們完全生活在樂天的世界裏面了；但經驗所告訴我們的却不如此，并且照如此說法，我們人類的努力也覺得太無意思，這都由於太理想化。這樣看來，宗教所見的完全是黑暗面，內在唯心論所見的完全是光明面，都與實際相差太遠，所以這兩種都是最舊的解答。其次論自然主義。自然主義是否認宗教和形而上學的東西，他以爲宗教不過是迷信，形而上學不過是妄想，而最澈底的最靠得住的只是唯物的器械觀。就是說「自然」便是全實在，此外幷沒有甚麼精神。這種解答亦有不是處。所謂宗教、道德、藝術等這一類的精神文化且不論，試問自然主義者所尊重的科學是否爲精神的要求之所產生？我們觀察自然，不由精神的要求，何從紬繹那些理法？若照自然主義者所說，那我們簡直不能應外界之刺戟以圖變化或改進。自然主義者以爲最確實的是直接經驗，換言之，是感覺的世界，不知感覺世界亦有靠不住的東西，幷且我們人類難道和動物一樣，專向感覺討生活，毫無思想可言嗎？這樣說來，那自然主義也就難立足了。再次論知識主義。知識主義與自然主義相反，牠以爲文明人是由感覺生活漸次走向思想生活，就是說思想是離開感覺之直接制約而獨立發達的，我們生活所以能改造，完全由於知識主義的見解，所以思想實在是「全實在，」是生活之唯一的支配者。這種說法，亦有數弊。思想是形式的而缺實質的，生活於形式之內，便沒有內容可言，我們有機的生活何等豐富，豈能無條件的屈服於形式之下？這樣推論下去，可以知道我們人類既不是自然的奴隸，也不是思想的奴隸。我們人類是自身有固有之力的，那末自然主義和知識主義所談都不足恃了。再次，論個人主義與社會主義。我們知道人類自身有固有之力，那末，我們人類便成了主觀的東西，與自然主義知識主義以客觀爲主的不同。個人主義與社會主義其相同點在特重人道，而人道是以人類爲主的，卽以主觀爲主的，不過社會主義所偏重在社會，個人主義所偏重在個人，但都和人道不相背馳。在這點說來，個人主義和社會主義確是比自然主義知識主義要進步些。只是社會主義之主旨在組織，個人主義之主旨在解放，組織與解放是根本不同的兩種生活，幷且在這兩主義中，無論何方，都有缺點；社會主義只顧外面之條件改善，却不免閑卻內部生活；個人主義徒然自縛於個人直接的環境之內，便不能擴張個人於全體。所以這兩種主義仍舊不是圓滿的解答。倭伊鏗對於這六種解答都予以不滿足的批評，因爲都不免閑却人類之精神的要求，至此乃提出他的精神生活論。他以為在自然主義知識主義便有使人類屈從世界的弱點，在個人主義與社會主義便有使世界受人類支配的弱點，所以都不能發見人生的意義與價值；要發見人生的意義與價值，須把世界和人類調和融合力可；換句話說，便是要做到主觀與客觀之調和融合力可。要謀主觀與客觀之調和融合，非肯定精神的活動不為功。這種活動便是一種超越自然生活的精神生活。自然生活固為精神生活之初階，但自然生活發達到極點的時候，精神生活便會顯現。我們現在正站在兩種生活交嬗之時期中，一面在動物界(自然生活)討生活，一面加入精神界以與自然界奮鬪，奮鬪的結果可以離掉自然的支配就精神的支配。所以我們生活之直接的根柢，從前雖在自然界，而現在則完全在精神界。這由人類生活進化之迹便可以證明。如今只看精神活動之努力如何，便可決定解脫自然至何程度，換句話說，便可決定「精神之自由」至若何程度。人類由野獸或野蠻人之自然生活努力到人類的精神生活，更由人類的精神生活努力到宇宙的精神生活，既經達到宇宙的精神生活，便達於自由之絕頂。無論世界和人類、客觀和主觀，都莫不治於一爐這種宇宙的精神生活完全是一種神的生活旣不像自然生活受本能的支配，更不像人類的精神生活為社會的責務之觀念所束縛，赤裸裸的走入神之宮殿，遨遊於愛之國土，這是何等歡喜愉悅的世界，這便是倭伊鏗的人生觀。倭伊鏗的人生哲學完全以精神生活為基礎，倭伊鏗并由這種基礎建立宗教哲學。他關於宗教方面的著述也很多，所以研究他的人生哲學最好拿他的宗教哲學比較研究。

五　脫爾斯泰的人生觀　脫爾斯泰也是現代人生哲學界的驕子，他的思想在各方面的影響都是很大的。他是專提倡理性的一個人。他所謂理性，不是科學的理性，乃是統治人類生活的最高法則而由神所授與的理性；我們可以藉理性知道自己及自己與宇宙之關係。這是無論何人都有的。汝心中之神即是此物。萬物在理性之中，復從理性而出。故理性為完成人類之大法。理性使動植物成長之法則和使天體活動之法則正同。知道理性是這麼一回事，便知道人類之所以為人類。我們人類一面是動物，受動物的法則的支配，一面賦有理性，受理性的法則的支配。換句話說，我們人類都有兩個我：一個是動物我，一個是理性我。然則我們究竟依存那個我才妥當？脫爾斯泰在這個地方，有鄭重的聲明，他說：「由動物我照依理性的法則所達到的幸福，才是人生；人捨此道以外，不知道有別的人生，亦且不能知道有別的人生。」脫爾斯泰以爲人生不僅是時間空間所制限的東西，假如以時間空間來下人生的定義，那就髣髴以長廣的度數來下物體之高的定義一樣。這便是由於時間空間是有限的，有限的東西何能與人生之觀念相對立？所以在這個當中，非拿理性的生活去說明不可；理性是不受時間空間之支配的，人類要營理性的生活才有真正的人生可言。理性的活動是愛，從理性所發出來的愛，與普通的愛不同。普通的愛，譬如爲自己的小孩而奪他人飢餓的小孩的乳之母親的感情，爲戀愛而使女子墮落之男子的感情，爲助自己的黨派而加害於他派之黨屬的感情；這些感情都不能算是愛。愛僅是合理的活動，沒有甚麼偏倚的。又爲將來之愛而犧牲現在之愛，都不足云愛。愛僅僅是現在的活動，沒有甚麼打算的。所以愛之一字，只是要伴着合理的現在的這些意味；否則，所謂愛朋友，愛妻子，結果無一不是愛自己，都是爲自己打算的。所以只看到個人的生活或是動物的人格，都是偏倚的愛，或是打算的愛，不能謂之真愛。

人生若無真愛，便無真正的人生可說；因為真愛是理性的活動，而理性是超絕空間時間的超絕空間時間，方不執着動物的我；不執着動物的我，方不執着生死；不執着生死，方能得到真的生命，方能講到真的人生。脫爾斯泰的死生觀，是認死為不存在的。他以為死不過是一個幻影，我們的肉體是時時刻刻不斷的變化的，我們的意識也是時時刻刻不斷的變化的。「死」這個東西，不過是變化的一個階段，又何必執着？所以脫爾斯泰以為人生有兩種看法：一種是自生後至死亡的人生，一種是良心不死的人生；前者是虛偽的人生，後者是真正的人生，前者是個別我的人生，後者是普遍我的人生。普遍我乃宇宙根本的生命，充滿神的意志，決不因死而滅亡；因為普遍我是依存理性的法則的，理性乃超絕空間時間之物，故普遍我無在不得永生。我們的生活，既造到這個境地，那便我們肉體上的生活雖不免止息，而我們精神上的生活固猶是永生。脫爾斯泰的人生觀，到此處才有着落。關於永生論，可紀述的還多，現在暫止於此。

以上為現代哲學的人生觀。其中闡發最精影響最大的，大體均有論及。現代人生哲學的特徵，與近代相比較，正不難判明。其尤顯著的，便是現代和近代末期的人生哲學。如實用主義的人生哲學與實證主義的人生哲學，便有根本不同的地方。實證主義打破信仰，實用主義則依存信仰；實證主義專重感覺，實用主義則兼重情意；實證主義注重自然的法則，實用主義則注重人間的法則。因此實證主義者便覺得實用主義者的人生太偏於急進，完全把人生當作一種試金石，也未免太危險；實用主義者便覺得實證主義者的人生太偏於保守，太沒有勇氣，完全做的一些抽象的工夫，也未免太冥頑不靈。可知實用主義者所帶的意志的色彩很濃。這是現代人生哲學的特徵之一。又如尼采和柏格森的人生觀都泰半從進化觀念出發，但他們的進化觀念完全和達爾文一派的進化觀念不同；他們完全注重心理學上的事實，而達爾文一派則注重生物學上的事實。因此他們的人生思想與達爾文一派的人生思想完全異致。這又是現代人生哲學的特徵之一。又如倭伊鏗和脫爾斯泰的人生觀都泰半從宗教觀念出發；與近世哲學的人生觀從科學觀念出發的不同；倭伊鏗闡明精神生活之重要，脫爾斯泰闡明理性的愛之重要，都是爲反對從前的科學觀念而起的。他們的思想徑路雖有不同，而出發於宗教觀念則一，這又是現代人生哲學的特徵之一。就中更有一種重要觀念爲現代與近代之最大分歧點，便是近代的人生思想大體立於科學之上，而現代的人生思想大體立於藝術之上。例如尼采的人生思想便是藝術思想的結晶，他以爲人生的極致，便是悲劇的藝術。又如柏格森的人生思想雖立於直觀主義的基礎之上，而直觀的事實固賴藝術以顯，即人生的真相非藉藝術莫白，所以他在笑的研究(Laughter)這部書裏面，專闡發這種意思。至於實用主義立足於情意之上，視人生爲情意的產物，那簡直是「人生之藝術化」的思想，尤其是詹姆士席勒一派的人生思想，所含的藝術的色彩更濃。倭伊鏗和脫爾斯泰的思想雖出發於宗教觀念，但他們的宗教觀念與從前的宗教觀念大有區別，他們的宗教觀念是伴有藝術觀念的，他們是求宗教美與藝術美一致的，（參看拙著「宗教論」見「李石岑論文集」）譬如倭伊鏗的宇宙的精神生活，求小己與宇宙之精神感通，脫爾斯泰之理性生活，求人與神之感情交流，這便所謂觀照的世界。可想見現代的人生思想完全立足於藝術之上。此外如卡彭特(Carpenter)，如王爾德(Wilde)，都莫不力倡藝術的人生，所以藝術觀念在現代人生哲學上之重要，正猶近世末期的科學觀念在人生哲學上之重要。

*　*　*　*

以上關於西洋各派哲學的人生觀，均已分期講明。大抵希臘哲學的人生思想，注重在道德方面，欲由道德的方法或倫理的方法解決人生。譬如蘇格拉底的至善論，柏拉圖的德論所謂智慧、勇氣、節制、中和的四元德，亞里斯多德的德論所謂知德和行德，莫不以實踐預期的德目為人生最高的目的。正馮友蘭先生所謂「求好」的意思「人乃於諸好之中，求惟一的好；於實際的人生之外，求理想的人生。」（見所著「對於哲學及哲學史之一見」。太平洋四卷第十號。）這時候中國的人生思想，也不出「求好」的心理，如所標的三達德及五德、六德、四德、九德等都是想用道德的方法來解決人生的。但西洋解決人生的方法隨時代而變遷，中國則永遠不生變化，這是中國與西洋最大的不同處。希臘哲學到了中世紀，就起了一個大變化，由道德的中心一變而為宗教的中心。所以中世哲學的人生思想，專注重在宗教方面，想用宗教的方法解決人生。耶穌的來世主義所以能支配那時代的人心，就由於他所用的方法不同；因爲他不專在道德上做工夫，只顧到人情的管束而止，或只顧到現世的幸福而止，他是要進一步論到人生的歸宿，并着眼到來世的幸福，所以在人生思想上能發生絕大的影響。他的影響并不限於那時代，就是近世紀初期的純理論以及後來的康德學派，都幾幾乎不能越出他的範圍。不過從科學的勢力伸張以後，基督教的優勢，已無法維持。可以說從加里略到黑格爾爲西洋哲學從宗教本位到科學本位的過渡時期。直至實證論產生，宗教與科學遂全易位，宗教的中心，遂一變而爲科學的中心。所以近世末期的人生思想，專注重在科學方面，想用科學的方法解決人生。不過科學的最大武器，是事事都要求一個客觀的證據，因此關於人生思想也只能在肉體方面求最後的解釋，其結果遂產生弗羅伯爾一流的悲哀。由近代而現代，關於人生的解決，又生一大變動，卽由科學的中心一變而爲藝術的中心。所以現代的人生思想，專注重在藝術方面，想用藝術的方法解決人生。因爲藝術是以全生活爲本位，比中世紀專重靈魂觀念，近世紀專重肉體觀念者皆大有不同。所以藝術的人生在現代爲比較的富於解決之可能者。我由人生哲學史的研究，覺得我這種由道德而宗教、由宗教而科學、由科學而藝術的時代劃分，比較的近於事實。雖然在各時代中，一切文化同時發達，不必依照我這種整然的次序，譬如希臘哲學乃由科學的而道德的而宗教的，或根據另一觀察點，乃由宗教的而藝術的而科學的而道德的；但在人生哲學上所發生的重大影響，要不能不獨推道德觀念。（初民思想大抵原於神話、或起於自然崇拜、所以爲一宗教的或科學的。實則都不過是一點萌芽、而眞正發爲一種有力的思想的便是道德觀念。因爲道德觀念是在於管束人情、這是維持初民社會的根本要素。）此外中世哲學的宗教觀念，近世哲學的科學觀念，現代哲學的藝術觀念，亦何莫不然？我用擒賊擒王的方法，單就各時代在人生哲學上所發生的主要觀念而加以闡明，故有上述的結論。

現在要論到西洋的人生哲學對於第二章所提出的問題如何加以解答？我們在上面所述的倭伊鏗的人生觀裏面已經知道關於人生問題之解答，有六種型，不過倭伊鏗都認爲不適當，因提出他的精神生活論。他所提出的六種型，是一種橫的分法，我的時代劃分，是一種竪的分法，表面上看來，雖沒有大不相同之處，但內容上却是要比他豐富些，因爲他把懷疑論及不可知論都加以擯斥，而我却認爲都可列入科學觀念之中。況且在道德和藝術兩種觀念都是關於人生問題解答的重要條件，而他却一概不談。所以我覺得他那種分法，不免有許多遺漏，當然不能得到圓滿的解答。我現在還是用我的分法，觀察所解答的結果。希臘的人生思想專注重在道德方面，上面已經說過；但那時候的道德觀念中却已發生重要的二派：一爲禁慾派，便是犬儒學派，一爲快樂派，便是西列學派，兩派在西洋人生哲學上之重要，上面亦有論及；我所以重行提出，便是要知道這兩個系統，實在是西洋各派的人生哲學之源泉。斯多亞派繼承犬儒學派的系統，偏於禁慾說，伊壁鳩魯派繼承西列學派的系統，偏於快樂說，這是無庸說明的。推而言之，中世紀的宗教觀念，便傾於禁慾說，近世紀的科學觀念，便傾於快樂說。再細分之，純理論的態度便傾於禁慾說，經驗論的態度便傾於快樂說；近世初期的思想便傾於禁慾說，近世末期的思想便傾於快樂說，可見禁慾說和快樂說在西洋人生哲學史上的地位。本書第二章所提出的問題，在快樂說大抵是不容易解決的，因爲那些問題便發生於快樂說或近似快樂說學派之中。然則非提出禁慾說不可。因爲禁慾說大抵看輕現實生活而注重理想生活，否認現世幸福而提倡來世幸福，所以在第二章所提出的各種人生的苦惱與悲哀，如果有理想生活或來世幸福作牠們的慰安與救濟，也未嘗不是一種解決的方法；無怪近來一部分歐洲人鑒於人生的前途之暗澹，以爲非重行回復中世紀宗教的態度不可；不過在現代知識已經充分啓發的人類，那種迷信的宗教又何能支配現代的人心；換句話說，禁慾說的思想，豈復能望其繁殖於現代。所以希臘道德觀念中所發生的禁慾說和快樂說的思想，現在都不適用。由是而言，希臘的道德觀念，中世紀的宗教觀念，皆不能對於近代的人生問題發生何種影響。至近代的科學觀念爲近代人生問題之所由產生，當然不能自身解決自身的問題。於是乃不能不提出藝術觀念。因爲藝術觀念不受禁慾說的支配，亦不受快樂說的支配，牠是另有一種立腳點的。牠對於人生的苦惱與悲哀，認爲無須別求慰安與救濟之法，因爲人生的苦惱與悲哀，便是一種悲劇的藝術，我們就可以由悲劇的藝術成就一種高貴的人生，這便是慰安與救濟。尼采說，我們應對於悲劇的藝術加以極端的讚美，那麼人生的苦惱與悲哀，不惟不足以陷人類於絕滅，反是救濟人類的唯一要圖。所以在現代無論提倡道德、宗教、科學，都要把藝術觀念作骨子，否則便成一種呆板的道德迷信的宗教殺人的科學。這樣看來，西洋哲學關於人生問題之解答，要不能不推現代藝術中心的哲學爲最有力量。不過嚴格說來，西洋哲學的成就究以關於人生方面爲最少，便是已有成就的地方，也不免要由自然推到人事，和東方哲學專以人事爲主題者完全相反。現在請進一步觀察東方哲學對於人生問題之解答，而先從印度方面分段講明。

第二節　印度哲學方面之觀察

概說

印度哲學的成就竟可以說完全在人生方面，一部印度哲學幾乎可以說就是一部人生哲學，卽此便可知道印度哲學與人生哲學關係之密切。關於印度哲學之敘述，頗不便按照西洋哲學分代敘述的方法，亦且無分代敘述的必要；因爲印度古代各派哲學發達的順序與變遷的年代很不明瞭，——印度在世界上是一個最不重歷史、最缺乏時代觀念的國家，——而在近代的印度哲學又以內容虛空，無叙述的必要，所以關於印度哲學之叙述，要另換一種方法。不過印度思想變遷的大勢不能不先有一個明確觀念，否則便無由推測牠思想的中心。現在就普通的觀察而作一種極概括的時代劃分：

一，天然神話時代（紀元前一五〇〇——一〇〇〇）　這時候把一切天然現象看作有神格的，卽視爲信仰的對象；并由此解釋萬有。所以這時候的宗教與哲學，都是由神話出發的。直到最後，纔有個比較統一的見解，以解釋宇宙人生的起原，而於人生與宇宙的關係亦稍稍能認識。這便是印度人生哲學的開端。這時候有所謂梨俱吠陀，便是人生思想的源泉。吠陀(Veda)係知識之義。據婆羅門族所信、係古代聖人受神的啓示(Śruti)而誦出之聖典、普通稱爲「明論」。有四種：一、梨俱吠陀(Rig-Veda)。二、耶柔吠陀(Yajur-Veda)。三、沙摩吠陀(Soma-Veda)。四、阿闥婆吠陀(Atarva-Veda)。世稱爲「四吠陀」、認爲一種不可分離的聖典。四吠陀皆以祭祀爲中心意義而編纂之者、就中尤以梨俱吠陀爲最重要。梨俱吠陀雖讚美創造的神秘、却已帶有一種探究宇宙人生之哲學的態度、這由所謂「五聖歌」中便可以看出。

二，婆羅門教成立時代（紀元前一〇〇〇——五〇〇）　此期繼承前期的思想，由形式實質兩方面發展，就形式說，像耶柔吠陀那種專重祭式之書及一切梵書(Brahmana)，（梵書乃繼耶柔吠陀而作的聖典、雖爲整理前此所行的祭式而作、却附加不少哲學的意義。次段所述奧義書的思想卽便萌芽於梵書中。可以說是由吠陀的現實主義到奧義書的理想主義的一座橋梁。）都是這期的重要經典，因此產生祭式萬能主義，而成功一種國民的宗教，卽所謂婆羅門教。（印度舊有四姓之別：第一、婆羅門、卽僧侶。第二、剎帝利、卽王族。第三、毘舍、卽農商。第四、首達羅、卽賤族。除婆羅門外、餘皆居於被使役之地位。婆羅門統轄一切宗教上儀式、制有所謂「摩拏法典」爲神政組織上之魔王。）

就實質說，婆羅門的哲學思想之大集成所謂奧義書(Upanisad)者，這時便爲各方面所重視。像剎帝利族（佛教產生于剎帝利族。）便注全力於此書。奧義書的根本思想，乃宇宙原理之梵(Brahman)與個人原理之自我(Artman)爲本質的同一，換言之，自我卽梵。此種思想遂立後世各派哲學的基礎；而印度的人生哲學遂爲進一步的開展。

三，各宗派勃興時代(紀元前五〇〇——一一五〇) 奧義書不僅在印度思想史上爲各派的源泉，并在世界思想史上據最高的地位，（叔本華稱爲世界上最有價值之書。并說：「余得是書、生前可以安慰、死後亦可以安慰。」）由研究者之盛遂產生許多派別。就中可分爲二大派：一，正統派；（卽婆羅門正統派。）二，反正統派。正統派復分爲吠檀多(Vedanta)、數論(Samkhya)、瑜伽(Yoga)、彌曼差(Mimansa)、吠世史迦(Vaisesika)尼耶也(Nyaya)六派；反正統派復分爲佛教、耆那派(Jainism)順世派(Lokāyata)三派。前者是認吠陀神權，後者則否認之。即此便可知道佛教所居的地位。

四，佛教隆盛時代(紀元前二五〇——紀元後五〇〇)　各宗派雖同時並起，而佛教獨能範圍一世者乃由佛法陳義獨高之故。佛法雖有種種派別，而在紀元前後，小乘佛教最盛行；至大乘佛教之發達，乃第二世紀以後之事。所謂印度的人生哲學至此時蓋達於頂點。

五，婆羅門教復興時代(紀元後五〇〇——一〇〇〇)　此期可紀者甚少，雖沿婆羅門教之舊名，實則內容大半採自佛教。

六，印度教成立時代(紀元後一〇〇〇——一五〇〇)　此期可紀者更少，不過對於種種聖典加以註釋而已，毫無思想可言；又因回教侵入，思想內容，愈不堪問。

七，混沌時代(紀元後一五〇〇——現代)　此期復因基督教之傳入，思想益形固陋；不過到最近期間，有泰戈爾、甘地產生，前者主張生之實現(Sadhana)，尚不失奧義書的精神；後者主張不合作運動，亦隱含「不殺生」(Ahimsa)的理想。他們都是時代思潮的寵兒，但比之舊日的精神，卻已相差遠甚。

以上所紀雖極簡略，但印度思想變遷的痕迹與各期思想的特徵已可概見。我們知道印度思想的精華，完全在古代與中世，換句話說，完全在婆羅門教與佛教，佛教的思想，雖爲反對婆羅門教的思想而起，但嚴格論之，佛教的思想乃爲婆羅門教思想的修正者或革新者，所以佛教哲學在印度哲學上實據有最高的地位。我們現在談到人生哲學，當然以佛法的人生哲學爲印度人生哲學之正宗。不過在敍述佛法的人生思想以前，婆羅門教的人生思想，亦應有所考察；又反正統派之中有所謂順世派者那派者，他們的人生思想既與婆羅門教不同，復與佛教逈異，似乎也應觀察其特殊之點。這些關係如已講述明白，然後進論佛法，自易得佛法的真相。

現在請略述婆羅門教對於人生的見解。婆羅門教認定世界由梵天而起，漸次墮落。共有四個時期：一，克利他時期(Krita yuga)；二，陀列他時期(Treta yuga)；三，曇化波羅時期(Dvapara yuga)；四，伽黎時期(Kali yuga)。這四個時期中第一時期尙屬純善，人皆敬神，自餘時期，善性漸減，終至罪惡與時期俱長。所以第四時期爲最惡的時期，便成現世的狀況。我們在這種罪惡的世界裏面，當然我們的生活也免不了罪惡，所以我們一生是與罪惡相終始的。我們的罪惡是從無始以來相積聚而成的，現在便食罪惡的報果，所以非求解脫與梵天合一不可。婆羅門因設一種輪迴教以建立人生的準則。謂世界萬物的差別，都由喜(Sattva)、憂(Rajas)、闇(Tamas)三德而成。富於喜德者則歸入神位，富於憂德者則歸入人位，富於闇德者則歸入獸位，凡此種輪迴生死皆隨人類的行爲而生差別。且此種輪迴的境界不獨人世爲然，卽世界本身亦莫不如此。世界由梵天而出，經過某時期以後卽復歸入梵天，其後世界又復從梵天而出，如此輪迴往復，永無止期。如欲免此輪迴，便非求解脫不可。而解脫之方法有二種：一作法(Karman)的解脫；二知識(Jñâna)的解脫；前者爲漸進的解脫，後者爲澈底的解脫；前者爲人人所能行，後者爲婆羅門所專有。（婆羅門教認爲關於知識眞理之事，惟婆羅門族所得參與，他族不得與聞。故知識的解脫爲婆羅門所專有。）由此可知婆羅門的宗教完全爲一種階級的宗教，非普遍的宗教；貴族的宗教，非平民的宗教。因此反動卽緣之而起，佛教便是這種反動之最顯著而最有力者。在佛教的反動尙未表著之前，所謂順世派者便用一種極端懷疑的態度，以爲反動之先驅。現在請觀察順世派的人生思想。

順世派一面憤婆羅門教之宗教道德陷於虛僞與專橫，一面又憫當時人民之苦行流於野蠻與迷信，因此用一種極激烈的革命的態度，一面消極的否認當時的宗教與道德，一面積極的建設所謂感覺主義、物質主義、快樂主義。牠的世界觀與人生觀皆成立於四大和合之上，而其特別標幟，是無天、無解脫、無精神、無他界、無報應；我們有生命一日便快樂一日，我們可以從友人中借取錢財，以塡充豐居美食之慾壑。由順世派這種激烈的論調而當時固蔽頑鈍的思想界，頓生無限之曙光。不過嚴格而論，順世派的思想祇能供一時發酵之用，固不能在人人心中建立一種最大之信仰，因而有佛教之產生。

耆那派與順世派雖同立於反婆羅門教思想的地位，然順世派主快樂，耆那派則主苦行。又耆那派與佛教雖同爲建設的教派，然耆那派主精神原理之「命」(Jiva)

之實在，而倡「我住論」，佛教主萬有之刹那生滅，而倡「無我論」。前者認我爲常住，故爲一切苦之根源；後者認我爲幻化，故得一切苦之解免。耆那派之創始者伐彈摩那(Vardhamana)曾建立命非命(ajiva)、漏(Asrava)、縛(Bandha)、解脫(Moksa)、遮業(samvara)、滅樂(Nirjara)七範疇，以爲其教理之根據；而此七範疇者皆依次發展。結果所謂眞我顯現之鄔波優伽(Upayoga)乃能現實，而爲眞我顯現之障礙之優伽(Yoga)，自然退聽。耆那派的鄔波優伽與優伽，和佛教的眞如與無明，雖有相似之處，但兩派對於人生的見解，迥不相同。耆那派的人生思想卽於此出發。結果乃由其主張「命」之實在遂成一種「我住論」，而有與佛教之種種不同點。耆那派的人生思想是苦行，而順世派的人生思想是快樂，可見都有所偏；自佛教出，始建立非苦非樂之中道。

以上所述婆羅門教及順世派耆那派的人生思想，不過就佛教所認爲外道之比較的顯著者舉而論之。實則所謂外道，在初期的佛典則有六師外道之名，在後期的佛典則有六十二見九十五種之別，又何能一一舉述？然卽此已可見當時討論人生問題者之發達。不過對於人生問題富有一種獨到的見解，不容易爲他種異論所推倒者祇有佛法；佛法所以稱諸宗爲外道，固自有其不可企及之點。由此可知佛法的人生哲學實居印度人生哲學的首要地位。

統觀印度哲學，除順世派之外，殆莫不富於宗教的意識，莫不持出世論。其最大之共同點，便是印度各派哲學莫不集中於人生問題，所以牠們的出發點都是苦惱觀，而其歸着點都是解脫觀。所以業與輪迴，在印度哲學中，實佔有重大之位置。此種思想萌芽於梵書而發展於奧義書，遂由此傳播於各宗派，這便所謂印度哲學之特色。不過在印度哲學中真正具有一種繼往開來的事業與功蹟者祇有佛法，尤其對於人生問題真正具有一種澈底的解釋者祇有佛法。以後請專論佛法的人生觀。

佛法的人生觀上

佛法精深博大，須作一種比較有系統的紀述，方能洞悉此中妙諦。現在爲便宜起見，分作三段紀述。而本段復分二項說明：一，佛法總詮；二，人生在佛法上的解釋。茲分別說明於下：

一，佛法總詮 欲明佛法，宜究體用。中土學者每稱法輪法印，以顯體用。卽法輪爲體，法印爲用。何謂法輪？撮要言之，則四諦、八聖道是也；何謂法印？有四行相：無常、苦、空、無我是也。請先釋法輪。境、行、果三，顯佛法體，而四諦攝三者盡，故四諦爲佛法的根本教義。所謂四諦，卽苦諦集諦、滅諦、道諦四者，這便是四種真理，或四種真相。佛陀一代說教，卽根據四諦敷說萬法；而此四諦者乃佛陀立教行道、宏法利生之要訣。第一觀察世間的結果，第二探此結果的原因，第三因消果寂後的狀態，第四求出離世間的方法。現在先說第一，卽苦諦。苦便是人生的真相；最顯著的便是生、老、病、死四大苦，此外更有「愛別離苦」、「怨憎會苦」、「求不得苦」等等，便是最鍾愛的人偏偏不能不分離，最怨恨嫌惡的人偏偏要會在一塊，心裏想望的東西偏偏求不到手，諸如此類，可想見世間沒有一處不是充滿着苦惱的。況且世界一切都是流轉變化的，我們眼見少者轉瞬便成老人，生者轉瞬變成枯骨，梧桐驚秋而葉落，家燕未寒而已西，世間如此流轉變化，不可少住，故成苦聚。所以世界永遠是一個苦海。但是苦的原因在那裏，這是不能不作一種進一步的探究的，於是請說第二，卽集諦。集便是苦的原因。佛陀最重因果觀念，他用集的因說明苦的果。但他說明的方法，不像婆羅門教拖出一個主宰者來，他是鄭重的聲明「一切法無主宰」的；又不像耆那教拖出一個我來，他又鄭重的聲明「一切法無我」的。他認一切苦的真因便是無明。無明卽惑，亦卽煩惱。由無明生一切執着、欲望，由執着欲望便在身、口、意三方面造作種種業，業便醞釀爲一種業力（潛勢力）。業力便成業因，由業因便生業果，卽是苦果。質直的說，苦果的近因是業，而其遠因乃是惑。由是惑業苦三者互爲因果，輾轉遂成過去、現在、未來三世。現在請拿他的十二緣起說，說明苦果生起的順序。所謂十二緣起，（又名十二支。）卽由能引之「無明」與「行」二支，生所引之「識」、「名色」、「六處」、「觸」、「受」五支。這都是爲後來生起異熟之預備，卽是留下的種子。到後來生死關頭，緣現前境界發起貪愛，緣「愛」復生欲等四取，「愛」「取」合潤從前的五種種子，（識等五種。）勢力增加，一定能起（生現行。）名「有」。俱能近有「後有果」故。（以其能不久有「後有果」、所以名之爲有。）此「愛」「取」「有」三，是名能生。後來受生，自中有至本有立一支曰「生」，（死後生前爲中有，生後死前爲本有。）自本有後變異壞散立一支曰「老死」。此二支是名所生。何以故，愛取有近所生故。前十支是名十因，後二支是名二果。十因（無明至有在過去或現在。）二果，（生、老死在現在或未來。）定不同世，因中前七支與愛取有或異世或同世，後二支一定同世，以此合成兩世。如是十二，雖有兩世，但爲一重因果。其關係如次表。

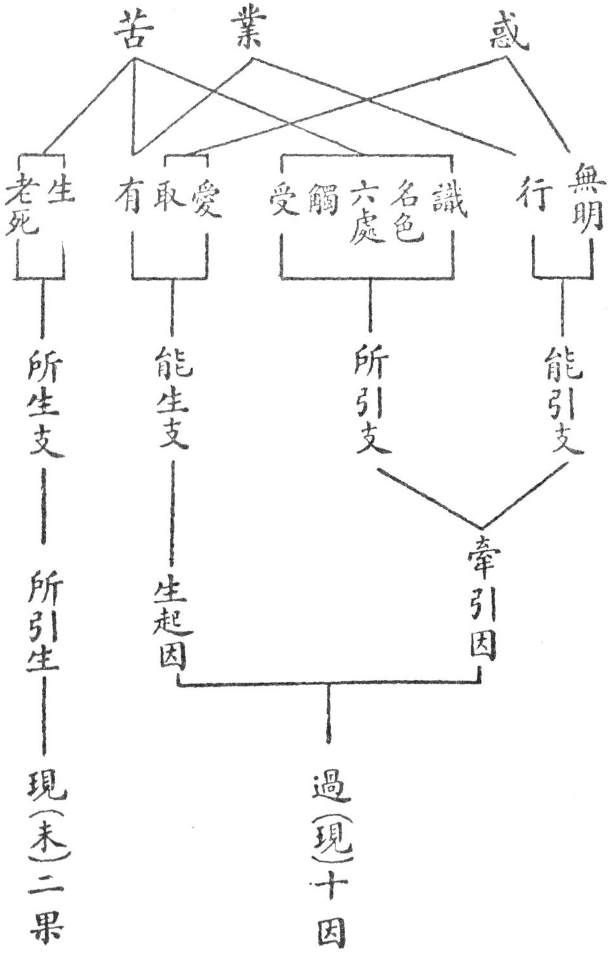

以上都是說明苦因苦果，現在要求苦的解脫，於是請說第三，即滅諦。滅諦滅即苦因苦果消滅所顯的理性。而苦因立於苦果之前，苦因不起則苦果不生，所以解脫的第一要義，在斷苦因。上面已經說過，苦果的助因是業，而其親因乃是惑。惑卽伴無明以生。然則解脫的第一要義，便在斷無明。我們知道世間一切苦惱皆起於我執。我執便由無明而起；換句話說，我執便由於不知世界的真相。既不知世界的真相，便把本來不存在的我當作世界上的實在，因此惹起種種煩惱，造作種種業因，而招感種種苦果。所以明白世界的真相，便是解脫的下手工夫。譬如盛怒之下，難以理明，欲白是非，祇須平氣。如果無明的障蔽既除，則真理自顯，而一切苦惱自可無形解脫。這便所謂涅槃的境界。關於涅槃的解釋，後當詳說。佛陀說教，卽以涅槃爲指歸。從前的人講錯了，佛教徒一部分也講錯了，以爲涅槃是「廢滅」，是「寂無」，什麼束縛，什麼苦惱，到此都絕滅了根株；枯木寒灰，連木也化爲煙，灰也化爲塵，什麼事都沒有了，實則何嘗如是。佛教人以涅槃，不過證得法性常住，便知法相如幻。便是上面所說無明的障蔽既除，則真理自顯。我們既已明白了世界的真相，而後有事可做，而後纔能做事，而後不做寃枉事。所以佛的無盡功德，就從涅槃而來。不過欲達到涅槃的境界，不能不講究一種方法。於是請說第四，卽道諦。所謂道諦，便是佛陀最初宣說的八聖道，卽正見、正思、正語、正業、正命、正精進、正念、正定八者。這便是由迷界到悟界修行的方法，卽達到涅槃的方法。正見乃正確的觀察，對於四諦有正確的認識，便是如實知見的智慧。正思乃正當的思想，卽助成正見達到實行之過渡的狀態。正語乃正確的語言。求正見正思之正確的發表。正業乃正當的行爲，求所行與所言之一致。正命係正當的生活，正精進係正當的努力，皆求正當行爲之現實與向上。正念乃正當的念慮，謂不起邪念；正

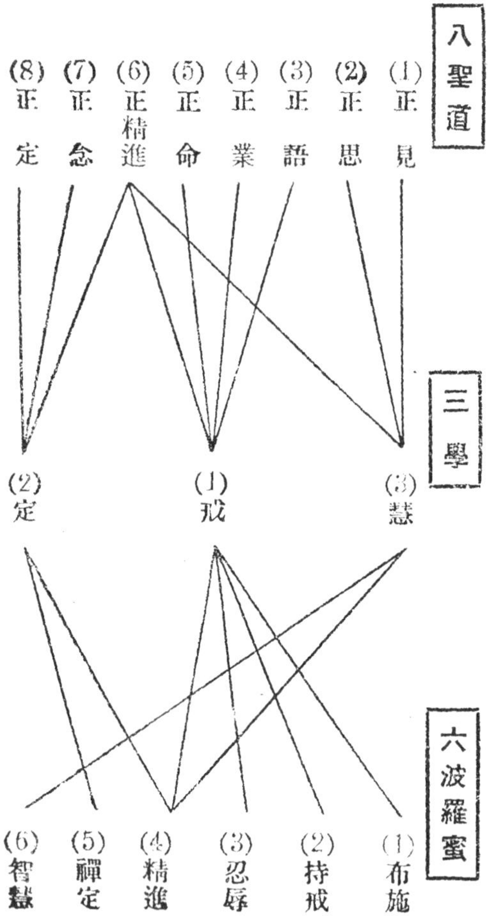

定乃嚴正的精神，謂心專境一。此八聖道在佛法上的位置最高，是爲法輪之體。通大小乘皆修。若分配於「六波羅蜜」，統攝於「三學」（所謂六波羅蜜，卽布施、持戒、忍辱、精進、禪定、智慧；所謂三學，卽戒、定、慧）則如上圖所表明的關係。

以上關於四諦、八聖道，已解釋大略。佛法的人生觀便完全表著於此。佛對世間講苦集二諦，對出世間講滅道二諦；前者破不究竟的人生，後者立究竟的人生。所以四諦是佛家人生哲學的根本教義。如果作一種進一步的解釋，便知一切佛法都可以從四諦中發揮出來。佛法雖屬萬殊，但在修行的人可以觀察到牠們的共通的法相，所謂共相；就看牠有那樣的共相，便可概括在那一諦裏面。在大乘佛法講來，這樣的共相有十六種，所謂十六種行相。分配到四諦，每諦各有四種：苦諦有無常、苦、空、無我四相；集諦有因、集、生、緣四相；滅諦有滅、靜、妙、離四相；道諦有道、如、行、出四相。先解苦諦的四相。世界總是剎那生滅的。念念（念念便指一剎那一剎那間）有法起來，又念念的不住，可見前後便變異了。人對於事物總要執着起來，誰都不願牠們有變異或壞滅，但事實上並不如此，所以說是無常。由無常便感着苦，因有二苦、三苦、四苦、五苦、八苦之說，將人生從生到死的苦一概說盡，所以說是苦。事物要是常住的，便可說有個實在的事物，而現在一起滅（一起一滅、頓起頓滅。）便了，直同幻化一般。再不能安上「自性」等名詞，所以說是空。（因緣所生法、我說即是空。）無自體的事物自然不能說有我，所以說無我。次解集諦的四相。一切生死從何而來，推究起來，無非出於煩惱的無知亂作，又出於善惡造業，所以煩惱和業都爲招致生死苦惱的原因，所以說是因。這樣的因，不是無本的，而是有始起的、有本有的，所以說是集。（種子習氣爲有情等生起因。）這樣的集，又爲種種法生起之所自，所以說是生。生與緣相會，能使生死苦報前滅後繼，或使有情得未曾得，捨已曾得，所以說是緣。次解滅諦的四相。到了涅槃，煩惱和業都不再起，流轉無因，所以說是滅。離開苦蘊等不靜的喧囂，所以說是靜。苦惱皆消，樂淨雙顯，所以說是妙。到了這個境地，便不退轉而常利益且最安穩，所以說是離。次解道諦的四相。上面所說，乃是達到涅槃的一條正路，所以說是道。這樣的正路是實在的，沒有甚麼顛倒的，而可以對治顛倒的煩惱，所以說是如。即此對治顛倒的功用，善能體行，不逸軌外，所以說是行。出離煩惱，趣向寂靜，所以說是出。這便所謂十六種行相，又叫做十六行真如。凡一切世間法、出世間法概不出此。此十六行相從觀行得來。蓋由無常、苦、空、無我觀苦諦，因、集、生、緣觀集諦，此二諦如能徹底了悟，則可以解脫種種煩惱，種種恐怖。又由滅、靜、妙、離觀滅諦，道、如、行、出觀道諦，此二諦如能徹底了悟，則可以得究竟的解脫，而一切從心所欲不踰矩。在苦諦為「空解脫」，在滅諦為「無相解脫」，在集道二諦皆為「無願解脫」，是謂三解脫。空解脫與苦諦之空、無我二行相相當，觀諸法為因緣生而空「我」與「我所」，是為空解脫。無相解脫與滅諦之滅、靜、妙、離四行相相當，離去色、聲、香、味、觸五法，男女二相，及三有為相（生、住、異、滅四相中除去住相。關於生、住、異、滅四相，後當說明）之十相，故名為無相。以無相為定，故名無相解脫。無願解脫亦名無作解脫，於一切生死法中願求離造作之意，與苦諦之無常、苦二行相，集諦之因、集、生、緣四行相，及道諦之道、如、行、出四行相相應，故以之為緣，謂之無願解脫。此三解脫的工夫如已圓滿做到，便是佛家所認為最高貴的人生。現在將三解脫與十六行真如之關係，劃作一表，便可以看到佛家的人生哲學。

表列於次：

佛法四諦十六行眞如

- 苦諦：無常、苦、空、無我 —— 空解脫
- 集諦：因、集、生、緣 —— 無願解脫
- 滅諦：滅、靜、妙、離 —— 無相解脫
- 道諦：道、如、行、出 —— 無願解脫

（苦諦、集諦）此二解脫可以解除人生種種煩惱，種種恐怖，換言之，卽破不究竟之人生。

（滅諦、道諦）此二解脫可以澈悟人生之眞旨，換言之，卽立究竟之人生。

—— 佛家的人生哲學

照上面所說，似乎佛法對人生的解釋，完全屬於消極的，但事實上卻大不然。佛陀說教卽以涅槃爲指歸，上面已有論及。要知涅槃的根本意義，就在於積極的妙境。佛陀指涅槃之境爲不死(amata)，爲絕對安穩(yogakikhema)，爲清涼 (sitibhava)，爲最高樂(parama sukkha)，便可知積極的意義之重要。我們知道涅槃的果德爲常、樂、我、淨

四種，是謂「涅槃四德」。常乃常住之謂，卽超越空間時間而無生滅轉變之果德；樂乃安樂之謂，卽斷絕生死逼迫的繫累而得大自在之果德；我乃真我之謂，卽遠離妄我之執；淨乃清淨之謂，卽根絕惑業之媒。所以常樂我淨反是佛法的究竟義。不過這裏面有個最大的諍點，常樂我淨雖屬涅槃的妙境，但這祇是苦集之所離、滅道之所顯；假說四德，其實那是常是樂是我是淨，是安不上名詞的，也不容想像的。如果硬行執着為常為樂為我為淨，便依然是四種顛倒法，（認常為無常、認無常為常，是一種顛倒法、認苦為樂、認樂為苦，又是一種顛倒法、餘類推。）學者不可不辨。

據上面的說明，可知佛法對於人生，固尤重積極的解釋。佛家人生哲學全般的意義，已闡發大要。今請更由四諦觀察佛家教理之一般的組織。大體可從兩方面觀察；一為實踐的因果論，一為理論的宇宙論，但這不過是觀察方面的不同，而在佛家的教理卻是一貫的。因果論又可分為二種：一為迷界生起的因果，一為悟界生起的因果；宇宙論亦可分為二種：一為橫觀萬有實相之實相論，一為縱觀萬有生起之緣起論。所以佛法任如何廣大無邊，而其根本教理要不外此四者，換言之，要不出於四諦。

因爲苦集二諦闡明迷界生起的因果，而滅道二諦則闡明悟界生起的因果；又苦滅二諦闡明實相，集道二諦則闡明緣起。如此，可見佛法之一貫的精神。以圖說明則如次式：

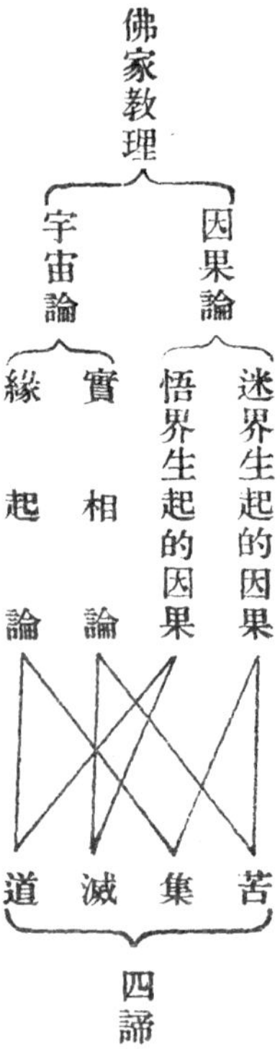

以上關於四諦八聖道略已詮釋。所謂境、（境爲所觀之境。）行、（行爲修斷之行。）果（果爲所得之果。）三事，即備於此。這便是法輪的境界。

請次釋法印。印具印信標章之義，示一定不易之眞理。法印有三：曰無常，曰苦，曰空無我。關於三法印的解釋，論者不一，現在請就所信述其大凡。無常、苦、空、無我本爲苦諦四行相，因爲苦諦最重而過患最深，所以但釋苦諦四相。世間一切皆不能逃出此四種公例之外。換言之，即此四種可以印定世間一切，故獨標爲法印也。又空、無我雖為二行相，但空與無我不過同義而異名，如强分之，則無「我所見」曰空，無「我見」曰無我。俱舍論二十六曰：達我所見故空，達我見故非我。然則空與無我畢竟無有差別，所以無量壽經說：「通達諸法性，一切空無我。」這便是空無我括為「三法印之二」的緣故。這些關鍵既已講明，然後請釋三法印。三法印為佛法與外道區別的三種印信：一，諸行無常印。凡一切世間有為法皆生滅流轉，無恆常不變者；但眾生不悟，於無常法中每起常想，是故佛說諸行無常的真理以破之。二，諸法無我印。一切世間有為法皆藉因緣而成立，無有主宰；但眾生不悟，於一切法中認有主宰之我，是故佛說諸法無我的真理以破之。三，有漏皆苦印。凡有漏界皆與苦為緣，便是含有煩惱或隨順煩惱的事物，總脫不了種種苦果；但眾生不悟，乃反起惑造業，以至陷於流轉輪迴，故佛說有漏皆苦的真理以破之。有此三法印，然後鑑別佛法與外道乃有一定的準則。凡在三法印內，即是佛法，凡出三法印外，即是外道。所以三法印在佛法上是極其重要的。如果要作一種進一步的解釋，便須知道三法印每一法印復可分為三種：如無常可分為無性無常、起盡無常、垢淨無常三種；苦可分為所取苦、事相苦、和合苦三種；無我可分為無相無我、異相無我、自相無我三種。又每三種皆可從遍計所執性、依他起性、圓成實性的三性而設立。現在欲說明這些關係，須先略釋遍計所執性、依他起性、圓成實性三者。遍計所執云者，遍計係周遍計度，所執係就對象說；由凡夫之妄情起是非善惡之分別，而現「情有理無」之妄境。譬如見繩而誤以爲蛇，非有蛇之實體，但妄情迷執爲蛇。我們日常的生活，便是這種遍計所執的生活；所以世間沒有實我實法，而我們每每妄情計度，迷執爲實我實法。這便是遍計所執性。依他起云者，他指因緣，謂世間一切萬法依因緣而生，與妄情計度有別，爲「理有情無」之境。譬如繩自痲之因緣而生，由痲而呈現一時的假相。推之世間一切事物莫不如此，因爲都是由因果之理而存在。這便是依他起性。圓成實云者，係圓滿成就真實之意，乃指一切圓滿、功德成就之真實體，謂之曰法性，亦稱之爲真如，既非妄情計度，亦非因緣所生，乃是屬「法性真常」之境。譬如繩之實性爲痲。可知一切現象皆成立於圓成實之上。這便是圓成實性。此三性中遍計所執性爲妄有，依他起性爲假有，圓成實性爲實有。又遍計所執性爲實無，依他起性爲假有，圓成實性爲真有。總之，遍計所執性是空，依他起性是有，圓成實性則爲超絕有空之真空妙有，可知此三性皆有相即不離之關係。又此三性於別事上亦見，於一事上亦見。所以通於萬有離此三性皆不成立。此三性既已講明，現在請說明三法印和此三性的關係。先說無常。所謂無性無常、便是遍計所執性。遍計所執出於妄情計度，體性常無，本非無常，但爲顯苦諦的行相生滅不居之故，假說爲無常，這便叫做「性實諦假」。體性常無，即是性實，假說爲無常，即是諦假。所謂起盡無常，便是依他起性。起是生，盡是滅，生滅法皆無常，這便叫做「性諦俱實」。有漏法之生滅，即是性實，有漏皆苦，即是諦實。所謂垢淨無常，便是圓成實性。真如本無垢淨，但如在生死位中，則爲有垢真如，如斷生死，則爲無垢真如，故由凡聖分位而假說爲無常。這也叫做「性實諦假」。本爲常法，即是性實，假說爲無常，即是假諦。以上說明遍、依、圓三性與無常之關係。次說苦。所謂所取苦，便是遍計所執性。即在執實我實法那種能取之心而感苦，由能取之心之故而現爲一種所取苦，這便叫做「性實諦假」。因爲苦雖實有，而所執實無，故名假苦。所謂事相苦，便是依他起性。事相苦有苦苦、壞苦、行苦三相。苦苦謂由寒熱飢餓等壓迫而來之苦，壞苦謂由樂事之破壞所生之苦，行苦云者，行乃遷流之義，謂由一切法遷流無常所生之苦。這便叫做「性諦俱實」。所謂和合苦，便是圓成實性，即真如與一切有漏有爲之苦相相和合，故云苦，但體實非苦。這也叫做「性實諦假」。以上說明遍、依、圓三性與苦之關係。次說無我。所謂無相無我，便是遍計所執性。蓋由我之體相本無，假說無我，這便是「性實諦假」。異相無我便是依他起性。蓋由與妄情所執之我相相異，我相實無，這便是「性諦俱實」。自相無我便是圓成實性。蓋以無我所顯之真如爲自相，亦於不可名言處假名無我，這也是「性實諦假」。以上說明遍、依、圓三性與無我之關係。合上說三者，可知三法印與三性關係之密切。由這些關係的闡明，而三法印之精義益顯。如果再作一種澈底的解釋，則所謂三性者，即是三無性；三性僅是從「有」的方面說，而三無性乃是從「空」的方面說。三無性者：一，相無性；二，生無性；三，勝義無性。相無性即就遍計所執性說，一切衆生由妄情計度，執有我相法相，但其相非實有，故云相無性。生無性即就依他起性說，一切世間法由因緣生，因緣生則無實性，故云生無性。勝義無性即就圓成實性說，真如本來超絕有無，故云有，非同現象界之有，云無，亦非同現象界之無，乃真空妙有之境；在真空則爲勝義無，在妙有則爲圓成實勝義乃超絕空有之悟境，故云勝義無性。由此三無性更可澈悟三法印之妙旨。要講到此處，纔能探得三法印的究竟義，換言之，纔能探得佛法的究竟義。以圖說明則如次式：

以上關於法輪法印，略已詮釋。法輪爲佛法之體，法印爲佛法之用，體用既明，庶於佛法上人生的要義及各宗派的人生觀，不難於着手研究。

二，人生在佛法上的解釋

關於人生的解釋，可括作二項講明：一，假說「我」「法」有；二，實說「我」「法」無。現在講明前者。復分作二項：一，情有理無；二，「我」之廣狹二義。何謂情有理無？所謂我法，遍計所執有，依他起有，圓成實無，換言之，俗諦上有，勝義上無。又根塵有，故情有；內外空，故理無。所謂根塵有，根塵即六根（六根即眼耳鼻舌身意之六官。根爲能生之義、眼根對於色境而生眼識、乃至意根對於法境而生意識、故名爲根。）六塵。（六塵即色聲香味觸法之六境。此六境有眼耳鼻舌身意六根入身以坌污淨心者故謂之塵。）六根六塵有情皆具，何得云無；所謂內外空，內觀六根，固無有我，外觀六塵，亦無我所，又何得云有。其必須假說有者，蓋不知世間若無我法，則無言詮安立處所，而究竟義終無由以闡明；故假說我法以闡明佛法染淨之理，實爲方便之至。總之，不知二空以前之我法，固不能說有我法，而既知二空以後之我法，固饒有假說之餘地。唯識頌云：「由假說我法，有種種相轉。」不如是則不足以談人生之染，亦不足以談人生之淨。何謂「我」之廣狹二義？狹義的我爲五蘊假者。蘊乃積聚之義，五蘊謂色蘊（總括五根（眼耳鼻舌身）五境（色聲香味觸）等有形之物質。）受蘊（對境而承受事物、有苦樂心之作用。）想蘊（對境而想像事物之心之作用。）行蘊（對境而起瞋貪等一切之心之作用。）識蘊，（對境而了別識知事物之心之本體。以一有情徵之、則色蘊即身、他四蘊即心。心之中、受想行三者各爲一種特別作用、故名爲心所、識爲心之自性、故名爲心王。）

（關於五蘊含義極廣、暫不具說。）五蘊假者卽五蘊之假和合者，佛法謂我只是五蘊之假和合者，換言之，卽假我，非有我之實體。廣義的我，爲凡夫、聖者、菩薩及佛。狹義的我，乃理上之詮釋（有名無實如旋火之輪）廣義的我乃事上之詮釋（其相非無；如火輪之幻相）。法相宗就廣義立說，謂遍計之我法雖無，而依他之我法仍有，所以假說有我法。次請講明後者，卽實說我法無。復分作二項：一，人無我；二，法無我。何謂人無我？欲探究人無我之真義，須先明我執之所由起。所謂我執，乃昧於五蘊和合之作用，而起常我之妄情，因有俱生我執、分別我執二者。在說明二種我執之前，須略明八識義。所謂八識，卽一切有情所有心思精粗分別。前五識爲眼識耳識鼻識舌識身識；第六識爲意識；第七識爲末那識，乃我法二執之根本；第八識爲阿賴耶識，亦名藏識，乃心法而保藏一切善惡因果染淨習氣之義。（識、了別義。心對於境而了別名爲識。）習氣卽種子，乃對於現行之稱，有生一切法之功能；種子是體，現行是用。種子能生現行，現行能薰種子。種子有二類：一名本有種子，一名新薰種子。卽「無始法爾」（無始以來、法爾如是。）有生一切有爲法之功能，名本有種子；種子由現行之前七識，隨所應而色心（色、物質界之總稱。心、精神界之總稱。通稱色心二法。）萬差之種種習氣，皆留跡於第八識中，（卽現行之前七識、隨所應而薰種子。）更成生果之功能，名新薰種子。而俱生我執者，由六七二識其性自爾，妄有所執，且在第八識處，薰習法爾妄情之種子（現行薰種子），由其種子之力，繼續發生我執而不窮（種子生現行）。（俱生我執復分常相續、有間斷二種、常相續者由第七識以第八識之見分爲本質而執爲我。有間斷者由第六識以第八識所變之五蘊爲緣、而於其全部分或一部分執有我。因第七識爲常相續之識、第六識爲有間斷之識、故二者不同。）分別我執者僅第六識有之，乃由於邪師、邪教、邪思惟之分別計度。（分別我執復分卽蘊計我、離蘊計我二種：卽蘊計我乃以邪教所說之蘊相爲緣而起分別計度。離蘊計我乃以邪教所說蘊相以外之我爲緣、而起分別計度。）卽此可知二種我執之所由起。所以我執皆起於六七二識，離識執着則無有我。這便是人無我之眞義。而衆生不察，輒起「我是常」之妄情，或發爲「蘊我卽離」之妄論；（卽上面所說卽蘊計我、離蘊計我。）不知人我如是常，則不應隨身而受苦樂，又不應無動轉而造諸業。又持「蘊我卽離」之論者，不知蘊與我卽，則我應如蘊非常非一；又內諸色，定非實我，如外諸色，則有質礙；（色者質礙者與示現之義、由五根五境等之極微而成。諸色法中獨取五境中之色塵而名爲色者、以彼有質礙與示現兩義、色之義勝故也。內色係眼耳鼻舌身五根、因屬於內身、故名內色。外色係色聲香味觸五境、因屬於外境、故名外色。）如蘊與我離，則我應如虛空，既非覺性，亦無作受。可知持「我是常」與「蘊我卽離」之說者皆不成立。蓋二者皆昧於十二緣生之義，遂成此妄見。這便叫人無我。何謂法無我？欲探究法無我之真義，須先明法執之所由起。所謂法執，乃昧於諸法因緣所生之義，而起法具自性之妄情，因有俱生法執、分別法執二者。俱生法執亦由六七二識性儞有執、薰習法執種子，卽相續不絕，而有與生俱來之法執。俱生法執亦分常相續、有間斷二種：常相續者由第七識緣第八識之見分、而執有法。有間斷者由第六識於識所變之法而執有法。分別法執亦僅第六識有之，由於邪師、邪教、邪思惟之分別計度。分別法執復分二種：一於蘊、處、界執有實法、二於蘊、處、界以外執有實法。卽此可知二種法執之所由起。所以法執亦起於六七二識，離識執着亦無有法。這便是法無我之真義。而衆生不察，或持轉變說，或持聚積說，或主不平等因，或主外色，於是一切妄見遂由是湧起。今請逐一破之。一，破轉變說。彼持轉變說者，以爲因中有果，果係由因轉變而成。不知果卽是因，何可轉變；因果展轉相望，應無差別。如上面所說種子生現行，現行薰種子，卽同時成二重之因果。舊種生現行，現行又生新種，此謂之「三法展轉因果同時」。三法者：一、能生之種子。二、所生之現行。三、所薰之種子、卽新薰種子。就八識而論，則第八識所持之種子爲因，生眼等之七轉識，同時七轉識之現行法爲因，薰成第八識中種子，因而謂之七轉第八，互爲因果。可知轉變說完全昧於因果體用之關係。二，破聚積說。彼持聚積說者以爲世間萬法皆由聚積而成。（如今世所倡分子原子電子諸說。）不知所謂聚積，究爲和合，抑屬極微？（卽原子。）如爲和合，定非實有，以屬和合故，譬如瓶、盆等物；若爲極微，請問爲有質礙，抑無質礙？若有質礙，此應是假，以有質礙故，如瓶等物；若無質礙，應不能集成瓶等，以無質礙故，如非色法。又極微爲有方分，抑無方分？若有方分，體應非實，有方分故；若無方分，應不能共聚生粗果色，無方分故。可知聚積說無論從何方面觀察，皆不合理。三，破不平等因。彼持不平等因之說者，謂世間萬物的原因爲不平等，質言之，世間萬物只有一因。（彼執有上帝者、亦屬一因論者。）不知世間如爲一因，則應一切時頓生一切法；且既能生法，必非是常，以能生故，如地水等。可知不平等因說亦不成。四，破外色。彼持外色說者，以爲外境離心獨立，體是實有。不知外色如夢乃由識幻所生，若有外色，云何有情所見相違？（各有一世界、隨內心所變而生差別。）且聖者云何有無所緣識智？（無所緣識智、乃「菩薩所觀四智」之一、所以明唯識無境。盡舉例以觀、如緣過去、未來、夢等非實之境時、境非實有、而心現緣知。心若必緣外境而起、云何還些無外境而能生心。以此准知、一切境界、皆同過未、皆心所變。）可知外色說亦不成立。蓋數者皆昧於依他緣生之義，（下當詳說。）遂成此妄見。這便叫法無我。總之，人我、法我，皆起於執，而人無我、法無我，皆由於破執；佛法但是破執，一無所執卽是佛。所謂我執法執，皆自同一本體（即以薩迦耶見（身見）爲本體、關於此暫不具說。）而來。而二執之關係，則法執爲根本的，我執爲第二次的，有了法執，方會有我執，沒有我執時，法執也得存在。由我執生煩惱障，由法執生所知障，即所謂二障；障者障蔽涅槃與菩提，（覺義。下當詳說。）使不得佛果。故欲成佛道者，在於斷二執。由觀我法二空之理而有所謂二空智，此二空智者即專爲斷執之用。生空觀斷我執，法空觀斷法執。關於斷執之修行法，如欲細說，則太近專門，故現在就淺近者述之。自我執斷則內縛（粗重縛）解脫，法執斷則外縛（相縛）解脫。內外二縛俱去，便是佛法上所認爲最高貴的人生。

二執 {
我執——煩惱障←——→人空觀——人無我
法執——所知障←——→法空觀——法無我
} 佛法的人生觀

佛法之人生觀中

上面已將佛法的含義及人生在佛法上的解釋，敍述大略，現在請進論佛法各宗派的人生觀。本來佛陀說法，最要的只是空有二義，但二義非孤立，說有即須說空，說空亦須說有，因爲要具備二者言說乃得圓滿，否則便不圓滿。後來的學者議論橫生，或更劃成許多派別，尤其是佛法入中國以後，宗派繁多，爲前此所未有，實則佛法并不如是。若以空有二義相貫，就見其全體渾成，無所謂派別。現在因空有二名相頗易涉糾紛，別以法相法性爲言；法相以非空非不空爲宗，法性以非有非無爲宗。法相之非空對外，非不空對內；法性則非有對外，非無對內。在兩宗不過顛倒次第以立言，究其義則一。佛三時說敎：第一時多說法有以破人執，第二時多說法空以破法執，第三時多說中道以顯究竟。即佛初成道時爲破衆生實我之執，因說四大（地水火風）。五蘊等諸法之實有而明人我之爲空無，如四阿含中一類經是；但衆生仍執有法我，佛又爲說諸法皆空之理，如諸部般若經是；但衆生又執法空，佛又爲說遍計之法非不空，依他圓成之法非空，如深密等經是。所以佛法所談，雖重在空有二義，實祇一義。現在談到佛法各宗派的人生觀，應知佛法的宗派，嚴格言之只有二宗：一爲法性，一爲法相；至淨土爲敎內別傳，禪宗爲敎外別傳，應別立於二宗之外；密宗所談，另有範圍，亦應別立，後當詳說。今分爲五項講述：一，法性宗的人生觀；二，法相宗的人生觀；三，淨土宗的人生觀；四，禪宗的人生觀；五，密宗的人生觀。

一，法性宗的人生觀

般若經說：「所有衆生，我皆令入無餘涅槃而滅度之」。法性宗的人生觀均由此一語道破。上面關於涅槃已略有論及，現在請作一種較詳細的說明。涅槃義別有四：卽自性涅槃、有餘涅槃、無餘涅槃、無住涅槃四者。自性涅槃爲一切法之自性真如，雖有客染而自性清淨寂靜，具無量功德，爲一切衆生所共有。有餘涅槃爲煩惱障斷盡後所顯之真如，乃生死之因之惑業已盡，而有漏依身之苦果未盡（卽苦因盡而苦依未盡）。無餘涅槃爲出生死苦所顯之真如，卽有漏苦果所依永盡，自然衆苦永寂。此二者皆就滅諦爲言，故三乘具有而非凡夫。三乘爲聲聞乘、緣覺乘、菩薩乘。乘者運載之義，卽佛法爲衆生所乘以登彼岸，故云。佛因衆生根性利鈍不同，故應機而說三乘之教法。聲聞乘多依四諦之法門而入，卽因聞佛說此法門之音聲而得解脫。緣覺乘因十二因緣之法門而入，卽因思惟此法而得覺悟。菩薩乘由六度（六波羅蜜）之法門而入，卽由此法門而成佛果。故又名佛乘。如就三乘中分爲大小乘，則聲聞緣覺爲小乘（又稱二乘）、菩薩爲大乘。無住涅槃爲所知障斷盡後所顯之真如，大悲般若，常所輔翼。故於涅槃生死不起欣厭。所謂不住生死，不住涅槃。於是體則無爲，如如不動，用則生滅，備諸功德，曰無住涅槃，卽具此兩義。作諸功德，乃曰無住，而相寂然，仍曰涅槃。此唯大乘獨有，非小乘之所得共。由上所談，可知無住涅槃陳義獨高。但佛陀說法，何不令衆生入無住涅槃，而乃令入無餘涅槃？不知無餘涅槃乃就體言，無住涅槃乃就用言，體用不離，故舉無餘卽所以顯無住。又無餘涅槃四姓齊被，依瑜伽等有五種姓：一菩薩、二獨覺、三聲聞、四不定、五無姓。此除無姓。三乘通攝，故獨舉以爲言。惟所謂無餘涅槃，解者輒誤爲灰身滅智，此則大誤。無餘涅槃乃寂靜而圓明之境；諸行苦惱皆已永斷，故寂靜；善事救護，見大論寂滅異門施設安立。具諸功德，鏡智普照，一切顯現，故圓明；既寂靜而圓明，又何灰身滅智之有？佛令所有衆生皆入無餘涅槃而滅度之，滅度乃滅障度苦意。乃是使衆生永斷苦惱，共登正覺，證寂靜而圓明之境界。所以眞見道後，更有相見道，根本無分別智後更有後得智。眞見道攝根本無分別智、相見道攝後得智。見道乃照見唯識眞如之理、證知二空所顯之眞境。眞見道證唯識之性、相見道證唯識之相、修行者須眞見道後始得相見道、因之證眞如之智、亦須根本無分別智後乃有後得智。這正是寂靜而圓明的工夫，更那有灰身滅智之理？由此可知法性宗的人生觀，是在於永斷苦惱，達到寂靜的一種境界，卽在於證到一種「妙眞如心」的境界。眞如爲萬法之實性、諸相不可得、故曰妙。因爲由寂靜自可進到圓明，由證妙眞如心自可發生一切智智。一切智智以菩提心爲因、大悲爲根本、方便爲究竟。菩提心爲因者、謂行者求如實知自心也。大悲爲根本者、謂行者發悲願拔衆生之苦而與以樂也。方便爲究竟者爲一切智智之果、卽以利他之行而名之也。於是專以闡明空義爲究竟之法門：一面闡明萬法當體是空的眞相，一面卽顯出萬法各住本位。所謂萬法各住本位者，卽法法不相知，法法不相到；彼此不能相入，故不相到。彼此不生關係，故不相知；所以聖不能證果，凡不能造惡。聖與果，凡與惡，皆爲二，如何有證，如何有造。這便是人生的本來面目，也便是一切法的本來面目。法性宗所以闡明萬法皆空之理，一面在去衆生之執着，一面更在顯眞如之妙境。現在請就一般的執着而一一以空義破之：一，因緣空。萬法皆是仗因託緣而起，因緣如幻，如幻故空。所以依他起性畢竟是生無性。既法法不相到，法法不相知，於是說有因緣；但世間雖有生滅，無有實法，於是說無因緣。二，因果空。因果乃生滅之事，勝義諦中不生不滅，故無因果。三，縛解空。三毒貪瞋癡無縛，菩提（覺義）無脫，本無能治所治，因衆生不平等，有貪瞋癡，故以戒定慧等治之。就實相言，是皆空中生華，何縛何脫。四，成壞空。相續則成，斷滅則壞，勝義諦中不增不滅，故無成壞。五，方時空。空間時間都是色心分位假，（分位謂段落，色心分位假者乃假立於色與心或心所三法相續變化之一段落上、別無其法。例如波爲水之鼓動分位、故波爲假立於水之分位者、離水則波無實法。）方無邊際，隨心所現；時唯是刹那妄相。總之，宇宙皆我心之差別，故無方時。六，一異空。凡法不一，若一卽成一合相，亦非異，若異則體用不俱。且諸法空相是不生不滅，不垢不淨，不增不減，如何可言一，如何可言異。故就差別說有一異，就自性說一異空。七，三相空。三相指生、住異、滅，是爲三有爲相，（本爲生、住、異、滅四相，爲說明諸法生滅變遷段落之名目。故生、住、異、滅只是四相假立。生謂生出、住謂停住、異謂變異、滅謂壞滅。這四相或就一刹那現象而言，或就一期的現象而言。三相則併住異二相而爲一相，故只有生、異、滅三相。）但三相是有爲法之相，而真性則有爲空，故曰三相空。八去來空過、現、未三時唯在因果上假立，因果不現，故無去來；這便是過去無體，未來不生，故曰去來空。以上數者，皆闡明空義，法性宗的精神盡具於此。故以求寂靜爲人生之鵠的，便是法性的人生觀。

二，法相宗的人生觀

法性宗以求寂靜爲人生之鵠的，法相宗則以求圓明爲人生之鵠的。故法性宗在證到妙真如心，而法相宗則在發揮一切智智；取徑固各有不同，所至則無有異。法華經說：「佛爲一大事因緣出現於世，開示悟入佛之知見」。佛之所以爲佛，就在於廣利羣生，妙業無盡。故知見圓明爲入佛之初階，亦爲成佛之後果。法相宗特於此義力發揮之。故唯識家言：雖則涅槃而是無住；諸佛如來，不住涅槃，而住菩提。涅槃是體，菩提是用，體不離用，用能顯體；即體以求體，過誤叢生，但用而顯體，善巧方便。用當而體顯，能緣淨而所緣即真，說菩提轉依即涅槃轉依。故發心者不曰發涅槃心，而曰發菩提心，證果者不曰證解脫果，而曰證大覺果。因此佛的無盡功德，不在於說圓成實，而在於說依他起。他之言緣，顯非自性，法待緣生，明非實有，雖非實有，而是幻存。蓋緣生法分明有相，相者相貌之義，我有我相，法有法相，是故非無；但相瞬息全非，一剎那生，一剎那滅，流轉不息，變化無端，有如流水，要指何部分為何地之水，竟不可得，這樣的相，都是幻起，非有實物可指，是故非有。故以幻義解緣生法相，為法相宗獨有的精神。但幻之為幻，並不是無中生有，幻正有幻的條理，就是受一定因果律的支配。有因必有果，無因則無果。因並不是死的，只是一種功能，（上面已有論及，即唯識家所稱作種子。）如果功能永久是一樣，則永久應有他結果的現象起來。但其實際有不然。可知牠是刻刻變化生滅的。如果有了結果的現象，而功能便沒有了，則那樣現象仍是無因而生，（因牠只存在的一剎那可說得是生，在以前和以後都沒有的。）所以現象存在的當時，功能也存在，所謂因果同時。功能既不因生結果而斷絕，也不因生了而斷絕，所以向後仍繼續存在。但功能何以會變化到生結果的一步，又何以結果不常生，這就有外緣的關係。一切法都不是單獨存在的，則其發見必待其他的容順幫助，這都是增上的功能。那些增上的又各待其他的增上，所以仍有其變化。如此變化的因緣，而使一切法相不常不斷，而其間又爲有條有理的開展，這就是一般「人生」的執着所由起。其實則相續的幻相而已。但在此處有一層須明白，就是幻相相續有待因緣，這因緣決不是自然的湊合，也決不是受着自由意志的支配，乃是法相的必然。因着因緣生果相續的法則（佛家術語爲緣生覺理）而爲必然的。佛家便叫做法爾如是。因那樣的法，就是那樣的相；因那樣的原因，就起那樣的相；有那樣的因，又爲了以後的因緣而起相續的相。有了一個執字，而一切相續的相，脫不了迷惘苦惱，有了一個覺字，而一切相續的相，又到處是光明無礙。所謂執，所謂覺，又各自有其因緣，故一切法相都無主宰。但在此處還有一層須明白，依着因緣生果法則的一切法相，正各有其系統，一絲不亂。因爲相的存在，是被分別的結果。沒有能分別的事，則亦有無此相，何從得知。然而相宛然是幻有的，這是賴一種分別的功能而存。但功能何嘗不是幻，何嘗不有相，又何嘗不被其他分別功能所分別？所以可說在一切幻有的法相裏，法爾有這兩部分：一部是能分別的，一部是被分別的，兩部不離而相續，故各有其系統不亂。那能分別的部分便是識，一切不離識而生，故說唯識。因唯識而法相井然。於是可知世間只有相並無實人實法，所以佛家說不應爲迷惘的幻生活；但因法相的有條理有系統，所以又說應爲覺悟的幻生活。同是一樣的幻，何以一種不應主張，一種轉宜主張呢？因爲迷惘的幻生活，是昧幻爲實，明明是一種騙局，他卻信以爲真，所以處處都受束縛，處處都是苦惱，正如春蠶作繭自縛一般。至於覺悟的幻生活便不然，知幻爲幻而任運以盡其幻之用，處處是光明大道，正如看活動影戲一般。可知佛家分人生的途向爲二：一種是迷惘的，也可說是流轉的；一種是覺悟的，也可說是還滅的，流轉不外於輪迴，而還滅終歸於涅槃。這便是法相宗的人生觀。由此可知法相宗對於人生的說法，與法性宗對於人生的說法各有不同。法性宗從真空義說明人生，法相宗則從幻有義說明人生。法性宗說一切俱非而顯法性，係從反面說；法相宗以二空（人空法空）所顯而說真如，係從旁面說。蓋憫凡愚之迷惘，故避忌諱不說正面。不過法相宗與法性宗說明的次第雖有不同，而其所說的義理實無二致。法性宗所重是寂靜而圓明的境界，法相宗所重是圓明而寂靜的境界。法相宗由法相的幻看出法性的不幻，正是圓明而寂靜的工夫。法相宗雖在說明依他起，而仍歸結到圓成實，與法性宗以眞俗二諦說明圓成實者，可謂殊途同歸。這些關鍵在研究佛法的人，是不可不特別留意的。

三，淨土宗的人生觀 淨土宗係教內別傳，乃佛陀別機別用，令衆生不由教理入，而由信心入，是爲一種最普遍之法門。所謂「極重惡人，無他方便，唯稱彌陀，得生極樂，一念彌陀佛，卽滅無量罪，」便是淨土宗的標幟。淨土宗的人生觀，以厭離穢土，欣求淨土爲鵠的。淨土指聖者所住之國土，無穢惡雜染之相，而有微妙淸淨之莊嚴，得長享廣大甚深之法樂。（淨土或云佛刹、佛國、佛土、佛界。或云淨刹、淨國、淨界。名稱不一。法樂謂證法而樂。）佛有三身，因之所住之土亦有三土；所謂三身：卽法身、報身、應身；所謂三土：卽法性土、受用土、變化土。法身一名自性身，卽眞如自身之意，爲宇宙萬有之實性，一切眞理之本體。故不能稱爲人格者。如從無漏五法觀之，則爲法界（卽眞如）。（顯教謂轉八識而成就四智、密教於此加第九識所轉之法界體性智而爲五智。密教對四智的解釋、與顯教不同。法界體性智爲諸法所依、故云體、湛然不動、故云性、以配三身、此則當於法身也。所謂四智：卽大圓鏡智、平等性智、妙觀察智、成所作智四者。大圓鏡智、是轉阿耶賴識所得、顯現法界之萬象。平等性智、是轉末那識所得、成諸法平等作用之智。妙觀察智是轉第六識所得、分別好妙諸法、而是觀察衆機、說法斷疑之智。成所作智是轉眼等五識所得、成就自利利他妙業之智。前一爲絕對智。智之總體智名、後四各爲法界體性智之一一面的別體智名。）法身所住之土爲法性土。此佛身土，俱非色攝，雖不可說形量小大，然隨事相其量無邊，譬如虛空遍一切處。故亦可說法性土卽法身，法身卽法性土，身土無有區別。報身一名受用身，卽由修行之結果所受用之身。法身卽是真理，報身則爲真理之表現者。法身非人格的，報身則爲具有人格者。報身分自報身（一名自受用身）、他報身（一名他受用身）二種，自報身係自覺的結果爲大圓鏡智所變現，住自受用土，卽由修行之結果所受用之土。自受用土無邊無際，爲最高淸淨無漏之土。他報身係覺他的結果，爲平等性智所變現，住他受用土。他受用土亦爲無漏之土，隨於十地菩薩所宜變爲淨土，或小或大，或劣或勝，前後改轉。他報身亦名爲勝應身。應身一名變化身，卽變化無定而爲衆生應機說法所顯現之身，爲成所作智所變現，當然具有人格者，但這是獨立人。應身亦名劣應身。應身住變化土，變化土爲差別有限之土，但亦爲無漏之土。報應二身、以凡夫二乘分別之識所見者爲應身、以菩薩無分別之心所見者爲報身。窺基謂報身爲覺相、應身爲覺用、覺相卽由覺知具足無量功德之狀態、所謂理事相卽、理智不二。覺用乃指救濟衆生之活動。凡此三身、三土，皆所以明佛法啓示人生之途徑不一，而要以能往生淨土爲歸。今以圖說明如次：

本體與現象	三身	三土	五法
眞如	法身(自性身)	法性土	法界(眞如)
人格者	報身(受用身)：自報身(自受用身)	自受用土	大圓鏡智
	報身(受用身)：他報身(他受用身)	他受用土	平等性智、妙觀察智
	應身(變化身)	變化土	成所作智

三身三土，卽示入佛之次第，我們但信賴阿彌陀佛之大慈大悲，便可往生極樂而不退墮，由信賴的程度之不同，便所得的果報亦不同。本來眞如自性乃佛與一切衆生所同具，惟視表現眞如之程度如何而生差別。淨土宗則專以闡明表現之對立關係爲特色，卽闡明阿彌陀佛與一切衆生之表現對立關係。蓋淨土宗以阿彌陀佛爲中心，(報身佛向以阿彌陀佛做代表、報身卽法身之表現者。)務使一切衆生由阿彌陀佛之維護，得以自覺爲眞如之表現者，然後回心轉向，由卑近而進於遠大，由穢惡雜染而進於淸淨莊嚴。換句話

說，淨土宗爲普度衆生之故，重視他力救濟，不由自力救濟，這是淨土宗與他宗特異之點。

四，禪宗的人生觀　佛法最普遍的莫如淨土，而最特殊的則莫如禪宗，禪宗揀根器，淨土則普攝，淨土但念佛可以生西，而禪宗則非見性無由成佛。血脈論說：「若欲見佛，須是見性，性卽是佛，若不見性，念佛誦經，持齋修戒，亦無益處」這便是禪宗與淨土根本不同之處。所謂見性，性乃遍在有情無情，普及凡夫賢聖，都無所住。故無住之性，雖在於有情，而不住於有情，雖在於惡，而不住於惡，雖在於色，而不住於色，雖在於形，而不住於形，不住於一切，故云無住之性。又此性非色、非有、非無、非住、非明、非無明，非煩惱、非菩提，全無實性。覺之名爲見性；衆生迷於此性，故輪迴於六道，諸佛覺悟此性，故不受六道之苦。所以見性在禪宗是唯一的工夫。達摩西來，不立文字，單傳心印，直指人心，見性成佛，（禪宗以覺悟佛心爲禪之體。佛心指心之自性、故謂之直指人心、見性成佛。人心之性卽佛性、發見佛性謂之成佛。）可見禪宗是另外一種境界。現在談到禪宗的人生觀，便須知道禪宗以不立文字爲教，以心心傳授爲法門，所謂教外別傳，本無所謂人生觀，亦無所謂世界觀。因爲宇宙實相，僅由直覺而得，如談現象，便落言詮，故無世界觀。禪宗以般若爲心印，（佛之心印即是般若波羅蜜，般若譯爲智慧、波羅蜜譯爲度或到彼岸。照了實相之智慧、爲度生死此岸而至涅槃彼岸之船筏、故謂之波羅蜜。）係屬頓門，非指禪定，仍由漸入，故以無所得、真空爲究竟，以頓悟直覺爲方法，一往即達深處，又何人生觀之可言。如從又一方面解釋，空爲平等，我爲差別，差別起於妄慮，妄止則平等絕對，何從發生我執，故無人生觀。世界觀人生觀俱無，更安有所謂人生哲學？不過嚴格言之，皈依此宗者，即以無人生觀爲人生觀，故仍屬一種人生觀。惟以不立文字爲教，所謂言語道斷，縱有思議，烏從表顯，故不具說。

五，密宗的人生觀　密宗一名真言宗。真言梵語曰「曼荼羅」，即真實語言之意。係指法身大日如來開示內證法門之真實語言。而此真實語言爲一切如來秘密之教，故以密宗名。密宗以真言（語密）、印相（身密）、觀想（意密）之三密相應爲特徵，所以特重語密者，言語之含義繁，象徵之意味重，所謂聲字即實相，（大日經疏說：「一一聲字，是入法界門。」）固不能不認爲密宗獨有之標幟。因此牠的世界觀與人生觀，都和顯教諸宗迥不相同。先就牠的世界觀說，牠認六大即真如，所謂六大，即地、水、火、風、空、識，是爲體大；由此體大所生之四肢形骸是爲相大；至一切言語動作，是爲用大。此體、相、用三大舉一則三收，離體則無相用，離相用則無體，是謂三大圓融。然所謂六大，如譯以今語，則爲物心二元，而此二元實爲平等一如，因爲事象中卽含有理性，故世間一塵一髮無不爲大日所映之相；所謂「卽事而真，當相卽道」，便是密宗的世界觀的神髓。而牠的人生觀亦卽出發於此。社會原具善惡二面，爲凡爲聖，不過其執着與否有不同，又運用之方向有不同。譬如貪瞋癡三毒，聖者雖亦能去，但凡夫爲小我而患此三毒，聖者亦可爲社會萬衆而患此三毒；以其不執着而能利用之也。然則大貪大瞋大癡，固無礙於淨菩提心，未可以其爲貪瞋癡而鄙之不道。宜進一層，卽大貪大瞋大癡而見淨菩提心焉。密宗的人生觀全爲一種現在主義，積極主義，質言之，卽一種樂天主義。佛法非遠，求仁得仁，己身卽是佛身，穢土卽是淨土，所謂「父母所生身卽證大覺位」。可見密宗所談，另是一番氣象。

由上所談，可知佛法各宗派的人生觀，雖立言的次第有不同，而其究竟義實無異致。關於佛法宗派，說者不一，其辭，現在就此機會略伸愚說。本來判教的諍論，是佛法入中國後特有的現象，佛法原來是一貫的，那有如許派別，祇因各挾其一得以自鳴高，而又輾轉相傳，宗派遂繁。就中國現在所分的宗派論，大抵為俱舍、成實、慈恩、三論、天台、賢首、淨土、禪、密九宗，實則嚴格而論，只可括為五宗：即法性、法相、淨土、禪、密五宗；成實、三論、天台可歸併到法性宗，俱舍、慈恩、賢首可歸併到法相宗。但五宗所談，總不出空有二義，可知佛法自是一貫。現在將各宗根本教義及代表經典略表於下：

宗派		根本教義		代表經典
法性宗（空宗）	成實宗	法空	真空	大般若經、涅槃經、法華經。
	三論宗	以空說中		
	天台宗	由空立中道		
法相宗（有宗）	俱舍宗	法有	幻有	解深密經、華嚴經。
	慈恩宗	以有說中		
	賢首宗	由有立中道		
淨土宗		由美的方法說有		阿彌陀經、觀無量壽經、無量壽經。

禪宗	由直覺的方法說空	
密宗	由經驗的方法說有	大日經、金剛頂經。

佛法之人生觀下

上面已經把人生在佛法上的解釋及佛法各宗派的人生觀講述個大略了，現在請作一種綜合的說明。佛家分人生的途向為二：一種是迷惘的，也可說是流轉的；一種是覺悟的，也可說是還滅的。流轉不外於輪迴，而還滅終歸於涅槃。關於此層，上面已有論及；現在請進一步說明這二種人生，當作本節的結論。先說明輪迴。輪迴是因果法則必然的現象。在一切法相的因緣裏面有很有勢力的一種緣，叫做業，此業足以改變種種法相開展的方面；牠的勢力足以撼動其牠功能，使牠們現起結果。牠或者是善，則凡和善的性類有關係的一切法相，都藉着牠們的助力而逐漸現起，牠如果是惡，則凡和惡相隨順的諸法相，也能以次顯起。因這一顯起的緣故，又種下了以後的種子。功能是不磨滅的，因業的招感而使牠們有不斷的現起。業雖不是一一法都去招感，牠卻能招感一一法相的總系統；因牠的力而一切法相的系統都在一定之位置。但這也不過就苦樂多少的方面分別，所謂人天鬼等等都不外這樣意義。就在些位置常常一期一期的反覆實現，就叫做輪迴。其實業也沒有實物，也不會常住，但功能因緣的法則上有如此一種現象，如此一種公例，遂使功能生果有一定的軌道。再說明涅槃。關於涅槃上面已有論述，涅槃便是幻的實性，幻便幻了，又何實性可言？但幻祇是相，而相必有依，宇宙間一切幻相都自有其所依，這便假說爲法性，以這是幻相所依，所以說是不幻，以此爲變化之相所依，所以說是不異。這都是從幻相見出不幻的道理。覺悟的生活必須到這一步。覺悟了法性，而後知法相，而後知用幻而不爲幻所困。但由輪迴如何到得涅槃，換句話說：由迷惘如何走到覺悟？這全憑一點自覺，一點信心。能自覺方知對於人生苦惱而力求解脫，能信方有實事求是的精神，反此則欲免去苦惱而苦惱愈甚。但人間世固有不少具此自覺與信心者，所以推到一切法相的能力裏面，本有有漏無漏兩方面：有漏是夾着苦惱的，無漏是不夾着苦惱的。於是可說佛家還滅的生活了。所謂還滅卽是修道證得涅槃的境界。關於證得涅槃，隨衆生的根性而生差別，卽隨一一系統的功能的堪任性而生差別，故對於證得涅槃而後的境界有不同，對於證得涅槃所用的工夫也不同。於是又有三乘的區別。聲聞乘的衆生因聞聲教而悟道，緣覺乘獨自靜觀而悟道，他們祇知自利自覺，惟有菩薩乘（也說佛乘）自悟悟他，並行不悖，求得一切智智，無所不知，也就六度萬行，無所不行。最要緊的一件事，是在發菩提心，求無上菩提之心，并還不退，這種發心。以這發心不退爲據，則事事皆爲菩薩行，不必改現社會的組織，不必剃除鬚髮，而無害其行菩薩之行。一切人事無不可行，但以存菩提心爲限，這是何等圓滿周遍的說法呢！但因爲一切系統的一切法，都是有關係的，所以一系統的生活必有關係於其他系統，更必以其他系統之生活改正，爲自已生活改正之一條件。以是菩薩對於一切衆生，不自覺有大悲之心，而他的行事，總是視他猶自佛法的人生乃是這樣的一種生活。現在請總括本段所說而列爲一表如左：

人生的途向
- 流轉——業感——輪迴
- 由流轉向還滅——苦的自覺——解脫之欣求——信心
- 還滅——涅槃
  - 聲聞乘緣覺乘
  - 菩薩乘——發心——行事
    - 自利——世間事
    - 利他——出世間事

以上關於佛法的人生觀業已講明。現在要論到佛法的人生觀對於第二章所提出的問題如何加以解答？佛法以破執爲究竟法門，煩惱障存則有人我，所知障存則有法我，人法二我既空，斯一切障蔽皆去，更無所謂人生問題。第二章所提出的問題，大體可分作三種：一，人類的欲望永遠無有止期，欲望不止則所以滿足此欲望者亦不能得到最後的滿足，而其究竟乃是苦。佛法則以苦的自覺爲從流轉到還滅的一個必經的階級，因爲由苦的自覺才有解脫的欣求，才能發生信心。所以世間種種無常的現象，種種苦的現象，愈是感覺得真切，便愈有解脫的可能。況且欲望也并不是壞的東西，只須去染欲而存淨欲；聖者亦得示現貪瞋癡三毒，爲一切衆生而患此三毒，所謂「衆生不成佛，我誓不成佛」可見欲望仍是成佛的一種要素。二，人類總是走向知識的一條路上的：未開化的民族努力做到一種半開化的民族，半開化的民族又努力做到一種開化的民族，所謂開化民族，結果沒有別的，就是知識進步。而知識爲憂患之媒，俗語說的好：道高一尺，魔高一丈，然則人生走向知識一條路上，豈不是走向自殺一條路上嗎？佛法對此，便有一種極鄭重的解釋。佛法以求「一切智智」爲求「無上菩提」的一種重要的手續。無上菩提爲真實慧，一切智智爲方便慧，無方便慧則不易得到真實慧，有方便慧般若乃爲大乘，無方便慧般若乃是小乘。無上菩提廣大無涯，小乘雖證無上菩提而不能大，以無一切智智故。故發無上菩提心者，并須發一切智智心。可見知識是很要緊的。不過有了知識不能走上覺路而乃墮入迷途，這便是最可痛心的。所以佛法之始惟在正見，佛法之終惟在正覺；知識固宜極力提倡，而要在於提倡之得其道。三，人類總是要求解放的，總是要達到平等自由的境地的，但結果平等自由不可得，反致產生社會上種種的悲劇；如一切社會運動都是平等自由的運動，結果平等自由未可必得，而社會的險象乃日益交迫而來，然則平等自由豈不是徒爲一種好聽的名辭，事實上竟無法可以做到嗎？佛法對此，認爲毫不成爲問題，因爲佛法一切平等平等，心佛衆生，三無差別，卽心卽佛，非心非佛；諸佛菩薩，譬如良友，但爲增上，而何有於不平等不自由？所以在第二章所提出的幾個重要問題，若在佛法，似乎都可以得到圓滿的解決。因爲一切執着盡去，物物聽其本來，起